Siglinda Oppelt
Quantensprung im Business

Verlag Via Nova

Siglinda Oppelt

Quantensprung
im Business

Erfolgreich in die neue Zeit!

vianova
Verlag Via Nova

1. Auflage 2011

Verlag Via Nova, Alte Landstr. 12, 36100 Petersberg

Telefon: (06 61) 6 29 73

Fax: (06 61) 96 79 560

E-Mail: info@verlag-vianova.de

Internet: www.verlag-vianova.de / www.transpersonale.de

Umschlaggestaltung: Guter Punkt, München

Satz: Sebastian Carl

Druck und Verarbeitung: Fuldaer Verlagsanstalt, 36037 Fulda

ISBN 978-3-86616-187-0

Gliederung

Einleitung   19

◆ *Oben ist längst nicht mehr vorne!* ◆ *In der Bilanz wird der Spirit des Unternehmens sichtbar.* ◆ *Quantenphysik findet jeden Tag in unserer Wirtschaft statt! – Spiritualität auch.* ◆ *Das Geistige ist extrem handfest.* ◆ *Eine andere Wirtschaft ist möglich: Sie findet bereits statt!* ◆

I. Spirit in Business: Geistesgegenwart in der Wirtschaft   27

◆ *Wie bei mir alles anfing...* ◆ *Mit den Balken vor meinen Augen hätte ich locker einen schwunghaften Holzhandel eröffnen können.* ◆ *Wo begegnet uns „Spirit" im Alltag?* ◆ *Der Spirit des Unternehmens ist der Differenzierungsfaktor Nr.1!* ◆ *Übung: Werden Sie zum „spirituellen Feinschmecker"!* ◆

Gelebte Unternehmenspraxis:

II. Neues aus der Quantenphysik: Materie ist geronnener Geist 53

◆ Quanten-Physiker und Manager haben die gleiche Kernkompetenz. ◆ Materie ist nicht aus Materie aufgebaut. ◆ Unter dem Mikroskop hört die Materie sehr schnell auf, Materie zu sein. ◆ 1. Spirit in Business-Gesetz: Wir können nicht nicht spirituell sein – genauso, wie wir nicht nicht materiell sein können. ◆ Angst und Druck lassen ein Unternehmen nie so erfolgreich sein, wie es sein könnte. ◆ 2. Spirit in Business-Gesetz: Unsere materielle Realität spiegelt unsere geistige Wirklichkeit wider. ◆ Reflexion: Welcher Geist ist es, der mein Unternehmen gesunden lässt? ◆

III. Management im Quantenzeitalter 65

◆ Es gibt spirituell intelligente und spirituell weniger intelligente Unternehmen – der Unterschied ist ihre Bilanz. ◆ Brauchen wir einen Chief Spirit Officer (CSO)? ◆ Wie Sie mit der Quantenphysik positive Realitäten gestalten. ◆ Übung: Foretracing – Wie Sie die Wirklichkeit in Ihr Unternehmen holen, die Sie erleben wollen. ◆ Das Bild Ihrer Traumfirma. ◆ Wie die Quantenmechanik unsere Weltanschauung verändert. ◆ Auf der Quantenebene arbeiten wir mit Leichtigkeit auf einer sehr viel kraftvolleren Ebene als der materiellen Oberfläche. ◆ Management nach der Quantenphysik bedeutet, dass Sie Ihre Wirtschaftsrealität gestalten. ◆

IV. Die einen Unternehmen leben, die anderen überleben 95

◆ Wenn Sie die geistige Sauce in Ihrem Unternehmen einreduzieren lassen, welche Essenz bleibt dann übrig? Unternehmen leben in zwei Wirklichkeiten: Liebe oder Angst. ◆ Was ist geist-reich? ◆ Übung: Wirklichkeiten wechseln ◆

V. Jeder Geist zahlt sich aus – auf seine Weise 107

◆ Alles interagiert über Resonanzen. ◆ Bewusstsein ist elektrisch ◆ Business ist elektrisch. ◆ Ein Manager ist eine Frequenz auf zwei Beinen. ◆ Wie Sie Kunden anziehen, die auf der ähnlichen Frequenz sind wie Sie. ◆ Jeder Mensch ist ein „Wirk", das Wirkung zeigt in dieser Welt. ◆ Unser Geist macht nicht an unserer Schreibtischkante Halt. ◆ Der einzelne Mensch, das einzelne Unternehmen – ein Quant! ◆ Quanteneffekte in der Welle wirken sich auf das Ganze aus. ◆ Rightplacement – Vitalisierung für Mensch und Unternehmen. ◆ Liebe ist etwas, das wir tun. ◆

VI. Die Erfolgsgeheimnisse des Integralen Managements — 141

◆ Was rational ist, ist noch lange nicht vernünftig. ◆ Die neue Gleich-Gültigkeit von rationaler, spiritueller, emotionaler, intuitiver und kreativer Intelligenz. ◆ „Das Normale ist, wenn die Düse verstopft ist." ◆ Stagnation ist kein wirtschaftliches Problem. ◆ Mono-intelligent sind wir nie so erfolgreich, wie wir sein könnten. ◆ Eine Renaissance der Aufklärung vollzieht sich. ◆ „Jede Zeit hat ihre eigenen Fortschritte." ◆ Erstes, zweites und drittes Gehirn. ◆

VIa: Full-Service Allintelligenz – oder: die neue Gleich-Gültigkeit — 141

VIb: Sinn-Visionen – In der Wirtschaft geht es nicht um Wirtschaft! 174

♦ Visionäre sind die eigentlichen Realisten. ♦ In der Wirtschaft geht es nicht um Wirtschaft! ...nur dann ist sie ökonomisch. ♦ Wie Sie die Sinn-Vision fürs Unternehmen finden. ♦ Mitarbeiter in visionären Firmen spekulieren nicht auf die Frührente. ♦

Gelebte Unternehmenspraxis:

VIc: Integraler Erfolg & Integrales Bilanzieren 190

♦ Rein wirtschaftlich erfolgreiche Unternehmen sind viel zu bescheiden. ♦ Die Verwechslung von wirtschaftlichem mit ökonomischem Erfolg. ♦ Wie Sie Integralen Erfolg steuern und messen. ♦

VId: Quantensprung im Sinn-Wachstum 204

♦ Quantensprünge konkret – Beispiele aus verschiedenen Firmen. ♦ Quantensprünge finden im Denken und Bewusstsein statt. ♦

VII. Navigationssystem Seele 215

♦ David, Pollini und das Original – oder: Warum wir nicht als Stuhl geboren wurden. ♦ Umkehrschwung in meinem frühen Berufsleben. ♦ „Sich führen lassen": die 4. Führungsdisziplin. ♦ Seele stellt ökonomische Ordnung her. ♦ Wo beginnt Erfolg? ♦ Stille: Ihr Zugang zum Quantenfeld. ♦

IX. Kapitel: Die ganze Wirtschaft liegt stöhnend
in den Geburtswehen einer neuen Ordnung   267

◆ Der Trend zum Integralen in der Wirtschaft, Wissenschaft und Gesellschaft von heute. ◆ Die neue Dynamik in der Selbstverantwortung. ◆ Gibt es eine Evolution des Bewusstseins? ◆ Tendenzen, die im Leben angelegt sind... und der Drang nach Höherentwicklung. ◆ Next economy: Eine neue Wirtschaftskultur wird gerade geboren. ◆ Meme – die Gene des nächsten Wirtschaftszyklus. Was uns morgen Selbstverständlichkeit geworden sein wird. ◆ Die Zukunft gehört denen, die sie machen. ◆

Nachklang   289

Dank

Ich danke allen meinen Wegbegleitern und den vielen inspirierenden Vorreiter-Unternehmen – allen voran meinen Kunden. Ohne ihr Vertrauen wäre dieses Buch nicht möglich gewesen. Danke, dass Sie sich treu bleiben, auf Ihre innere Weisheit vertrauen und mutig Ihren Weg gehen.

Ganz herzlich danke ich dem Via Nova-Verlag, insbesondere dem Verleger Werner Vogel für seine Unterstützung und allen MitarbeiterInnen für ihre freundliche, professionelle Arbeit. Mein Dank gilt auch dem Lektor Günter Ickenstein für seine wertvollen Hinweise.

Barbara Fromm gilt mein ganz besonderer Dank für ihre Freundschaft und ihre sorgfältige wie kompetente redaktionelle Überarbeitung.

Einen großen Dank richte ich an den Physiker Dr. Walter H. Medinger für seine fachliche Expertise, seine freundliche Unterstützung und sein natürliches Staunen, mit dem er dem Geheimnis der Wirklichkeit aus quantenphysikalischer Sicht begegnet. Ihm, vor allem ihm, und allen weiteren renommierten Physikern, denen ich begegnen durfte, vielen Dank für die Fähigkeit, Dinge zusammen zu schauen und Geistiges wie Naturwissenschaftliches in der Quantenrealität erlebbar zu machen. Dr. Walter Medinger zu lauschen, ist für mich reinste Poesie.

Ich danke meinen Wegbegleitern Thomas und Georg Hartig in tiefer Verbundenheit und ebenso Susanne Krogmann für ihre erstklassige Arbeit.

Ihnen, liebe Leserin und lieber Leser, danke ich, dass Sie mit mir diese aufregende Reise in die verbundene Welt der Wirtschaft … und in ihren geistigen Hintergrund unternehmen!

Widmung

Dieses Buch ist all jenen Menschen gewidmet,
die sich danach sehnen und spüren,
dass eine sinnvollere Wirtschaftswelt
möglich ist.

Diese innere Ahnung wird zur Gewissheit,
wenn wir ihr folgen.

Vorwort des Naturwissenschaftlers
Dr. Walter H. Medinger
(Bio- und Quantenphysiker, Unternehmer)

Als Dr. Hartmut Müller ein Einführungsseminar an unserem Institut in die von ihm begründete Global-Scaling-Theorie hielt, begann er mit dem für mich sehr erstaunlichen Satz: „Wir wissen heute, dass die Materie vom Geist durchdrungen ist." Nicht dass ich persönlich anderer Ansicht gewesen wäre; erstaunlich fand ich jedoch, dass ein Physiker von Weltrang diese Tatsache in einem wissenschaftlichen Seminar so klar aussprach. Später erfuhr ich, dass die in der Wissenschaft vom menschlichen Bewusstsein führenden Naturwissenschaftler (wie Roger Penrose) und Mediziner (wie Stuart Hameroff) philosophische Konzepte aufgreifen, denen zufolge der Geist in das Geflecht von Raum und Zeit eingewoben ist und so mit der Materie interagiert.

Die einst so fundamental scheinende Trennung zwischen Geist und Materie, zwischen Geistes- und Naturwissenschaft ist unter dem Blickpunkt der Quantenphysik nicht mehr aufrechtzuerhalten. Das hat für den an materiellen Werten orientierten Bereich der Wirtschaft seine Konsequenzen.

Siglinda Oppelt zieht diese Konsequenzen in ihrem Buch sachkundig, eloquent und mit tiefem Einfühlungsvermögen. Selbst von schwierigen wissenschaftlichen Sachverhalten erfasst sie das Wesentliche treffend und kann es wunderbar verständlich, aber auch an-rührend wiedergeben. Dabei ist sie erfrischend frei von pseudo-esoterischer Betulichkeit. Ihr reicher Erfahrungsschatz – aus der eigenen beruflichen Tätigkeit sowie von zahlreichen erfolgreich beratenen Persönlichkeiten und Unternehmen – macht das Buch zu einer Fundgrube mit spannenden Beispielen und wertvollen Übungen.

Fortschrittlichen Beratern und Beraterinnen wie ihr ist es zu verdanken, dass mehr und mehr Unternehmer und Führungskräfte den „Spirit" im Unternehmen in den Brennpunkt rücken. Es ist der Königsweg zum nachhaltigen ökonomischen Handeln. Unserer Gesellschaft wünsche ich, dass sich zahlreiche Entscheidungsträger und Meinungsmacher von Siglinda Oppelts Buch in-spirieren lassen.

Dr. Walter Hannes Medinger

Vorwort von Gundula Schatz
(Unternehmerin, Gründerin von Waldzell)

Wir leben in einer bemerkenswerten Zeit. Es ist eine Zeit fundamentaler Veränderungen, Veränderungen, die unser Selbstverständnis, das Verständnis unserer Welt und unserer Beziehung zu dieser Welt im Kern betreffen. Das vorliegende Buch von Siglinda Oppelt kann in dieser Zeit des Wandels, die bei vielen Menschen mit großen Unsicherheiten und Ängsten einhergeht, ein Fels in der Brandung sein, ein sicherer Wegweiser im Dickicht vieler widersprüchlicher Meinungen und Prophezeiungen.

Haben Sie sich jemals über die Beschaffenheit der Realität gewundert? Woher sie kommt? Wie sie sich selbst so organisiert hat, dass sie nun genau so ist, wie wir sie wahrnehmen? Um Antworten auf diese Fragen zu finden, stehen uns zwei Wege der Erkenntnis zur Verfügung: der Weg der Wissenschaft und des Verstandes, der sich über Beobachtung, These und Experiment der Wirklichkeit nähert – und der Weg der Intuition und Innenschau, den alle großen spirituellen Traditionen seit Tausenden von Jahren beschreiten und der sich durch innere Erfahrung erschließt.

Diese beiden Erkenntniswege standen sich in unserer Geschichte immer wie Widersprüche gegenüber. Heute nähern wir uns – nicht zuletzt durch die neuesten Erkenntnisse der Wissenschaft – einem Weltverständnis an, das beide Wege in Einklang bringt und in ihrer Synthese zu einem höheren Erkennen führt.

Ganz wesentlich zu dieser Entwicklung beigetragen hat in den letzten Jahrzehnten der noch relativ junge Wissenschaftszweig der Quantenphysik. Siglinda Oppelt begründet ihre Thesen zu einer neuen Wirtschaft gerade deshalb mit diesem Zweig der Wissenschaft, weil er uns einen Weg der Verbundenheit weist und nicht einen Weg des Eigennutzes, weil er auf ein harmonisches Miteinander hindeutet und nicht auf Kampf und Rivalität.

Die Erkenntnisse der Quantenphysik entsprechen nicht unserer Alltagserfahrung und unserer begrenzenden Logik, die alles in richtig und falsch, schwarz und weiß trennen muss. Im Grunde sagt uns die Quantenphysik, dass es eine von unserem Geist getrennte Materie, wie wir sie wahrnehmen, nicht gibt; dass es nur einen ständigen Wandel, ein lebendiges Fließen, ein Gefüge von Beziehungen gibt, in dem alles mit allem verbunden ist; dass es nichts gibt, das getrennt für sich Bestand hat, und dass unsere ganze Welt nur durch und in dieser wunderbaren Verbundenheit existiert.

Wir beginnen also immer mehr zu verstehen, dass es in Wirklichkeit keine Gegenstände, keine Materie, keine Dinge „außerhalb" von uns selbst gibt, die isoliert voneinander bestehen.

Die Quantenphysik sagt uns aber nicht nur, dass die Wirklichkeit ein großer geistiger Zusammenhang ist, sondern auch, dass die Welt und die Zukunft offen sind – und voller Potential, das wir kraft unseres Bewusstseins in unsere materielle Realität bringen können.

Wenn wir bisher angenommen haben, dass wir in einer Welt der Dinge, einer Welt der stabilen Systeme leben, die vollkommen den Regeln von Natur oder Schicksal unterworfen sind, so kann uns dieses Buch vielleicht helfen zu verstehen, dass unsere Möglichkeiten unermesslich größer sind: dass wir – je bewusster wir werden – uns im Fluss eines immer offeneren Lebens bewegen, dessen Begrenzungen wir Schritt für Schritt überwinden können; dass unsere heutige Konsumkultur, unser angstvolles Konkurrenzverhalten, unser sinnloses wirtschaftliches Wettrennen nur einen kleinen und wahrscheinlich sehr unbedeutenden Ausschnitt in der Evolution unserer wahren Möglichkeiten darstellt; dass die Notwendigkeiten unserer Wirtschaft keine ewig gültigen Gesetze sind. Dass sie aus Angst gemachte Zwänge sind, die wir mit einem wachsenden Bewusstsein überwinden werden.

Wie können wir diese Entwicklung begünstigen? Auch darauf gibt dieses Buch einige Antworten. Wir können erkennen, dass unsere auf Trennung und Konkurrenz beruhende Wirtschafts- und Lebensweise sogar lebensfeindlich sein kann. Dass wir als Menschen nur dann entwicklungsfähig sind, wenn wir ein „win-win-Spiel" miteinander spielen – wenn wir in einem freudvollen Zusammenspiel unserer Kräfte etwas größeres Ganzes erschaffen, das mehr ist als die

Summe seiner Teile. Wenn wir ein Spiel miteinander spielen, bei dem wir nicht mehr Einzelkämpfer sind, die zueinander in Konkurrenz stehen, sondern zu schöpferischen Zellen in einem Gesamtorganismus werden, dann können wir diesen Organismus durch die Kraft unseres Bewusstseins zu seiner höchsten Vollendung bringen – zum Wohl und zur Freude aller Wesen.

Zwei Zitate bringt Siglinda Oppelt in ihrem bemerkenswerten Buch, die ich hier schon gerne vorwegnehmen möchte, weil sie von so grundlegender Bedeutung für das Verstehen unseres gegenwärtigen Wandels und die Betrachtung unserer Wirklichkeit sind:

> „Verbundenheit ist das natürlich Gegebene,
> die Trennung ist das von Menschen Organisierte."
>
> PROF. HANS-PETER DÜRR, QUANTENPHYSIKER

> Die Quantentheorie ist eine Physik der Beziehungen;
> Beziehungsstrukturen sind die Zustände des neuen Objektes."
>
> PROF. THOMAS GÖRNITZ, QUANTENPHYSIKER

Was wir alle tief in unserem Inneren wissen und was alle großen spirituellen Wege dieser Welt lehren, darf nun auch die Wissenschaft entdecken:

Liebe, als höchster Ausdruck von Beziehung und Verbundenheit, ist die wohl stärkste Kraft in unserem Universum.

Zahlreiche wissenschaftliche Belege zeugen mittlerweile von der besonderen Heilkraft der Liebe. Die Kräfte unseres Herzens – Liebe, Mitgefühl und Hingabe – verhelfen uns nicht nur zu einem gesünderen, längeren und glücklicheren Leben, sie bewirken auch die größten Veränderungen in unserer Umwelt, sie machen alles Leben um uns herum gesünder freudvoller, bewusster.

Welche Bedeutung Liebe und Verbundenheit für das Thema dieses Buches, die Erneuerung der Wirtschaft, haben, wird klar, wenn wir uns vergegenwärtigen, wie sehr Liebe, Freude und Schaffenskraft miteinander verbunden sind. Sobald wir etwas mit Freude tun, tun wir es selbstlos, und ein Gefühl der Lebendigkeit entfaltet sich in uns. Wir Menschen sind schöpferische Wesen, wir wollen immerzu Dinge neu erschaffen und uns daran erfreuen. „Wirtschaft" und „Arbeit" sollten ein ganz natürliches Ergebnis unseres schöpferischen Ausdrucks sein.

Wollen wir unsere Welt und im Besonderen unsere Wirtschaftswelt zum Besseren verändern, sollten wir also unseren höheren Möglichkeiten entgegenblicken, anstatt uns angstvoll vor materiellen Verlusten zu fürchten. Wenn unsere Wirtschaft lernen kann, zu einer Wirtschaft der Liebe, der Freude und der schöpferischen Verbundenheit zu werden, kann die Menschheit ihren vielleicht größten Entwicklungsschritt machen.

In dem Sinne möchte ich Ihnen die Botschaften dieses Buches und besonders den Ruf der Autorin nach einem neuen Geist in der Wirtschaft ans Herz legen.

Gundula Schatz

Einleitung

Eine andere Wirtschaft ist nicht nur möglich. Sie findet bereits statt!

Es gibt sie tatsächlich: Unternehmen, die Zeichen setzen für eine neue, integrale Art des Wirtschaftens. Auf sie möchte ich das Augenmerk richten. Sie prägen eine neue Wirtschaftskultur.

Es sind Unternehmen, in denen ein Geist der Wertschätzung herrscht, in denen Führungskräfte und Mitarbeitende mit Schwung und Freude dabei sind. Keiner spekuliert hier auf die Frührente. Im Gegenteil – es sind Orte, denen Menschen zugehörig sein wollen, Kunden wie Mitarbeitende; Orte, an denen Vertriebsleiter sagen: „Es ist ein Genuss, jeden Tag zur Arbeit zu gehen!" Es sind lebendig pulsierende Organismen, die eine Vision verfolgen, welche weit über Wirtschaft hinausgeht. Als Vorreiter-Unternehmen haben sie das Ziel hinter dem Ziel im Blick. Sie setzen Sinn-Visionen, Visionen, die dem Leben dienen, tatkräftig um.

Und sie verzeichnen Integralen Erfolg: Sie sind wirtschaftlich erfolgreich *und* sie sind ein Gewinn für den Menschen, die Gesellschaft und das Leben. Und genau das ist ihr Anspruch.

Im Sinne eines Integralen Managements, das ich in diesem Buch vorstelle, nutzen Führungskräfte immer mehr ihre rationale ebenso wie ihre spirituelle Intelligenz – und machen die Zukunft in der Gegenwart sichtbar. Sie ebnen den Weg in einen zukunftsfähigen Kapitalismus, in dem Wirtschaft nicht getrennt ist vom Leben. Solche Firmen vollziehen Quantensprünge im Erfolg.

Wir werden sehen: Quantensprünge haben etwas mit der subtileren Ebene unserer Realität zu tun. Genauer gesagt: mit der Quantenwirklichkeit im Business. Die erstaunlichen Erkenntnisse über das Funktionieren unserer Wirklichkeit, welche uns die Quantenphysik enthüllt, sind geradezu faszinierend! So stellten die Physiker fest, dass es das Materielle – womit wir uns im Business ja beschäftigen – gar nicht gibt. Damit eröffnen sich neue Perspektiven. Mir ist wichtig, mit diesem Buch zu einem tieferen Verständnis unserer Wirtschaftswirklichkeit beizutragen.

Professor H.-P. Dürr, der weltbekannte Quantenphysiker, resümiert, er habe sein ganzes Forscherleben damit verbracht, zu fragen, was eigentlich hinter der Materie steckt: „Das Endergebnis ist ganz einfach: Es gibt keine Materie! Ich habe somit fünfzig Jahre an etwas gearbeitet, was es gar nicht gibt. Das war eine erstaunliche Erfahrung: Zu lernen, dass es das, von dessen Wirklichkeit alle überzeugt sind, am Ende gar nicht gibt."[1] Und viele Wissenschaftler vor und nach ihm stellten ebenfalls fest, dass die ‚eigentliche‘ Natur des Materiellen *geistig* ist.

Insofern werden wir sehen, dass Quantensprünge im Erfolg auch mit geistiger bzw. spiritueller Intelligenz zu tun haben.

Doch, hoppla. Vielleicht sind Sie jemand, dem das ‚Spirituelle‘ fremd oder im Business-Zusammenhang zumindest ungewohnt ist? Wenn ich als Frau aus der Wirtschaft von „Spirit" spreche, dann geht es mir um etwas Verlässliches, Handfestes, Bodenständiges. Und so werde ich im Verlauf des Buches „Spiritualität" entmystifizieren und auf dem Boden der ökonomischen Tatsachen sichtbar machen.

Das Wort „spirituell" stammt ursprünglich vom lateinischen „spiritus" (Geist), was so viel bedeutet wie „das, was einem System Leben und Vitalität gibt". Mit „Spirit in Business" meine ich also den einzigartigen Geist eines jeden Unternehmens – das belebende Prinzip eines Organismus.

Die Quantenphysik hilft uns, genau diese Dimension unserer Wirklichkeit besser zu verstehen.

Seit etwa 20 Jahren arbeite und forsche ich mit und in Unternehmen, immer begleitet von der Frage, was es ist, das Unternehmen erfolgreich sein lässt. Ich konnte feststellen:

Es ist vor allem der Geist, der einzigartige Spirit eines Unternehmens, der in jeder Hinsicht hervorragende Firmen von mittelmäßigen unterscheidet.

Eines der Erfolgsprinzipien, das sich in meiner Arbeit in und mit Unternehmen gezeigt hat, ist: Es sind gerade jene im Wirtschaftskontext auf den ersten Blick ungewohnt und beinahe unseriös anmutenden Qualitäten wie Freude, Liebe, Humor, Wertschätzung, Abenteuerlust, Leichtigkeit, Achtung, Würde und Vertrauen, die äußerst erfolgreiche Unternehmen von „dahindümpelnden" Firmen unterscheiden. Im Integralen Management wissen wir um den geistigen Hintergrund unserer materiellen Wirklichkeit, den uns die Quantenphysiker so gut erschließen.

Doch während das Quantenzeitalter technisch längst angebrochen ist – immerhin wird ein Drittel des Bruttosozialproduktes Deutschlands heute auf der Grundlage der Quantentheorie gewonnen [2] –, ist das Quantenzeitalter gerade erst im Begriff, geistig im Management-Denken anzukommen.

Die Erkenntnisse, zu denen wir kamen, die Quantenphysiker und ich in meiner Arbeit des Integralen Managements mit Führungskräften in den verschiedensten Firmen, sind die gleichen Einsichten, die Menschen in tiefen spirituellen Erfahrungen gewonnen haben.

> „Materie ist nicht aus Materie aufgebaut."
>
> PROF. H.-P. DÜRR, QUANTENPHYSIKER

„Alle Materie entsteht und besteht nur durch eine Kraft ... so müssen wir hinter dieser Kraft einen bewussten, intelligenten Geist annehmen. Dieser Geist ist der Urgrund aller Materie", so der Begründer der Quantenphysik und Nobelpreisträger Max Planck.[3] Quantenphysiker formulieren in ihrer naturwissenschaftlichen Sprache heute das, was Mystiker[4] – Menschen mit tiefen spirituellen Einsichten – vor vielen tausend Jahren bereits wussten.

Was Max Planck herausfand, erlebe ich tatsächlich in meiner Arbeit: Wirtschaft ist das Terrain, in dem die Qualität unseres Geistes – das Maß unserer spirituellen Intelligenz – deutlich sichtbar wird.

Heute sind wir als Führungskräfte in der vorteilhaften Lage, die Erkenntnisse der Quantenphysik nutzen zu können, um unsere Erfahrungen in der Wirtschaft zu erklären – und konstruktiv zu gestalten.

> „Wir sind als Quantenphysiker heute in der Lage, Dinge zu denken, die früher nur die Mystiker denken konnten."
>
> PROF. THOMAS GÖRNITZ, QUANTENPHYSIKER

Die Verbundenheit von Wirtschaft, Quantenphysik und Spiritualität ist unübersehbar – und damit ist für mich, die ich diese Einheit seit zwei Jahrzehnten im Business erforsche und in harten Fakten (den ökonomischen Ergebnissen) erlebe, die Zusammenschau in diesem Buch unvermeidbar. Darin zeige ich, wie wir die Gesetze der Quantenphysik, die unsere spirituellen Erfahrungen bestätigen, für ein gelungenes Wirtschaften und hervorragende Unternehmensergebnisse nutzen können.

Doch vorab die Frage an Sie:

Nutzen Sie heute Ihre spirituelle Intelligenz in der Unternehmensführung?

A) Ja.
B) Nein.
C) Nur, wenn der Chef nicht guckt.
D) Ich habe schon genug mit der Konkursabwicklung zu tun.

Immer mehr Führungskräfte in unserer Gesellschaft streben danach (wohlgemerkt: ganz ‚normale' Menschen), die spirituelle Dimension der Wirklichkeit in ihrer Arbeitswelt zu berücksichtigen. Offensichtlich leben wir in einer Zeit, in der Manager das in den Unternehmen Fehlende zu integrieren suchen. Auf dem Kongress „Der neue Geist in der Wirtschaft", an dem etwa 500 Menschen aus dem Business teilnahmen, hielt der Benediktiner Anselm Grün den Eröffnungsvortrag[5] und ich den Vortrag über „Spiritualität & Ökonomie". Das wäre noch vor 20 Jahren auf einem Wirtschaftskongress undenkbar gewesen.

> Quantenphysik findet jeden Tag in unserer Wirtschaft statt!
> Spiritualität auch.

„Ja, ja, die Führungskräfte, jetzt kommen sie alle und wollen wissen, was Spiritualität ist", sagt Pater Pausch, der Gründer des Europafriedensklosters in St. Gilgen am Wolfgangsee, mit einem Lachen! „Als ob man „Spiritualität" in Flaschen abfüllen könnte."

„Doch, das kann man", erwidere ich in unserem Gespräch.

„Ja, aber doch nur, wenn man Liköre herstellt, so wie wir hier im Kloster", fügt Pater Pausch humorvoll an. „Nein", widerspreche ich erneut, „auch in der Wirtschaft wird Spiritualität täglich in Flaschen abgefüllt. Nur da heißen die Flaschen „Bilanz".

„Spirit" – so viel sei bereits vorab gesagt, denn Genaueres wird in den Kapiteln I – V eingehend erläutert, ist der Geist, mit dem wir in unserer Firma unterwegs sind. Es ist die Essenz, die zentrale Qualität, mit der wir denken, führen und handeln.

> Es gibt spirituell intelligente und spirituell weniger intelligente Unternehmen. Der Unterschied ist ihre Bilanz.

In der Bilanz wird der Spirit eines Unternehmens sichtbar. In den realen Ergebnissen und damit auch in den wirtschaftlichen Daten der Bilanz wird sichtbar, wie ökonomisch (oder unökonomisch) der Spirit eines Unternehmens tatsächlich war. Doch: Achtung! Im Integralen Management geht es nicht um wirtschaftlichen Erfolg, sondern um ökonomischen Erfolg.

> Unternehmen, die rein auf wirtschaftlichen Erfolg fixiert sind, sind viel zu bescheiden!

Schließlich zeigt sich in den Fakten: Wirtschaftlicher Erfolg ist nicht unbedingt ökonomisch. Und: Rein auf wirtschaftlichen Erfolg fixierte Unternehmen sind viel zu bescheiden. Wir können weit mehr. Die hier vorgestellten Unternehmen sind Zeugen für Integralen Erfolg, welcher wirtschaftlichen Erfolg, Erfolg für den Menschen und Erfolg für die Natur und die Gesellschaft umfasst.

Abb. 1: Integraler Erfolg

Wir werden der Frage nachgehen, welcher Spirit denn nun geeignet ist, diesen vitalen Schatz des Integralen Erfolges zu heben. Und Sie werden konkrete Anregungen erhalten, wie Sie Ihre spirituelle Intelligenz und die Quantenrealität nutzen können, um in jeder Kategorie erfolgreich zu sein.

Oben ist längst nicht mehr vorne.

Auch wenn in den herkömmlichen Rankings, wie dem DAX, derzeit noch die bekannten großen Unternehmen „oben" rangieren, weil sie nach veralteten, eindimensionalen Kriterien beurteilt werden – sie sind längst nicht mehr vorne. Die heimlichen Pioniere eines neuen, integralen Wirtschaftens haben die „oldstory"-Unternehmen längst überholt.

> „Der fallende Baum macht Krach.
> Der Wald wächst lautlos."
>
> TIBETISCHES SPRICHWORT

„Unsere Wahrnehmung wird von „fallenden Bäumen" dominiert – von dem, was gewaltig ist, was schnell passiert, was uns bedroht. (…) Doch dann wundern wir uns, dass es trotz all dieser Zerstörung immer noch Leben und Vielfalt auf dieser Erde gibt. Wir erkennen daraus, dass es der „wachsende Wald" ist, auf den es letztlich ankommt. Er ist es, der das Leben fortführt – langsam und vielfältig, ganz unauffällig und doch beständig. Lasst uns nicht (…) das Entfalten des Neuen übersehen!"[6], empfiehlt der renommierte Quantenphysiker Prof. Hans-Peter Dürr.

Schon heute lassen sich Unternehmen von einem klugen Spirit leiten und sie nutzen ihre rationale Brillanz. In ihr Unternehmensmanagement integrieren sie Herz und Verstand. Sie sind nicht bescheiden. Sie haben den Paradigmenwechsel vom einseitigen zum Integralen Management längst vollzogen. Sie sind Pioniere einer neuen Zeit und damit Vorreiter in der aktuellen Wirtschaftsepoche.

Und einige dieser Vorreiter stelle ich Ihnen in diesem Buch vor.

Die Auswahl der dargestellten Firmen ist quasi „zufällig": Ich habe sie durch meine Arbeit kennen gelernt, viele davon unterstützt und begleitet. Es sind Evo-

24

lutionsagenten, die tagtäglich dafür sorgen, dass die Evolution des Lebendigen einen deutlichen Schritt vorangeht.

"The proof of the pudding is in the eating."

Sie haben Umsatzwachstumsraten zwischen 10% und 60%, begeisterte, engagierte, gesunde, tatkräftige Führungskräfte und Mitarbeiter, welche mit Leichtigkeit, Schwung und Freude dabei sind, und Kunden, die aus Überzeugung bei ihnen kaufen. Diese Vorreiter-Unternehmen wurden mit hochrangigen nationalen und internationalen Wirtschaftspreisen ausgezeichnet, so z.B. als „Unternehmen mit Weitblick", mit dem „Spirit at Work-Award", dem „Preis der Sozialen Marktwirtschaft", dem „Great-Place-to-Work-Award", dem Preis der „Top-100-Arbeitgeber Deutschlands, u.v.a.

„Das Geistige ist extrem handfest."

SO

> Wirtschaft ist angewandte Quantenphysik, ist gelebte Spiritualität.

„Die eigentliche Entdeckung besteht nicht darin,
Neuland zu finden, sondern mit neuen Augen zu sehen."

MARCEL PROUST

Hätten Sie mich, als Ökonomin und Strategieberaterin, vor 20 Jahren damit konfrontiert, dass ich etwas mit Spiritualität und Quantenphysik im Business zu tun haben würde, hätte ich mich sicher irritiert abgewandt und heimlich die Psychiatrie mit Ihrer Abholung beauftragt.

Schließlich war ich ein sehr rationaler Mensch, und bin es noch – mein Verstand will wissen!

Er will sicher gehen, ob etwas taugt oder nicht. Und wie vermutlich viele der Leser habe ich einen rational-analytischen Ausbildungshintergrund – einst absolvierte ich mehrere zahlen-, daten- und faktenbasierte wirtschaftswissenschaftliche Studiengänge, bevor ich einen geweiteten Weg einschlug und in meinen Weiterbildungen bei Naturwissenschaftlern und spirituellen Lehrern

sowie in meiner persönlichen Entwicklung ein umfassenderes („realistischeres')
Verständnis von der Wirtschaftswirklichkeit bekam.

Ich schreibe dieses Buch auch für die vielen Menschen, die es gewohnt sind,
„nüchtern, wissenschaftlich, sachlich, faktenorientiert, gemäß den etablierten,
verlässlichen Management-Mustern zu denken", und denen es schwerfällt, sich
– jenseits aller Rationalität – für einen zusammenschauenden, geweiteten Blick
auf die Business-Welt zu öffnen. Ich kann ihre Bedenken nur allzu gut verstehen.

Vor vielen Jahren – ich hielt einen Vortrag zum Thema „Spirit in Business" –
fragte mich ein Kongressteilnehmer, ein Mann aus dem obersten Management:
„Sie müssen sich doch vorkommen wie ein Rufer in der Wüste, nicht wahr?"
„Nein", entgegnete ich, „dann wären Sie ja die Wüste! Und das glaube ich
einfach nicht."

> Wäre die Realität nicht veränderbar,
> welchen Sinn und Zweck hätten wir dann in dieser Realität?

Nicht nur an den Unternehmensbeispielen, auch an meiner eigenen Biographie
– mit all ihren Höhen und Tiefen – möchte ich Sie teilhaben lassen, um deutlich
zu machen, dass wir tatsächlich Schöpfer unserer eigenen Realität sind.
Und Sie werden konkrete Hinweise bekommen, wie Sie Ihre Schöpferkraft für
Ihren Integralen Erfolg aktivieren können.

Eine andere Wirtschaft ist möglich. Sie findet bereits statt!

I

Spirit in Business:
Geistesgegenwart in der Wirtschaft

Halten Sie sich für ein spirituelles Wesen?

A) Ja.
B) Nein.
C) Ich habe offensichtlich das falsche Buch gekauft.
D) Das beantworte ich Ihnen gerne bei einem Glas guten Rotweines auf dem
   Bärenfell vor dem Kamin.

Spiritualität findet jeden Tag in der Wirtschaft statt!

Und das sage ich, obwohl – und gerade weil – ich eine Frau aus der Wirtschaft bin. Nachdem ich Volkswirtschaft, Economics und Strategische Unternehmensführung im In- und Ausland studierte, forsche und arbeite ich seit
mehr als 20 Jahren in und mit Unternehmen – immer begleitet von der Frage:

> Was ist es, das Unternehmen erfolgreich sein lässt?
> Und was ist es, das Unternehmen nicht erfolgreich sein lässt?

Heute wage ich, die ich selbst als Führungskraft in Unternehmen tätig war und
seit über 10 Jahren Geschäftsführerin meines Beratungsunternehmens bin, eine
eher ungewöhnliche Antwort zu geben:

> Der Spirit des Unternehmens ist es,
> der Quantensprünge im ökonomischen Erfolg ermöglicht oder behindert.

Fragen mich meine Auftraggeber – es sind dies Vorstände und Geschäftsführer unterschiedlichster Branchen – nach der Essenz meiner Erfahrung, so liegt ein zentrales Erfolgsgeheimnis in dem *Geist des Unternehmens* und darin, wie sehr Führungskräfte in der Lage sind, ihren Geist ökonomisch erfolgreich zu gebrauchen.

Wie bei mir alles anfing...

Vor vielen Jahren war ich mir meiner eigenen spirituellen Intelligenz selbst nicht bewusst. Und dennoch hatte ich sie. Und dennoch wirkte sie. Unbewusst. Im Rückblick auf meine Zeit als angestellte Führungskraft in der Wirtschaft wird mir heute klar, dass ich mich offensichtlich von einem guten (sprich ökonomischen) Geist leiten ließ. Allerdings, hätten Sie mich damals als „spirituell" bezeichnet, hätte ich wahrscheinlich das Weite gesucht – vermutend, dass Sie mir irgendeinen Engels- oder anderen Esoterikkram andrehen wollten. Schließlich stand ich mitten in der Wirtschaft, hatte eine beachtliche Budgetverantwortung und war eine Frau des Strategischen Managements. Nichts lag mir ferner, als mich als „spirituell" zu bezeichnen. Heute weiß ich, dass dies ein Irrtum war. Gewirkt hat diese Quelle trotzdem.

Mit den Balken vor meinen Augen hätte ich locker einen schwunghaften Holzhandel eröffnen können.

Zu meinem Führungsjob kam ich wie die Jungfrau zum Kinde. Obwohl es von verschiedenen Seiten schon mehrmals an mich herangetragen worden war: Nie hatte ich Führungskraft werden wollen. Als Senior-Beraterin war ich bis dahin gerne in Strategie- und Organisationsentwicklungsprojekten in verschiedenen Unternehmen unterwegs gewesen. Und auch in Zukunft wollte ich doch als Spezialistin für anspruchsvolle Change-Projekte gefragt sein und mich nicht mit der Koordination von Urlaubsansprüchen der Mitarbeiter und ähnlich lästi-

28

ger Administration herumplagen müssen. So dachte ich damals jedenfalls über Führung. Aber: Der Mensch denkt – und …!

…damals war ich geradezu wie vernagelt.

Immer wieder bekam ich Führungsangebote, die ich stoisch ausschlug – wie im Sketch von Gerhard Polt „Osterhasi" („Frau Oppelt, hier ist ein Führungs-job für Sie!"), worauf ich geradezu wie vernagelt immer wieder „Nikolausi" erwiderte („Ich will aber keinen Führungsjob, ich will weiterhin Expertin für Strategie-Beratung sein"). Plötzlich war ich beides.

Gegen meinen Willen fand ich mich, nachdem ich den Arbeitgeber gewechselt hatte, als Führungskraft in der neuen Firma wieder. Der Vorstand hatte mich an meinem ersten Arbeitstag einfach der gesamten Belegschaft als „Bereichsleite-rin Beratung" vorgestellt, obwohl wir im Vertrag etwas ganz anderes, nämlich meine Tätigkeit als Senior-Beraterin, vereinbart hatten („Nikolausi"). Mir fiel die Kinnlade runter, meine Gesichtszüge entglitten. Mit offenem Mund hörte ich zu und versuchte krampfhaft Haltung zu bewahren. Während alle Blicke auf mich gerichtet waren, wusste ich, ein Teil der Mannschaft starrt mich nun mit dem Wissen an: „Aha, das ist nun meine zukünftige Vorgesetzte". Nur ich wusste nicht, wer mich da anstarrt. Ich wusste nur: Ich war wütend auf den Vorstand, der ohne mein Einverständnis über meinen Kopf hinweg eine solche Entscheidung getroffen hatte und, wenn ich schon zugestimmt hätte, hätte ich ein höheres Gehalt verhandelt und es gerne vorher gewusst. Auch um mich in-nerlich auf den Job einzustellen und entsprechend vorbereitet auf die Menschen zuzugehen, die nun mit mir arbeiten sollten und ich mit ihnen. Doch wie hätte es gewirkt, wenn ich auf die Worte des Vorstands vor versammelter Belegschaft erwidert hätte: *Moment mal, das stimmt so nicht…!* Um mein Gesicht zu wahren und aus Loyalitätsgründen fügte ich mich drein.

Und machte den Führungsjob offensichtlich recht gut. Mein Bereich verzeichnete sehr gute Umsätze, wir gewannen Großaufträge, mein Team war gut ausgelas-tet: kurzum, wir arbeiteten viel und mit Freude. Das heißt nicht, dass es keine Schwierigkeiten, kein Kompetenzgerangel, keinen Neid und keine menschli-chen Befindlichkeiten gegeben hätte. Aber all dem, und das verstehe ich heute erst im Rückblick, begegnete ich mit konsequent verlässlicher Wertschätzung. Einzelgespräche mit jedem Mitarbeiter über seine persönliche Vision waren selbstverständlich. Genauso wie die Wertschätzung für die Gabe, die der bzw. die Einzelne mitbrachte, sowie für die Werte und die persönliche Entwicklung, die ihm bzw. ihr wichtig waren. Immer wieder drückte ich meinen Mitarbeitern meine Achtung aus. „Gesa, ich schätze dein breites Wissen und deine Kompetenz; ich bin froh, dass du in unserem Team bist. Du bist eine ganz wichtige Säule in unserem Team." Wertschätzung, Spaß und Freude waren der durchgängige Geist, der in unserem Bereich erlebbar wurde. Zwischendurch im Arbeitstag legten wir immer wieder mal eine flotte Musik auf, sangen mehr oder minder schräg mit, rockten und schwoften genussvoll übers Parkett. Unkonventionell und mit Humor gelang es uns, unsere Rollen als Führungskraft, Berater, Trainer und Coach nicht ganz so ernst zu nehmen. Unser Lachen muss oft auch in den benachbarten Abteilungen hörbar gewesen sein, denn nicht selten schauten Kollegen neugierig fragend herein: „Ich wollte nur mal schauen, was bei euch los ist!?" Offensichtlich wollten sie sich von unserer Heiterkeit anstecken lassen.

„Damals, als du den Bereich führtest – das war wie Urlaub!"

Viele Jahre nachdem ich jenes Unternehmen verlassen hatte und ich schon lange selbständige Unternehmerin war, sagte mir eine ehemalige, nun frustrierte Mitarbeiterin: „Weißt du, als du damals den Bereich geleitet hast – das war wie Urlaub!" Verblüfft hörte ich ihr zu. Denn schließlich hatten wir gute zweistellige Wachstumsraten in Umsätzen und Gewinnen verzeichnet. Augenscheinlich waren wir damals in unserem Team (ohne mir dessen bewusst zu sein) mit einem Geist der Wertschätzung unterwegs gewesen, der uns die Arbeit mit Leichtigkeit erledigen ließ und der sich ökonomisch auszahlte.

Immer wieder habe ich diese Erkenntnis überprüft (schließlich komme ich aus der „harten" Strategie und Ökonomie), und doch scheint es so zu sein: Genau jene Unternehmen erweisen sich als die erfolgreicheren, die ihren einzigartigen Geist wach und lebendig halten und sich von einem Spirit leiten lassen, der sie wirtschaftlich und für den Menschen und das Leben brillante Ergebnisse hervorbringen lässt.

„Der Spirit des Unternehmens
ist der Differenzierungsfaktor Nr. 1."

KLAUS KOBJOLL [1]

Eines meiner wichtigsten Anliegen als Unternehmensberaterin ist es, das Thema der Spiritualität zu entmystifizieren und sichtbar zu machen, dass Spiritualität jeden Tag in unserer Wirtschaft stattfindet – von welcher Qualität sie im Einzelfall auch sein mag. Spiritualität ist etwas ganz Pragmatisches und Bodenständiges. Spirituelle Intelligenz ist eine grundsätzliche Fähigkeit, die in jedem Menschen angelegt und verfügbar ist und von allen Führungskräften und allen Angestellten in jedwedem Unternehmen auf diesem Planeten jederzeit genutzt wird – ob nun bewusst oder unbewusst. Spiritualität findet auf dem Boden der ökonomischen Tatsachen statt.

> Unsere Spirituelle Intelligenz ist kein esoterisches Wischiwaschi, sondern eine glasklare, bodenständige, handfeste und präzise ökonomische Angelegenheit.

Doch bevor wir die Spiritualität der Ökonomie genauer betrachten, lassen Sie uns zunächst schauen, inwiefern uns Spiritualität im Alltag geläufig ist. Wo begegnet uns der Begriff des „Spirits"?

Wir sprechen beispielsweise:

• vom „spiritus loci", dem Geist eines Ortes,	
…der uns eng macht, uns klein und niedergeschlagen fühlen lässt und uns evtl. sogar die Flucht ergreifen lässt.	…der unsere Stimmung hebt, uns weit und groß macht, uns aufatmen lässt und insgesamt wohltuend auf uns wirkt.

• vom Zeitgeist, also vom Geist einer bestimmten Epoche,	
…in dem konzentriert zum Ausdruck kommt, auf welche Werte, Themen und Innovationen eine Gesellschaft ihre Aufmerksamkeit lenkt(e) und zu welchen Entwicklungen und Verhaltensweisen dies führt(e).	…wir sagen z.B. „Diese Musik, diese Literatur, diese Architektur, diese Mode, diese Kunst atmet den Geist jener Tage."

• vom Geist, der vom einzelnen Menschen ausgeht,	
… wenn wir einen Menschen beobachten, der sich in unseren Augen unerquicklich (niveaulos, rüpelhaft, brutal, usw.) verhält, sagen wir z.B.: „Ich konnte sofort sehen, wess´ Geistes Kind der war."	… wenn wir dagegen spüren, dass von einem Menschen ein besonderer Geist ausgeht (der Liebe, des Friedens, des Mitgefühls, der Versöhnung, o.ä.), dann suchen wir dessen Nähe. Weil wir von dieser Qualität etwas mit hineinnehmen wollen in unser eigenes Leben. Weil wir uns von diesem positiven Geist anstecken lassen wollen. Nicht von ungefähr erleben der Dalai Lama oder auch der Papst einen solch großen Zustrom von Menschen, wenn sie in Deutschland zu Gast sind.

Die geistige, also spirituelle Qualität von Menschen, Orten und Zeiten ist uns also im Alltag durchaus geläufig. Unsere Geisteshaltung kommt in dem, was wir hervorbringen, zum Ausdruck (Produkte, Dienstleistungen, Innovationen, Natur- und Geisteswissenschaften, u.v.m.). Ja, selbst unbebaute Orte scheinen einen gewissen Geist zu atmen. Sie kennen das: Sie fühlen sich von bestimmten Landschaften und Gegenden angezogen, dort halten Sie sich gerne auf, während sie andere Ecken tunlichst meiden. Nie kämen Sie auf die Idee, an einem bestimmten Ort, an dem etwas Unbehagliches in der Luft liegt, sich freiwillig länger aufzuhalten – geschweige denn drei Wochen Urlaub dort zu verbringen. Auch ganze Epochen atmen einen Zeit-Geist: Phasen unserer eigenen Menschheitsgeschichte, in denen bestimmte Geistesqualitäten in Werten, wissenschaftlichen und religiösen Überzeugungen, präferierten Verhaltensweisen, gesellschaftlichen Konventionen, Gesetzen, Forschungsrichtungen und politischen Strömungen zum Ausdruck kamen, auf denen dann sozio-ökonomische Strukturen wuchsen.

> „Was ihr den Geist der Zeiten heißt,
> das ist im Grund der Herren eigener Geist,
> in dem die Zeiten sich bespiegeln."
>
> GOETHE, FAUST

Und auch heute sind wir Zeitgenossen einer Ära, in der ein bestimmter Zeitgeist herrscht. Wir unterscheiden den kollektiven Geist eines Wirtschaftsraumes, einer Branche, eines Unternehmens, einer Gesellschaft und den individuellen Geist eines jeden Menschen. Beide, kollektiver und individueller Geist, beeinflussen sich gegenseitig. Zwischen ihnen besteht eine Art Wechselwirkung. Während der Zeitgeist der Gesellschaft von der Summe der individuellen Geisteshaltungen gebildet wird, wirkt dieser kollektive Geist auch auf das Individuum zurück. Und dies umso mehr, je weniger ich mich als einzelner Mensch bewusst für *meinen* Geist entscheide (den Geist also, der mir in meinem Leben, in meinem Beruf, in meinem Unternehmen wichtig ist). „In einer Lawine beteuert jede Schneeflocke ihre Unschuld."[2] Je mehr ich mich treiben lasse, je weniger ich meine eigene Geisteskraft bewusst nutze, umso beliebiger bin ich den Strömungen des kollektiven Geistes „ausgeliefert". Dann stimme ich vermutlich in den gleichen Kanon der von Kollegen in der Betriebskantine geäußerten gängigen Meinungen ein, lasse mich von dem geistigen Dunstkreis meiner Mitwelt anstecken oder falle gar am Feierabend in Stammtischparolen mit ein. Umso unwahrscheinlicher ist es, dass ich eigene Spuren hinterlasse oder Quantensprünge im Business vollziehe. Im Treibsand des kollektiven Geistes mache ich mich unsichtbar und versäume es, meine eigene Wahrheit und Größe zu leben.

> „Es gibt keine Ausreden und es gibt keine stagnierenden Märkte!
> Bestenfalls stagnierende Führungskräfte,
> die sich die lauen Überzeugungen anderer zu eigen gemacht haben."[3]
>
> ANJA FÖRSTER, AUTORIN

Aus der Physik wissen wir: Jede Masse krümmt den sie umgebenden Raum. Selbst ein Sandkorn, ja sogar ein winziges Elektron mit einer Masse von lediglich 10^{-19} m verbiegen den Raum. Mit unserer Masse als Individuum oder auch als Unternehmen wirken wir also in den Raum hinein, sind eine Wirkung in der Raumzeit-Krümmung. Insbesondere mit unserem Geist, das werden wir sehen, verursachen wir eine Raumzeit-Krümmung, unser Spirit ist ein Masse-Attraktor, wir ziehen bestimmte Ereignisse an.

Und nun genau zu dieser Geistesgegenwart im Business: Dr. Michael Born[4], einer meiner Kunden und Geschäftsführer der Informationstechnologie GmbH[5], vollzog in einer sehr angespannten Verhandlungssituation den Turn-around von einem kollektiven Geist des Mangels hin zu einem sehr viel ökonomischeren Geist der Wertschätzung.

Gelebte Unternehmenspraxis:
Ein geistig-materieller Turn-around
(Informationstechnologie GmbH, Software-Branche)

40% des Umsatzes und somit das Überleben des Unternehmens standen auf dem Spiel. Mit welchem Spirit kann ein mehrstelliger Millionenbetrag gerettet werden?

Schlaflose Nächte lagen hinter ihm. Der Geschäftsführer Dr. Born befand sich seit mehreren Monaten in zähen Verhandlungen mit dem größten Kunden seines Unternehmens. Ob der Vertrag verlängert werden würde und, wenn ja, zu welchen Konditionen – das war die Frage, die nun schon seit langem wie ein Damoklesschwert über der Firma schwebte. Ein Umsatz in mehrfacher Millionenhöhe stand auf dem Spiel. Der Druck und die Last der Verantwortung zerrten an seinen Nerven.

Verhandlungstermin folgte auf Verhandlungstermin. Sein Auftraggeber, der sich seiner Macht sehr wohl bewusst war, versuchte ihn in Bezug auf die Preise auszuquetschen wie eine Zitrone. Obwohl er mit der Qualität der über viele Jahre erbrachten Leistungen bisher sehr zufrieden gewesen war, sollten aus Sicht des Großkunden nun die Preise in jeder Leistungsart drastisch gesenkt werden. In Deutschland herrschte gerade, geprägt durch einen Konjunktureinbruch, ein kühles Klima des Preiskampfes.

> „Ein geistig-materieller Turn-around ist zu schaffen!"
>
> so

Irgendwann in diesen unerquicklichen Verhandlungen sagte Geschäftsführer Dr. Born zu seinem Auftraggeber: „Und an dieser Stelle mache ich das Buch zu. Unsere Leistungen sind von einer so hohen und verlässlichen Qualität – die Preise sind absolut stimmig. Ich lasse mich nicht herunterhandeln. Lieber nehme ich das Geld, das wir heute haben, zahle jedem meiner 60 Mitarbeiter eine saftige Abfindung, und dann fangen wir eben ganz neu an und machen vielleicht etwas ganz anderes." Er schaute in das erstaunte Gesicht seines Auftraggebers. Mit dieser mutigen Reaktion brachte Dr. Born das im Business übliche Spiel von einem dienstleistenden mittelständischen David und einem marktmächtigen auftraggebenden Goliath wieder in ein partnerschaftliches Lot. Wodurch? Indem er sich bewusst gegen einen absurden, in der Wirtschaft weit verbreiteten Geist des Drucks und des Mangels entschied und sich stattdessen von einem Geist der Selbstwertschätzung leiten ließ. In dieser extrem angespannten Verhandlungssituation hat Dr. Born außergewöhnlichen Mut und Rückgrat bewiesen.

„Eine andere Business-Realität ist möglich."

so

Und heute? Die Wertschätzung für die Qualität der Leistung seiner Mitarbeiter hat ihn und sein Unternehmen gerettet. Der Vertrag wurde verlängert, der Kunde ist zufrieden. Seine Klarheit hat ihm Respekt eingebracht und die Schräglage, welche sich in der Auftraggeber – Auftragnehmer – Beziehung eingeschlichen hatte („Ober sticht Unter"), wieder korrigiert auf die Ebene von Partnerschaftlichkeit. Seit seiner klaren Intervention hin zu einem Geist der Selbstachtung begegneten sich nun beide Geschäftspartner wieder auf gleicher Augenhöhe und mit Achtung füreinander.

Gerade in Zeiten von konjektureller Abkühlung haben wir im Management das Gefühl, wir müssten zwangsläufig „dem Marktzwang", „dem Sachzwang" folgen – Argumente, die im Grunde doch nur Ausdruck des kollektiven Opferdenkens sind (der Markt macht das so – und ich muss da mittun). Eine andere Business-Realität ist möglich: partnerschaftliche, erwachsene Geschäftsbeziehungen, menschenwürdige, respektvolle Begegnungen, durch die etwas konstruktiv Gestaltendes, Aufbauendes möglich wird. Wir sind es, die unsere Wirklichkeit erschaffen.

Ausverkauf von Management-Seelen[6]

Angst im Management
wundet kalt an meiner Seele,
lässt sie stumpf und matt zurück...,
während der große
Bankrott weitergeht.

Management-Seelen,
eingeklemmt zwischen
Schraubzwingen des illusionären
Sachzwangs,
der Marktgesetze,
des globalen Preisdrucks,

originelle Freigeister waren sie doch einst,
nun dominiert von rein rationalen Gitterstäben
in ungelüfteten Gefängniszellen des Managementdenkens.

In einer unsäglichen Meetingkultur
erpressen wir unsere vitalen Gehirnwindungen,
die einst so viel Freude an ihrer schwunghaften Dynamik hatten.

Lange schon blieb dem Humor nur das Exil
outgesourced von

Sachzwängen...,
nichts als Illusionen
in unserem Kopf,

denen wir uns unterordnen,
wie in Gewehrläufe schauende Deserteure sich ergeben,

dann geronnen zu einer Realität,
die niemand von uns erleben will.

Obwohl jedes Unternehmen mehr Geld verdienen will, so ist das unerquickliche Preisedrücken beinahe zu einem automatischen Reflex von Geschäftspartnern geworden. Letztendlich beruht es auf einem Geist des Mangels: „Wir könnten sonst den geplanten Deckungsbeitrag vielleicht nicht erreichen." Was eigentlich dahinter steckt, ist ein Mangel an Vertrauen in die eigenen Produkte, in die Qualität der eigenen Mitarbeiter und in die Innovationskraft des eigenen Unternehmens. Oder aber, das Preisedrücken beruht auf einem Geist der Gier: „Selbst das Viele, das wir mit Sicherheit erreichen, könnte vielleicht nicht genug sein." Mangel oder Gier – in der Essenz haben wir es beides Mal mit einem Geist der Angst zu tun.

> All das Feilschen und Preisedrücken
> ist nicht der Stoff, aus dem Wohlstand gemacht wird.

Den geistigen und folglich materiellen „Turn-around" schaffte Dr. Born in dem Moment, als er die Leistungen seines Teams als Kostbarkeit anerkannte – und selbstbewusst vor sich selbst und dem Kunden vertrat. Ab diesem Punkt ließ er sich von einem Geist der Wert-Schätzung leiten.

> "Control your destiny or someone else will!"
>
> NOEL M. TICHY UND STRATFORD SHERMAN

„Denken Sie selbst! Sonst tun es andere für Sie", empfiehlt Vince Ebert. Ich empfehle: „Lassen Sie sich von Ihrem eigenen Geist leiten, oder es werden andere für Sie tun!"

Ein Geist der Wertschätzung führt zu ökonomischer Wertschöpfung.

Immer wieder, wenn ich diese Erfahrung in der Begleitung von Unternehmen machte, habe ich sie anschließend auf den Prüfstand gestellt. Kann das wirklich sein? Ist das nicht zu einfach? Ist das wirklich plausibel? Hält ein Geist der Wertschätzung tatsächlich ökonomisch stand? Ist das nicht nur „schön gedacht"?

Der Zweifel ist mein vertrauter Begleiter, denn schließlich will mein Verstand es ganz genau wissen; er lässt sich nicht mit vagen Vermutungen oder wolkig weichen Hoffnungen abspeisen. Meine Ratio will wissen, was tatsächlich da draußen im Markt funktioniert und wie es funktioniert. Ganz klar will mein Verstand unterscheiden: Was ist Träumerei und was hat Hand und Fuß?

Natürlich ist der Geist, der vom Anbieter (also Auftragnehmer) ausgeht, nicht der alleinige Faktor, der über Erfolg oder Misserfolg entscheidet. Ohne Fachkompetenz, Branchen-Knowhow, Management-, Markt- und betriebswirtschaftliche Kompetenz wird auch mit dem besten Geist nichts gelingen. Mit all diesen Fähigkeiten müssen wir ausgestattet sein (– das ist ja gerade das Integrale –), um ganzheitlich erfolgreich zu sein.

Ausschlaggebend in den heutigen Tagen des Wirtschaftens, in der aktuellen Wirtschaftsepoche, scheint jedoch die Spirituelle Kompetenz zu sein. Denn sie entscheidet letztendlich, *wie* wir all diese Fachkompetenzen einsetzen – ob ökonomisch zu unserem Besten oder weniger segensreich.

> „Unternehmen sind die heutigen Hochburgen der Spiritualität."
>
> SO

Oft ohne es zu wissen, sind Unternehmen die heutigen Hochburgen der Spiritualität. Schließlich kommen hier tagtäglich mehrere Zig, Hunderte oder Tausende Menschen zusammen. Jeden Morgen treffen sie sich zu einem bestimmten Zweck. In einem bestimmten Geist. Ohne sich dessen bewusst zu sein, kreieren sie ein Feld. Ein energetisches, morphogenetisches Feld. Sie bilden einen kollektiven Geist. Eine Bewusstseinsmatrix, aus der heraus materielle Ergebnisse entstehen.

> „Am Verhandlungstisch der Geschäftspartner begegnen sich zwei Spirits – keiner bleibt wirkungslos."
>
> SO

Was, wenn der Auftraggeber bei seinem Geist des Drucks und Mangels geblieben wäre und Herrn Dr. Born als Anbieter einfach hätte über die Klinge springen lassen? Schließlich treffen sich am Verhandlungstisch zwei Geschäftspartner mit ihren individuellen Spirits. Hier trafen Druck und Angst auf Wertschätzung und Mut. David trifft auf Goliath. Wer gewinnt?

Ich weiß es nicht. Vermutlich gibt es hier keine Standardantwort.

Was ein Geist der Wertschätzung jedoch bewegen kann – in diesem Falle ließ sich der Auftraggeber zumindest an einen angemesseneren Geist erinnern – ist von enormer ökonomischer Bedeutung. Man sollte eine solche Chance nicht ungenutzt lassen. Der wirtschaftliche Nutzen, der sich einstellt, wenn man sich als Führungskraft bewusst für einen sinnvollen Geist entscheidet, liegt auf der Hand.

> Das Vermögen eines menschenwürdigen Geistes ist ein ökonomisches!

Ein Geist der Menschenwürde bringt immer etwas in Bewegung – in Richtung Ökonomie und Sinn! Und: Vorsicht – ein Geist der Wertschätzung kann ansteckend wirken!

> Unser Spirit im Business gibt eine Fahrtrichtung
> im Möglichkeitsraum Wirtschaft an.
> Wir haben immer die Wahl. Das ist unsere Freiheit.

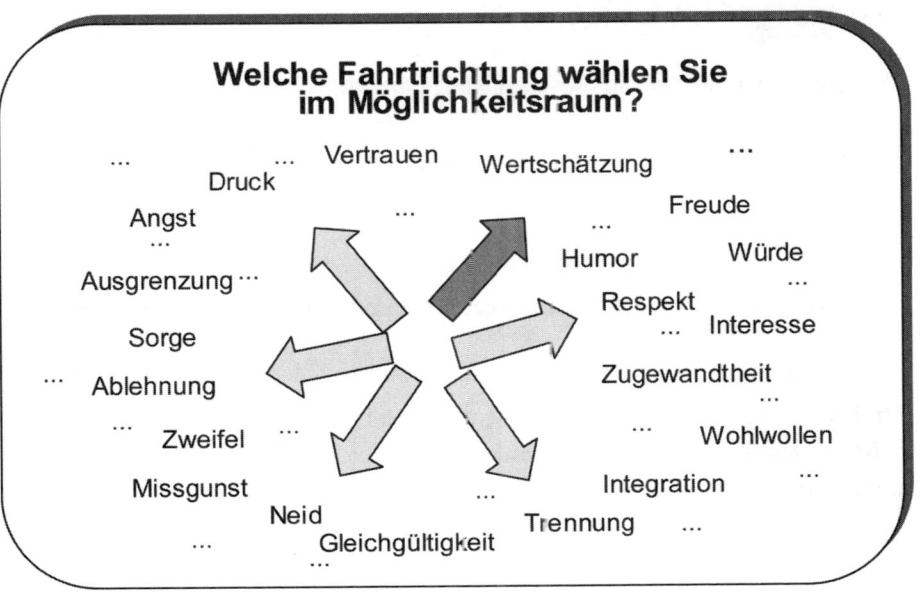

Abb. 2: Geistige Fahrtrichtungen im Möglichkeitsraum ‚Wirtschaft'

Im Management geistige Unterschiede zu erkennen, ist enorm wichtig. Welcher Geist zahlt sich aus? Welcher nicht? Werden Sie also zum „spirituellen Feinschmecker!" Und ich sage Ihnen: Sie sind bereits einer! Unentwegt nehmen Sie im Alltag unterschiedliche spirituelle Qualitäten wahr. Als integraler Manager ist es entscheidend, auch deren ökonomische Relevanz zu erkennen.

Und genau deshalb zunächst eine Übung für den Alltag:

Übung: Werden Sie zum „spirituellen Feinschmecker!"

Wenn Sie an der Kasse im Supermarkt oder Baumarkt stehen, spüren Sie einmal: Welcher Geist geht von der Kassiererin aus? Welcher Geist von der Person vor Ihnen in der Schlange?

Ständig nehmen wir Unterschiede wahr. Auch wenn wir sie nicht unablässig benennen, so spüren wir unterschiedliche Spirits doch sehr deutlich. Vielleicht müssen Sie bei Ihrem nächsten Kundenbesuch einen Moment in dessen Empfangshalle warten. Nutzen Sie die Gelegenheit, halten Sie inne und spüren, riechen, schmecken, hören Sie:

Welcher Geist herrscht in diesem Unternehmen?
  Ein Geist der Angst, des Drucks, des Durcheinanders, der Zerstreutheit, der Besonnenheit, des Mutes, der Klarheit?

Und am Samstagmorgen, wenn Sie beim Bäcker Brötchen holen: Welcher Geist geht da von der Verkäuferin aus?
  Ein Geist der Zuversicht, des Sorgenvollen oder der Kessheit, der Fröhlichkeit?

Und wie haben Sie heute morgen Ihre Familie verlassen?
  Mit einem Geist der Unachtsamkeit, der Gleichgültigkeit, der Zugewandtheit, Zärtlichkeit und Zuneigung?

Und welcher Geist herrscht aktuell in Ihrem Team, in Ihrem Unternehmen?

Der Spirit kann von Abteilung zu Abteilung, von Etage zu Etage unterschiedlich sein. Wie ist das, wenn Sie durch Ihr Unternehmen spazieren? Welchen Geist nehmen Sie da wahr – in der Produktion, im Vertrieb, im Marketing, in der Geschäftsführung, in der erweiterten Geschäftsführungsrunde, in der obersten, mittleren und unteren Führungsriege?

Und welcher Geist lebt heute in Ihrer eigenen Abteilung? Und welcher in der Abteilung Ihrer Kollegen?

Gelebte Unternehmenspraxis:
Mit einem Geist der Wertschätzung für das Besondere der Menschen zu 60% Umsatzwachstum

(Ingenieurbüro Osterhammel, Tiefbau)

Vor etwa 25 Jahren übernahm Bernd Osterhammel das Tiefbau-Ingenieurbüro von seinem Vater. Damals zählte die Firma drei Mitarbeiter. „Es war schwer", so berichtet Bernd Osterhammel rückblickend. „In Sachen Mitarbeiterführung bin ich in den ersten 5-7 Jahren als Geschäftsführer fast verzweifelt."

Bald nachdem sein Vater sich aus dem Geschäft zurückgezogen hatte, verließen zwei der drei altgedienten Mitarbeiter ebenfalls die Firma. Und auch viele derjenigen, die Bernd Osterhammel im Folgenden einstellte, kündigten wiederum bald darauf. Fluktuation war ein nerviges Dauerthema. Obwohl voll der besten Absichten, schien Bernd Osterhammel irgendwie nicht den richtigen Draht zu seinen Mitarbeitern zu bekommen.

Und auch das mühsame Akquirieren von Aufträgen in konjunkturell schwierigen Zeiten, in denen die Auftragsvergabe durch die öffentliche Hand rückläufig war, trug dazu bei, dass er seine Geschäftsführungstätigkeit als auslaugend und anstrengend empfand.

> „Wir haben gelernt, wie man den Lebensunterhalt verdient,
> aber nicht, wie man die eigene Lebendigkeit erhält."
>
> SO

Auf seiner Pferdekoppel suchte er den ersehnten Ausgleich zum harten Businessleben. „Abends", so erinnert er sich, „bin ich entnervt in all diesen Jahren zu meinen Pferden geflüchtet. Oft habe ich sie einfach nur beobachtet und so ist der Kontakt zu ihnen allmählich intensiver geworden. Eine stille Kommunikation begann zwischen mir und den Pferden."

Eines Abends sagten ihm die Pferde: „Immer willst du Bewegung erzeugen, unter deinen Mitarbeitern, auf deinem Geschäftskonto, in deiner Ehe, … und schließlich willst du auch uns Pferde bewegen. Aber: Weißt du eigentlich, was *uns* bewegt?" Das war ein kardinaler Satz, der ihn zutiefst traf und ihn dazu veranlasste, genauer hinzusehen und sich eingehender mit dem zu beschäftigen, was Pferde und Menschen motiviert (in Bewegung bringt).

Und bald wurde ihm klar, dass das, was er mit den Pferden erlebte, ein nur allzu deutlicher Spiegel war für die frustrierenden Erlebnisse in seiner Mitarbeiterführung. Auch hier, mit den Pferden, hatte er versucht, was nicht gelingen konnte: z.B. aus einem weniger sportlichen Pferd ein Springpferd zu machen. Dieses Unterfangen mit einem Pferd, das seine Talente auf einem ganz anderen Gebiet hat, war nicht nur frustrierend, sondern auch äußerst schweißtreibend und ergebnislos für beide Seiten verlaufen. In all dem Trainieren hatte er es versäumt, genauer hinzuschauen, um zu erkennen, worin die einzigartigen Gaben des Pferdes bzw. des Mitarbeiters bestanden. „Pferde sind wie Menschen", berichtet Bernd Osterhammel heute – „genauso unterschiedlich und vielfältig – jedes und jeder einzigartig auf seine Weise.

Pferde, die ihr Talent nicht leben können, weil sie falsch gehalten werden, haben oft so einen stumpfen Blick. Sie dümpeln vor sich hin. Von ihnen geht keine Lebendigkeit aus." Das eigenen Talent zu leben, bedeutet Lebendigkeit. Zunächst begann Bernd Osterhammel diese Erkenntnisse im Umgang mit seinen Pferden umzusetzen – und siehe da, er wurde unglaublich viel effektiver: „Ich benötigte in den folgenden Jahren nur noch 10% der Energie, um die Pferde auszubilden."

> Die effektivste Führung ist jene,
> welche die Menschen in ihrer Seele berührt.

Diese Leichtigkeit und ungeahnte Effektivität zog auch in sein Unternehmen ein, da er einen Blick für die Einzigartigkeit seiner Mitarbeiter entwickelte. Von nun an sah er seinen Mitarbeitern in die Augen, wenn er mit ihnen sprach, und stellte Fragen, wie:

„Was bewegt dich? Was ist dein Traum? Lebst du deinen Traum schon? Welche einzigartigen Talente hast du noch in deinem Rucksack – unabhängig von jenen, die du in deinem Job tagtäglich bisher eingebracht hast? Und: Wovor hast du (noch) Angst?…"

> „Der Geist ist kein Schiff, das man beladen kann,
> sondern ein Feuer, das entfacht werden will."
>
> PLUTARCH[7]

Der Mitarbeiter hat ja nicht nur einen erlernten Beruf, sondern etwas Besonderes, ein Talent, ein Geschick – „Bring das mit in die Firma! Nutze Deine Einzigartigkeit nicht nur nach Feierabend!", dazu ermutigte der Geschäftsführer fortan seine Mitarbeiter.

Nicht bei allen, so ist seine Einschätzung, aber bei den meisten Mitarbeitern ist es ihm gelungen, den Schatz, das Einzigartige auszugraben, das der jeweilige Mensch zu geben hat. Immerhin! Damit hat Bernd Osterhammel einige Seelen zum Leuchten gebracht, die unsere teilweise noch düstere Wirtschaftswelt erhellen.

> „Für viele Menschen ist das Leben wie schlechtes Wetter:
> sie treten unter und warten, bis es vorbei ist."
>
> ALFRED POLGAR[8]

Jeder Mensch hat eine besondere Gabe, ein Talent, das ihm nicht nur ein Gefühl der Verbundenheit mit sich selbst, sondern auch des Gebrauchtwerdens, der vibrierenden Vitalität, der Freude und Leichtigkeit bereitet. Diese persönliche Gabe zu geben, entspricht unserer tiefsten Sehnsucht, unserem Lebenssinn.

Integral geführte Unternehmen, die nach der Integra®-Management-Methode arbeiten, haben aber gelernt, nicht nur die Einzigartigkeit, sondern auch die Verschiedenheit und die Verbundenheit der Menschen zu achten. Sie sind Pioniere in Sachen Menschen- und Unternehmensführung und in ihrem Erfolg anderen Unternehmen meilenweit voraus.

> Wenn in Unternehmen die Einzigartigkeit, Verschiedenheit
> und Verbundenheit der Menschen gefeiert wird,
> dann werden Unternehmen zu einem Ort,
> an dem Menschen (in sich) zu Hause sein können.

Das Prinzip in Bernd Osterhammels Mitarbeiterführung war nun: „Ich will, dass die Augen meiner Mitarbeiter leuchten! Wenn die Mitarbeiter morgens ins Büro kommen, dann müssen sie das Gefühl haben, sie gehen auf einen

Abenteuerspielplatz!" Seine und meine Erfahrung ist, dass das Leuchten von unten nach oben wächst: „Zuerst leuchten die Augen des Mitarbeiters, dann die seiner Familie und schließlich die des Teams." Bernd Osterhammel macht eine Pause, um gleich darauf ein wenig beschämt hinzuzufügen: „Ja, es ist so: Am Ende habe ich meine Mitarbeiter geliebt."

Die Firma wuchs, die Stimmung stieg, der Krankenstand ging deutlich zurück, die Fluktuationsrate gegen null, das Selbstbewusstsein und die Selbständigkeit der Mitarbeiter wuchsen. Sie übernahmen von sich aus mehr Verantwortung für Dinge, die sie gerne und mit Leichtigkeit taten, sie machten ungefragt Überstunden – kurzum, die Freude, die Persönlichkeit und das Engagement der Mitarbeiter sowie der Umsatz wuchsen.

Deutlich wurde dies auch an der Entwicklung eines behinderten Mitarbeiters. „Bei uns ist ein Zeichner beschäftigt, der unter Mukoviszidose leidet. Wir haben ihn von einem anderen Ingenieurbüro, einem Mitbewerber, übernommen. Als man dort erfuhr, dass er nun bei uns angestellt war, kommentierte dies dessen ehemaliger Chef zynisch: „Ach, bei euch ist der jetzt gelandet. Na, dann: herzlichen Glückwunsch! Ich bin froh, diesen Mitarbeiter nicht mehr sehen zu müssen! Der hat mir jede Überstunde vorgehalten und genau vorgerechnet, wie viel Mehrurlaub er als Behinderter noch zu bekommen hat."
„Seltsam", antwortete Bernd Osterhammel, „mich fragte derselbe Mitarbeiter, ob er an einem gesetzlichen Feiertag in die Firma kommen dürfte, um eine neue Software auszuprobieren." Der frühere Arbeitgeber jenes Mitarbeiters hatte die Angewohnheit, allen seinen Angestellten anhand eines Controllingsystems die Arbeitsstunden exakt nach- bzw. vorzuhalten, während Bernd Osterhammel sich damit überhaupt keine Mühe machte. Er sieht seinen behinderten Mitarbeiter so: „Unser Zeichner ist einer der besten Mitarbeiter mit fantastischen Talenten, einem fröhlichen Wesen und einem überdurchschnittlichen Gehalt."

Verblüffend ist: Beides Mal handelt es sich um die gleiche Fachkraft, den gleichen Menschen, der auch vorher schon, bei seinem ursprünglichen Arbeitgeber, über genau dieselben Talente verfügte. Die Frage ist, ob es uns gelingt, den Schatz eines jeden zu heben. Die Einzigartigkeit von uns Menschen IST. Zeitlos. Unsere unverwechselbare Einmaligkeit ist immer da. Wenn ich als Führungskraft einen Blick für die Einzigartigkeit der Menschen um mich herum entwickle, dann führe ich mein Unternehmen (mein Ressort, meine Abteilung etc.) „zwangsläufig" zu ungeahnten ökonomischen Ergebnissen.

Kritiker könnten nun entgegnen: Das ist ja alles schön und gut, aber im Grunde doch nur dann machbar, wenn der finanzielle Background bereits da ist. Wenn die Geschäftslage es zulässt, nach solchen „nice-to-have"-Geschichten wie den einzigartigen Begabungen der Mitarbeiter zu fragen und einen Geist der Wertschätzung zu pflegen.

Wenn es nicht so gut läuft, wenn die Marktlage angespannt ist, dann muss doch jeder Mitarbeiter erst mal seinen Job machen, dafür ist er schließlich da – da kann man sich nicht solchen Sperenzchen widmen.

Faszinierend ist: Die beschriebene Veränderung in seinem Management vollzog Bernd Osterhammel eben nicht in fetten Jahren, sondern Mitte der 1990er Jahre, in einer Zeit also, in der die Baubranche völlig darniederlag. Er kämpfte mit seinen damals 15 Mitarbeitern, wie seine Mitbewerber auch, zunächst ums Überleben. Die öffentliche Hand drehte die Hähne zu. Viele Bau-Projekte wurden damals auf Eis gelegt. Die Aufträge blieben aus. Angst machte sich allmählich bei Bernd Osterhammel breit. Und so erfasste die Unsicherheit und bange Frage auch bald seine Mitarbeiter: Werden wir überleben? Diesem kollektiven Geist der Angst wollte sich Bernd Osterhammel jedoch nicht anheimgeben. Und ihm erst recht nicht die Führung seines Unternehmens übertragen.

> „Das Schicksal des Organismus hängt entscheidend davon ab,
> welche Informationen er aus seinem Umfeld aufnimmt."
>
> DR. BRUCE LIPTON[9]

Nach einigen sorgenvollen Nächten wusste er plötzlich, dass er seinen individuellen, kraftvollen Geist dem allgemeinen Abwärtstrend und negativen Bewusstsein in der Branche entgegensetzen wollte – denn ihm war klar geworden: Wenn ein Geschäftsführer sich von Angst, Zweifel, Neid, Missgunst, Konkurrenzdenken u.ä. leiten lässt, dann läuft automatisch eine Spirale ab: Die Angst des Geschäftsführers spüren die Mitarbeiter am nächsten Tag, einen Monat später wird der Geist der Angst auf dem Geschäftskonto sichtbar, und spätestens nach einem halben Jahr bleiben die Kunden weg. Wer sollte sich von einer solchen Energie angezogen fühlen? Wie sollten in einer Atmosphäre der Angst Lebendigkeit, lustvolle Kreativität, Freude, Begeisterung und Faszination möglich sein?

Entgegen verbreiteter Annahmen ist gerade in schwierigen Zeiten die Qualität der Soft Skills der Schlüssel zum Erfolg.

Und so sagte er eines Morgens zu seinen Mitarbeitern: „Ich garantiere jedem Mitarbeiter seinen Arbeitsplatz für das kommende Jahr!" Rein rational betrachtet, mögen Kritiker nun anführen, war das recht gewagt, weil in einer kränkelnden Branche möglicherweise nicht haltbar. Intelligent war es trotzdem.

„Wir waren damals schon recht magnetisch für gute Aufträge. Ich bin nur bewusst einen Schritt weiter gegangen, um es anders zu machen als die üblichen Bangemacher. Dieses Versprechen hat so viele Energien in unserem Team freigesetzt – das war wie eine Vitaminspritze! Die große Angst aus den Gehirnen zu entfernen, um Freiraum für die laufende Arbeit und kreative, neue Gedanken in den Köpfen zu bekommen, das war mein Ziel dabei." Auf seiner Pferdekoppel hatte er erfahren: „Wenn Pferde Angst haben, dann laufen sie einfach nur weg. Dann kann man mit ihnen nichts anfangen, die haben dann einfach keinen klaren Kopf mehr. Und wir machen in unserer Wirtschaft die Angst sooo grooß!".

Aber wie kam es nun zu neuen Kunden und Aufträgen?

„Durch die Entfaltung der Mitarbeiter am Arbeitsplatz bekam auch ich viel mehr Freiraum und Zeit, um wiederum meine wirklichen Talente viel stärker einzubringen", beschreibt Bernd Osterhammel die weitere Entwicklung. „Genauso, wie ich es mit den Mitarbeitern getan hatte, führte ich nun Kundengespräche auf ganz andere Art: Ich schärfte meinen Blick für das Einzigartige des Kunden und versuchte es, gemeinsam mit ihm auszugraben – und vor allen Dingen sagte ich ihm, welch wunderbaren Qualitäten, Talente und Gaben ich in seinem Unternehmen sehe. Anerkennung und Wertschätzung für das, was den Menschen bzw. sein Unternehmen ausmacht, wurden nun Inhalt unserer Gespräche.

> „Interesse ist die intellektuelle Form der Liebe."
>
> THOMAS MANN

Und plötzlich hatte ich mit meinen Kunden (wie mit meinen Mitarbeitern auch) eine ganz neue Basis des gegenseitigen Respekts gefunden. Das hatte nichts mehr mit Akquisegesprächen zu tun. Über Aufträge sprachen wir überhaupt nicht mehr. Stattdessen reflektierte ich mit meinen Kunden über Fragen des Menschseins. Die Aufträge kamen dann wenige Tage später wie von alleine."

Wenn ich, als Unternehmensberaterin, etwas in meinem Leben gelernt habe, dann das:

> Wertschätzung ist das Einzigste, was uns Menschen gerecht wird.

Ganz am Anfang meiner Selbständigkeit hatte ich hin und wieder die Haltung: „Da draußen in den Firmen muss sich etwas ändern. Manager müssen endlich etwas Grundsätzliches kapieren…!" (Meine Auftragslage war damals noch durchwachsen – wen wundert´s?)

Seit ich das Phänomen der Wertschätzung verstanden habe, seit ich die Menschen in der Wirtschaft liebe, so wie sie sind (und nicht so, wie ich sie gerne hätte), seit ich die Verwechslung von Perfektion und Vollkommenheit erkannt habe[10] (Perfekt ist niemand, vollkommen ist jeder von uns. Und in der Vollkommenheit ist alles drin – die Ängste, die Fehler, der Misserfolg, der Hass, der Neid, der Druck, der Frust … genauso wie die Freude, der Erfolg, die Liebe, die Begeisterung, die Zuversicht, das Selbstbewusstsein, die Fähigkeiten, die Gnade, …) – , seit ich die Vollkommenheit der Menschen sehen und achten kann, seit ich Wertschätzung gebe, weil ich weiß, dass einfach alles geachtet werden will und nichts anderes als Wertschätzung unserem menschlichen Wesen gerecht wird, seither erfahre ich unendlich viel Achtung von allen Seiten. Kunden bedanken sich für die hilfreiche Zusammenarbeit und senden Blumensträuße, Führungskräfte bedanken sich mehrfach aus tiefstem Herzen für das, was bei ihnen in Bewegung gebracht und gelöst wurde. Ich habe das Gefühl, geachtet, geschätzt zu werden. Ich kann es mir nicht anders erklären, als dass das, was da stattfindet, die Resonanz von Menschen-Liebe ist.

Und das ist Quantenverschränkung. Quantenverschränkung bedeutet: Werden zwei Teile gleichen Ursprungs getrennt, also z.B. ein Diphoton in zwei Photone (Lichtteilchen) getrennt und in eine maximale, km-weite Entfernung voneinander gebracht, und das eine Photon bekommt einen Impuls, z.B. eine Linksdrehung, dann vollzieht das andere Photon die zugehörige Veränderung instantan (d.h. in derselben Sekunde, also in Überlichtgeschwindigkeit). Man könnte sagen, das zweite Photon „spürt" die Veränderung und reagiert entsprechend – ohne Zeitverzögerung, so der weltweit bekannte Bio- und Quantenphysiker Dr. Medinger.[11]

Wenn es so ist, wie uns die Quantenphysiker sagen, dass wir „entangled" – also miteinander verschränkt sind, dann macht es keinen Sinn, den anderen, mein Gegenüber, meinen Mitarbeiter, meinen Kunden nicht wertzuschätzen – denn im selben Maße würde ja ich mir selbst die Achtung (und auch die Ökonomie) verweigern.

> Wertschätzung ist die ökonomischste Quantenverschränkung im Business.

„Hätten wir damals, in diesen konjunkturell schwierigen Zeiten, dem Controlling die alleinige Führung überlassen, hätten wir unsere Firma innerhalb eines halben Jahres tot gerechnet", resümiert Bernd Osterhammel. „Stattdessen waren nun für mich Respekt und Vertrauen zum Schlüssel für Leichtigkeit in der Führung und im Erfolg geworden – im Grunde genommen genau dasselbe, was ich auch mit den Pferden erlebt hatte."

Und dass sich sein Geist der Wertschätzung nicht nur als spirituell intelligent, sondern auch als intuitiv richtig und rational intelligent erwies, zeigen seine ökonomischen Ergebnisse:

„Völlig ungewöhnlich für diese gebeutelte Branche nahmen wir hin und wieder sogar Aufträge an, die sich zunächst nicht rechneten – ja, wo wir quasi sogar Geld zum Kunden mitbringen mussten. Aber irgendwie wusste ich mit einer tiefen, inneren Sicherheit, dass es richtig war, dies zu tun. Und immer entstand aus solchen Projekten später etwas viel Größeres. Diese vermeintlich unrentablen Aufträge zogen ungeahnte Projekte von einer sehr viel größeren Dimension nach sich.

Hätten wir solche Entscheidungen damals ausschließlich dem Controlling überlassen, wären wir bestimmt bald pleite gewesen und hätten uns somit den Zugang zu einem viel größeren Wachstum versagt."

Mit seinem Vertrauen in sein klares inneres, intuitives Wissen, was richtig ist, baute der Geschäftsführer sein regional agierendes Ingenieurbüro in konjunkturellen Krisenzeiten von 3 auf 30 Mitarbeiter auf, während sich rundherum die

Mitbewerber schwer taten und einige von ihnen in Konkurs gingen. „Schließlich war und bin ich stolz darauf, dass unser Umsatz gerade in den Jahren um 60 % und unser Gewinn im gleichen Maße wuchs." Inzwischen hat er die Firma an seinen Partner verkauft. Heute gibt er sein Wissen in Vorträgen und Seminaren weiter und unterstützt Menschen und Unternehmen, die in ihre Kraft kommen wollen.[12]

> Wertschätzung und Vertrauen:
> der Geist, der uns am sichersten zur Sanierung und
> zum Aufschwung von Unternehmen führt.

Ich mache mir bewusst:

⇨ Wirtschaft ist ein spirituelles Terrain.

⇨ Ein Geist der Wertschätzung zahlt sich ökonomisch aus.

⇨ Der individuelle Geist ist machtvoller, als wir im Allgemeinen glauben.

II

Neues aus der Quantenphysik:
Materie ist geronnener Geist

„Erfolg kommt von innen."

OLIVER KAHN

Der Spirit ist also nichts Fernes, nichts Fremdes, was außerhalb von uns als Person oder außerhalb der Wirtschaft stattfinden würde – etwa nur beim Rosenkranzbeten schwarz gekleideter Witwen in ansonsten leeren Kirchen; oder auf dem Meditationskissen im Kreise von Erleuchtung suchenden Menschen oder gar in erstaunlichen Körperübungen in irgendwelchen Esoterik-Seminaren.

Spiritualität findet mitten in und unter uns statt, mitten im Leben und somit auch mitten im Business. Im Folgenden werden wir uns dem Thema „Spirit in Business" tiefergehend widmen, und dabei möchte ich vor allem die Naturwissenschaft der Physik nach dem Zusammenhang von Spiritualität und Materie genauer befragen. Warum nun gerade die Physik? Nun, Physiker und Manager haben in gewissem Sinne die gleiche Kompetenz:

„Physiker und Manager haben die gleiche Kernkompetenz: Materie zu erforschen und herauszufinden, was sie entstehen lässt."

SO

Beide beschäftigen sich mit der Materie. Während die Physiker der Materie auf den Grund gehen, stets auf der Suche nach dem kleinsten Teilchen und nach dem, was es ist, das die Welt im Innersten zusammenhält, widmen wir uns als Manager dem Erschaffen, dem Hervorbringen von Materie. Während die Physiker ein Loch in die Tiefe bohren, um dem Geheimnis der Materie auf den Grund zu gehen, so bohren wir als Manager quasi ein Loch in die Höhe: Wir sitzen in den obersten Etagen von Bürohäusern, lassen unseren Blick in die Weite schweifen, meist vor und nach Aufsichtsratssitzungen, immer wieder begleitet von der Frage, wie wir Materie in unserer Firma entstehen lassen können – was es also ist, was materiellen Erfolg im nächsten Quartal bzw. in den nächsten 2-5 Jahren hervorbringen wird.

> „Materie ist nicht aus Materie aufgebaut."
>
> PROF. H.-P. DÜRR, QUANTENPHYSIKER

Je genauer wir der Materie auf den Grund gehen – egal, ob mit den Augen des Naturwissenschaftlers, des Ökonomen, des Philosophen oder des Mystikers – desto mehr müssen wir feststellen, dass das, was wir materiell, solide und fest nennen, im Grunde gar nicht so materiell, solide und fest ist.

> "What gets us into trouble is not what we don't know.
> It is what we know for sure that just ain't so."
>
> MARK TWAIN

Wenn Sie, liebe/r LeserIn, der/die Sie dieses Buch momentan in den Händen halten, beispielsweise Ihren Blick auf Ihren materiell festen, stabilen und soliden Unterarm schweifen lassen, dann sehen Sie die Oberflächenstruktur Ihrer Haut: Materie. Betrachteten Sie diese nun unter einem Mikroskop, dann hört die Haut sehr schnell auf, Haut zu sein. Während Sie so der Materie weiter auf den Grund gehen, ist Ihnen bewusst, dass Ihre Hautzellen aus Molekülen bestehen, Ihre Moleküle wiederum aus Atomen, die selbst zu über 90% aus „Nichts" bestehen, aus leerem Raum, wie die Physiker sagen, und aus Elektronen, die mit einer sehr hohen Frequenz um einen winzigen Kern schwingen. [1]

Und wenn Sie dann noch ein stärkeres Mikroskop wählten, um weiter bis auf die subatomare Ebene zu schauen, dann kommen wir auf die Ebene der Quanten und stellen fest, dass Quanten – diese winzigen Energiepakete – gar keinen festen Ort haben und dass Sie im Grunde ein unscharfes Feld aus Energie sind.

> Unter dem Mikroskop hört die Materie sehr schnell auf, Materie zu sein.

Wir Menschen in unserem festen, materiellen Körper sind also fein-stoffliche Energie, „(…) die in dem Bereich, wo sie sichtbar für uns wird, auf der Ebene der vergröberten Wahrnehmung, eine verlangsamte Schwingungsfrequenz angenommen hat." So formuliert es der weltbekannte Quantenphysiker und ehemaliger Direktor des Max-Planck-Institutes, Prof. H.-P. Dürr, und er sagt weiter: „Unsere Wirklichkeit basiert primär auf (…) reiner Potenzialität, aus der gewissermaßen erst sekundär Materie als uns geläufiges „reales" Phänomen gerinnt."[2]

Die Trennbarkeit von Geist und Materie ist also eine Illusion. Vielmehr sind Geist und Materie die zwei Seiten *einer* Medaille. Wir sind durchdrungen von jener Wirk-lichkeit, welche die Philosophen und spirituellen Meister „Geist" nennen und welche wir als Quantenphysiker „Quantenfeld" und „reine Potenzialität" nennen.

Schon Max Planck, der Begründer der Quantentheorie, versöhnte die beiden Disziplinen der Natur- und „Geistes"wissenschaft, da er in seinen Forschungsergebnissen erkannte, dass wir aus Sicht der Physik und der Spiritualität mit unterschiedlicher Sprache über das Gleiche (*Eine*) reden. „Als Physiker, also als Mann, der sein ganzes Leben der nüchternen Wissenschaft, nämlich der Erforschung der Materie diente, bin ich sicher frei davon, für einen Schwarmgeist gehalten zu werden. Und so sage ich Ihnen nach meiner Erforschung des Atoms dieses: Es gibt keine Materie an sich! Alle Materie entsteht und besteht nur durch eine Kraft, welche die Atomteilchen in Schwingung bringt (…). Dieser Geist ist der Urgrund aller Materie."[3]

1. Spirit in Business – Gesetz

Wir können nicht nicht spirituell sein.
Genauso, wie wir nicht nicht materiell sein können.

Wenn wir der Materie
auf den Grund gehen,
finden wir Geist.

Abb. 3: 1. Spirit in Business – Gesetz

Die Naturwissenschaft der Physik, genauer die Quantentheorie, liefert uns Erkenntnisse, die uns das Verstehen der Wirtschaftsrealität *und* unserer Spiritualität erleichtern. Der Quantenphysiker Prof. Thomas Görnitz formuliert es
so: Die Quantentheorie eröffnet uns den Weg zu einem neuen, realistischen
Weltbild. „Quantentheoretische Ganzheit bedeutet, dass es keine Materie ohne
Geist, ohne Bewusstsein gibt. Geist und Materie bilden eine nahtlose Einheit.
Quanten zeigen uns die verborgene Einheit der Welt."[4]

„Die zentrale Aussage (…) (der Quantentheorie) ist, dass die Welt, die wir erleben, unsere eigene Schöpfung ist und jeder Einzelne einen *wesentlich* größeren Einfluss auf das hat, was ihm „widerfährt", als wir gemeinhin glauben."[5]

Zu welch guten Resultaten es führt, wenn Manager sich von einem Geist leiten lassen, welcher dem Menschen und damit der Wirtschaft dient, haben wir bereits an den Beispielen der Informationstechnologie GmbH und des Ingenieurbüros Osterhammel GmbH gesehen.[6]

Egal, in welcher Funktion und Rolle Sie zur Zeit unterwegs sind, ob als Führungskraft, Unternehmer, als Toilettenfrau bzw. Toilettenmann, als Investor, Gefängnisinsasse, Bäckereifachverkäuferin, Obdachloser, Vorstand, Hartz IV-Empfänger oder Hedgefonds-Manager: Wenn Sie glauben, Sie seien kein spirituelles Wesen, dann behaupten Sie im gleichen Atemzug, Sie hätten keine materielle Existenz. Es gäbe Sie quasi überhaupt nicht. Dann wären Sie auch als Mensch mit einem materiellen Körper gar nicht vorhanden.

Wir selbst – gerade mit unserem menschlichen Körper, der auf dem Urgrund der Materie reine Potenzialität ist – sind der beste Beweis für die Nichttrennbarkeit, oder besser gesagt für die Nicht-Zweiheit, also die EIN-heit von Geist und Materie!

Genauso, wie wir nicht nicht materiell sein können, können wir auch nicht nicht spirituell sein.

Als Manager sind wir es jedoch gewohnt, uns an das Materielle zu halten, das physisch Sichtbare, das, was wir anfassen und somit be-greifen können: das Fabrikgebäude mit den Investitionsgütern, die Produktionsanlagen, die Belegschaft, das Betriebsgelände, der Fuhrpark – das Materielle, das gibt uns Sicherheit. Schließlich ist das Schaffen von Materie (von materiellem Erfolg) ja unsere Kernkompetenz als Manager – unabhängig davon, in welcher Branche wir uns tummeln.

Und dennoch haben wir als Mensch, der über den Planeten Erde spaziert, diese duale Existenzform. Wir sind Geist und Materie. Und jeder Mensch nutzt ständig beides – ob nun bewusst oder unbewusst. Sobald wir unsere Materie nutzen, haben wir im gleichen Moment auch unsere Spiritualität in Gebrauch. Wir können nicht anders und sie nicht nicht nutzen.

Denn die Wirklichkeit ist sowohl Materie als auch reine Potenzialität (Geist). Manche Menschen erleben jedoch erst im Prozess des Sterbens, dass sie auch spirituelle Wesen sind.

„Die Wirklichkeit offenbart sich in allem und bleibt doch unsichtbar."

WILLIGIS JÄGER, MYSTIKER

„Quantentheoretiker sagen: Die Mystiker haben Recht."

PROF. THOMAS GÖRNITZ, QUANTENPHYSIKER

Albert Einstein zeigte bereits zu Beginn des 20. Jahrhunderts mit seiner Formel $E = mc^2$ die Äquivalenz von Energie und Materie auf. Energie ist das Gleiche, was Masse in Bewegung bringt. Prof. Görnitz hat heute die Einstein'sche Gleichung erweitert zu einer Formel, die besagt, dass Materie und Energie Quanteninformation ist.[7] Und der italienische Atomforscher Prof. Dr. Carlo Rubbia erhielt 1984 den Nobelpreis für die von ihm bewiesene Naturkonstante $1 : 9{,}764 \times 10^8$. Sie besagt, dass etwa 1 Milliarde Energieeinheiten nötig sind, um 1 Materie-Einheit zu formen, d.h., Energie ist das übergeordnete Prinzip. Daraus folgt:

„Wer sich nur mit der Materie beschäftigt, orientiert sich lediglich an einem Milliardstel der Wirklichkeit"[8]

Prof. Görnitz führt uns das Verhältnis von Geist und Materie anschaulich vor Augen: „Wenn wir das Volumen eines Atoms auf das Volumen des Atomkerns reduzieren könnten (da in der Atomhülle ja nur Elektronen von vernachlässigbar geringer Masse sind), dann steckt Materie von der Größe eines Stecknadelkopfes in einem Ozeandampfer."[9]

„Materie in der Größe eines Stecknadelkopfes, so viel Materie steckt in einem Ozeandampfer."

PROF. THOMAS GÖRNITZ, QUANTENPHYSIKER[10]

Im Folgenden werden wir sehen, dass unsere wirtschaftlichen Ergebnisse im Unternehmen (unsere Umsätze, Gewinne, Krankenstände, Auftragsbestände,

Ausfallzeiten, usw.) etwas über den Geist offenbaren, mit dem wir diese Ergebnisse erwirtschafteten.

Selbst in 2007, einem Jahr, in dem die Stimmungslage in der Wirtschaft wieder sehr viel optimistischer war als zuvor und das Wachstum des BIPs über 2 % lag, agierten einzelne Unternehmen noch als „Angstinseln" – d.h. meist unbewusst aus einem Geist der Angst und des Drucks heraus. Doch Angst und Druck lassen ein Unternehmen nie so erfolgreich sein, wie es sein könnte. Das konnten wir auch am Beispiel von Renault erleben.

Gelebte Unternehmenspraxis:
Wenn Führungskräfte aus dem Fenster springen
(Renault)

Der Automobilhersteller hatte in den vergangenen Jahren unter Gewinneinbrüchen zu leiden. Daraufhin hatte sich die Führung entschlossen, Carlos Ghosn hereinzuholen und ihn als CEO einzusetzen. Carlos Ghosn galt in der Automobilbranche als hervorragender Sanierer. Bei Renault ließ er sich offensichtlich zu einem „Geist des Drucks" hinreißen. Um die rückläufigen Verkäufe anzukurbeln, hatte die Renault-Führung in dem Plan „Contrat-2009" beschlossen, binnen drei Jahren nicht weniger als 26 neue Modelle auf den Markt zu werfen (d.h. mehr als 8 Modelle im Jahr – zuvor waren es 3 Modelle pro Jahr gewesen). Es kam zu einer Suizid-Serie unter den Ingenieuren und Führungskräften des Automobilbauers.

> „Und eure Bilanz zeigt mit einem Male
> einen Saldo mortale."
>
> KURT TUCHOLSKY[11]

In der Frankfurter Rundschau konnten wir lesen: „Bevor sich Raymond D. zu Hause mit seinem Gürtel erhängte, notierte er in einem Abschiedsschreiben die Gründe für seinen Verzweiflungsakt. An erster Stelle nannte der 38-jährige Familienvater und Ingenieur im Renault-Technologiezentrum die Überlastung durch die Arbeit.

Zwei andere Renault-Angestellte brachten sich in den vergangenen Monaten in der Nähe ihres Arbeitsplatzes um. Einer ertränkte sich in einem See. Und der zweite sprang aus dem zweiten Stock des Firmengebäudes in den Tod. (..) Der enorme Arbeitsdruck, den die Konzernleitung ausübe, werde vom Management auf die unteren Ebenen übertragen und sogar noch verstärkt. Daraus entstehe beim einzelnen Arbeitnehmer der Eindruck, ständig überkontrolliert zu sein und notfallmäßig zu arbeiten."[12], hieß es unter den Beschäftigten des Konzerns.

Abb. 4: 2. Spirit in Business – Gesetz

Geist und Materie sind *eins*. Sie sind – einmal feinstofflicher und einmal feststofflicher – Ausdruck der gleichen Wirklichkeit. Geist und Materie sind nicht voneinander zu trennen, sind eine Einheit (oder wie Vertreter der östlichen Weisheit sagen, eine „Nicht-Zweiheit"). Die gleichermaßen geistige wie materielle Wirtschafts-Wirklichkeit ist EINE Wirklichkeit. Der Geist ist genauso real wie die Materie. Man guckt nur einmal vom einen Ende und das andere mal vom anderen Ende auf dieselbe Wirklichkeit.

> Die duale geistig-materielle Wirtschafts-Wirklichkeit
> ist also *eine* Wirklichkeit, die non-dual stattfindet.

> Renault sind nicht die anderen.
> Renault ist jeder von uns.

Keiner wandelt über diese Erde, ohne im Verlauf seines Lebens auch Ergebnisse zu erzeugen, die er gar nicht erleben will. Niemand lebt hier, ohne Fehler zu machen. Oder, besser gesagt, das, was wir „Fehler" nennen, seien dies wirtschaftliche Ergebnisse oder Verhaltensweisen, mit denen wir unzufrieden sind.

Jeder von uns kennt das: Wenn die Dinge nicht so laufen, wie wir uns das vorgestellt haben, wenn es finanziell eng wird. usw. – dann geraten wir unter Druck und lassen uns sehr leicht zu einem Geist der Angst hinreißen. Oft geschieht das noch nicht einmal bewusst. Ich spreche aus eigener Erfahrung: Vor vielen Jahren fing ich in solch wirtschaftlich schwierigen Situationen an

61

zu ‚hektisieren', ich setzte mich und andere unter Druck – und wurde unerträglich für meine Kooperationspartner oder auch für Interessenten, die ich zu akquirieren versuchte. Ähnliche Erfahrungen schildern mir Führungskräfte aus ihrem eigenen Kontext, die ich heute in Coachings begleite. Wenn ich das tragische Beispiel des französischen Autobauers anführe, so möchte ich diesen nicht verurteilen – ich bin zutiefst davon überzeugt, dass der damalige CEO, Herr Carlos Ghosn, aus den besten Motiven heraus handelte – trat er doch als Krisenmanager an, um den Konzern wirtschaftlich wieder auf Vordermann zu bringen. Ein Ziel, das wir alle in unseren Unternehmen verfolgen. Worauf es mir ankommt, ist vielmehr, unser Bewusstsein für das Zusammenspiel von Geist – Materie – Geist – Materie –… zu wecken.

Lynne McTaggart beschreibt dieses Zusammenspiel aus Sicht der Wissenschaft sehr prägnant: „Diese Welt der getrennten Teilchen hätte durch die Entdeckung der Quantenphysik Anfang des zwanzigsten Jahrhunderts ein für alle Mal zu den Akten gelegt werden sollen. Denn als die Pioniere der Quantenphysik in das innerste Herz der Materie blickten, waren sie verblüfft über das, was sie sahen. Die winzigsten Materieteilchen waren gar keine Materie (…) Aber das Wichtigste war, dass diese subatomaren Partikel keine Bedeutung als isolierte Teilchen hatten, sondern nur in ihrer Beziehung zu allem anderen. Auf ihrer elementarsten Stufe ließ sich die Materie nicht in kleine Einzelteile zerlegen, sondern war vollkommen unteilbar. Das Universum ließ sich nur als dynamisches Gewebe von Wechselwirkungen verstehen."[13]

Doch ich möchte nicht nur unser Bewusstsein für die Wechselwirkungen von Geist und Materie wecken, sondern auch unsere Unterscheidungsfähigkeit für ökonomische und weniger ökonomische Spirits (Geisteshaltungen) schärfen. Zu den weniger ökonomischen Spirits gehören z.B. Angst und Druck – sie lassen ein Unternehmen nie so erfolgreich sein, wie es sein könnte.

> „'Depression' ist ein Wort aus der Psychologie
> und leider auch aus den Wirtschaftswissenschaften."
>
> GERO VON RANDOW[14]

Der Hirnforscher Prof. Gerald Hüther lässt uns wissen: „Angst ist ein sehr häufiger Grund dafür, dass psychische Störungen auftreten. Die WHO sagt voraus, dass angstbedingte Störungen sich in den Industriestaaten in den nächsten 20 Jahren epidemisch ausbreiten werden. Dazu gehören Depressionen, Panik, Zwangsstörungen, Essstörungen. Wenn man der Frage nachgeht, woher die Angst kommt, stellt man fest: Die Angst kommt aus gestörten Beziehungen. Wenn man dann weiterfragt, was denn das beste Heilungsmittel ist, kommt man sehr schnell zu der Frage, wo denn die Liebe geblieben ist.".[15]

> Ein Geist, der menschlich nicht gesund ist,
> kann auch wirtschaftlich nicht gesund sein.

Angst vernichtet Wohlstand, schwächt die Bilanz, zerstört die Gesundheit des Menschen und des Unternehmens. In einem Klima der Angst, des Drucks, des Mangels, der Geringschätzung usw., in Räumen, in denen also dauerhaft ein unökonomischer Geist herrscht, können weder Menschen noch Unternehmen gesund sein.

Reflexion:

Nehmen Sie sich fünf Minuten Zeit, suchen Sie sich einen stillen Ort, an dem Sie allein und ungestört sind. Nehmen Sie ein paar tiefe Atemzüge. Halten Sie inne, spüren Sie Ihre innere Mitte. Genießen Sie die Stille.

Und halten Sie die Frage in die Stille hinein:

Welcher Geist ist es, der mein Unternehmen gesunden lässt?

Ich mache mir bewusst:

⇨ Wenn wir der Materie auf den Grund gehen, kommen wir auf die Quantenebene und stoßen auf den geistigen Urgrund der Realität.

⇨ Geist und Materie sind die ‚zwei Enden' der *einen* Wirklichkeit.

⇨ Es gibt eine Beziehung zwischen spiritueller Intelligenz und materieller Wirklichkeit.

⇨ Quantenphysik hilft uns, die Wirtschaftsrealität genauer zu verstehen.

III

Management im Quantenzeitalter

Backtracing: dem eigenen „Spirit in Business" auf der Spur

> „Gäbe es einen TÜV für spirituell intelligentes Wirtschaften,
> wie viele Unternehmen wären in den letzten Jahren durchgekommen?"
>
> SO

Jeder Mensch in der Wirtschaft ist ein Quantenfeld in einem größeren Quantenfeld; ein Wirk, von dem eine Wirkung ausgeht. Ob wir nun geistige Umweltverschmutzung und somit Kapitalvernichtung betreiben oder ob wir Leben lebendiger gestalten und Wachstum von Menschen und Unternehmen nähren, hängt ganz von uns selbst ab, von unserer spirituellen Intelligenz, von der Frequenz, auf der wir senden, von der Qualität, in der wir unterwegs sind.

> Wir wirken immer. Die Frage ist: Wie?
> Von uns geht immer etwas aus. Die Frage ist: Was?

Offensichtlich können wir nicht nicht spirituell sein. Wir können „es nicht halten": So gesehen sind Menschen spirituell inkontinent, ein bestimmter Geist geht immer von uns aus. Ob bewusst oder unbewusst, ist dabei völlig unerheblich.

Die Frage ist, ob Sie und Ihre Mitwelt durch den Geist, der von Ihnen ausfließt, profitieren!

„Meiner Erfahrung nach ist das,
was wir in dieser Welt nicht sehen können,
weitaus mächtiger als alles, was wir sehen. (...)
Das Unsichtbare bringt das Sichtbare hervor."

T. Harv Eker (Immobilienmakler u. Multimillionär)[1]

Gerade weil wir als Manager so fokussiert auf das Schaffen von Materie sind, fehlt uns oft der Blick für den anderen Teil der Wahrheit. Wir leiden sozusagen an „selektiver Wahrnehmung". Im Grunde geht es uns als Führungskraft wie einem Frosch. Aus der Forschung über die Wahrnehmungsorgane von Tieren wissen wir, dass der Frosch vornehmlich sieht, was sich bewegt – sei dies nun ein Fressfeind (Storch) oder ein Fressopfer (Mücke), so dass ein stillstehender Baum für den Frosch de facto nicht existiert. Obwohl er Realität ist, findet der Baum – in der Wahrnehmung des Frosches – nicht statt. Schließlich sehen wir nur das, worauf wir fokussiert sind. Der Baum ist quasi unsichtbar für den Frosch; er findet sozusagen im Hintergrund statt.

„Wir leben nicht in einer „objektiv existierenden" Welt,
sondern in einer ganz spezifisch menschlichen Welt."[2]

Vera F. Birkenbihl

Wenn es so ist, dass wir im Business – ähnlich wie der Frosch – auf materielle Bewegungen fixiert sind (die Umsatzbewegungen, Kontobewegungen, Auf- und Ab-Bewegungen in unserer Bilanz, Bewegungen in Statistiken, Rankings über unsere regionalen Mitbewerber und globalen Konkurrenten, die Ab- und Zuwanderung von Interessenten und Kunden...), was findet dann im Hintergrund statt? Welche Bäume sehen wir nicht? Was ist im Hintergrund der Businesswelt? Was ist die „unsichtbare", geistige Realität hinter der materiellen Wirklichkeit?

„Ich bin schon oft draußen im Weltraum gewesen",
prahlte der Kosmonaut,
„aber ich habe noch keinen Engel gesehen."
Der Gehirnchirurg starrte ihn erst an, dann sagte er:
„Und ich habe ziemlich viele kluge Gehirne operiert,
aber ich habe noch keinen einzigen Gedanken gesehen."[3]

Im Folgenden möchte ich Ihre Wahrnehmung für das schärfen, was im Hintergrund unserer materiellen Business-Realität vorhanden ist – der „Spirit in Business". Der Zusammenhang, der Einklang von Geist und Materie ist das lange vergessene Meisterstück in der Management-Alchemie. Wobei gesagt sei: Spirituell intelligent zu sein als Firma – sich also von einem ökonomischen Geist leiten zu lassen, ist nicht der alleinige Erfolgsfaktor. Aber ein entscheidender, der lange Zeit weder bewusstgemacht, noch in den Top-Etagen des Managements gelehrt wurde. Dabei ist „(…) die Einbeziehung spiritueller Intelligenz (…) längst ein Performance-Faktor."[4]

> „Es gibt spirituell intelligente und spirituell
> weniger intelligente Unternehmen.
> Der Unterschied ist ihre Bilanz."
>
> SO

Der Einheit von Geist und Materie auf die Spur zu kommen, ganz konkret im eigenen Unternehmenskontext, das geschieht im „Backtracing".

> „Unsere Wirklichkeit basiert primär (…) auf reiner Potenzialität,
> aus der gewissermaßen erst sekundär Materie
> als uns geläufiges „reales" Phänomen gerinnt."[5]
>
> QUANTENPHYSIKER PROF. H.-P. DÜRR

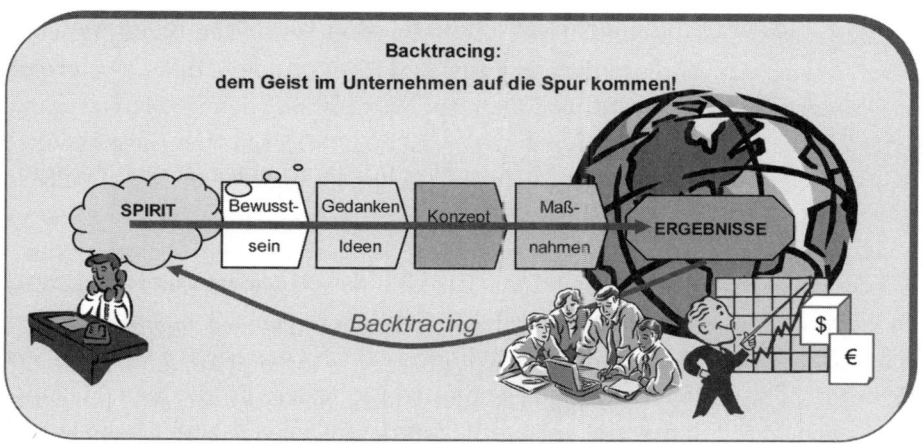

Abb. 5: Backtracing

Backtracing beschreibt den Gerinnungsprozess von Geist zu Materie und ist eine zentrale Disziplin im Integralen Management: Hier kommen wir dem eigenen Geist auf die Spur, der in unseren materiellen Ergebnissen steckt.

> „Alle Menschen sind klug –
> die einen vorher, die anderen nachher."
>
> VOLTAIRE

Wie nehmen wir die Geistesgegenwart in der Wirtschaft wahr? Beginnen wir in der obigen Abbildung am rechten Ende, dem materiell Sichtbaren: die Daten in der Bilanz, die harten Fakten, die wirtschaftlichen Ergebnisse. Als Führungskraft ist uns dieses Terrain vertraut. Allerdings sind wir so sehr darauf trainiert, unser Augenmerk auf das eine Ende der Wirklichkeit, das Materielle, zu richten, dass das andere Ende (oder besser der Anfang) der Wirklichkeit, das Geistige, uns eher fremd bleibt. Wir haben es gern handfest und verlässlich. Die Produktpaletten im Betrieb, die Firmenflotte, das Bürogebäude…: Das, was wir anfassen können, erscheint uns sicher und existent. Alles andere eher zweifelhaft.

> Der Spirit ist ein kompromissloser Geselle –
> er zieht sich durch all unser Denken und Handeln im Unternehmen …,
> um schließlich sichtbar, materiell begreifbar und anfassbar zu werden
> in den ganz konkreten Ergebnissen und den Daten der Bilanz.

> „mens agitat molem." (Der Geist bewegt die Materie)
>
> VERGIL[6]

> „Alles Vordergründige ist eine Illusion."
>
> S. H. SHAMARPA RINPOCHE

Mit dem Backtracing möchte ich Ihren Blick für das öffnen, was im Hintergrund da ist, was also hinter dem Materiellen steht. Bewegen wir uns nun einmal gemeinsam (in der Abbildung des Backtracings) vom materiellen Ergebnis aus rückwärts. Die erreichten Umsätze und Gewinne, unsere Produkte und Dienstleistungen waren, bevor sie „materiell" wurden, Konzepte und Maßnahmen, die wir als Buchstaben in Strategiepapieren niederschrieben. Die Konzepte und

Maßnahmen waren, bevor sie zu solchen wurden, Ideen und Gedanken, ein bestimmtes Bewusstsein also in unseren Köpfen. Und diesem wiederum lag ein bestimmter Geist zugrunde, auf dem eben diese, und keine anderen Ideen, Vorschläge und Gedanken gedeihen konnten.

> „Bewusstsein", so lehrt uns Prof. Thomas Görnitz,
> „ist Quanteninformation, die sich selbst erlebt und sich selbst kennen kann."[7]

Wenn Sie unzufrieden sind mit den Ergebnissen, die Sie in Ihrem Unternehmen vorfinden: mit den Umsätzen, der Rendite, der Auftragslage... Wenn Sie sich über das Verhalten und Engagement der Führungskräfte die Haare raufen könnten..., den Kollegen an die Wand nageln könnten..., wenn die Stimmung im Team nicht gerade berauschend und die Motivation der Belegschaft mittelmäßig ist..., wenn die Werte in der Krankheitsstatistik zu hoch sind und die Ausschussquoten, die Stör- und Ausfallzeiten in der Produktion nicht gerade Best-Practice-Niveau haben..., wenn das Verhalten mancher Kunden nervt oder es überhaupt zu wenige Kunden und Interessenten gibt..., dann haben Sie vielleicht Lust, sich selbst auf die Spur zu kommen und zu überprüfen, mit welchem Geist Sie in Ihrer Firma unterwegs waren, der zu solchen Ergebnissen führen konnte. Um sich dann vielleicht bewusst für einen Geist zu entscheiden, der zu viel besseren Resultaten führen kann.

Brauchen wir einen Chief Spirit Officer (CSO)?

Brauchen wir also im Vorstandsgremium einen CSO – einen Chief Spirit Officer? Einen Spirit-Manager, der auf oberster Ebene darauf achtet, dass unser Unternehmen seine Spirituelle Intelligenz wirklich ökonomisch nutzt?

Wenn unsere Gestaltungsmacht im Geistigen ihren Ursprung hat und unsere Kernkompetenz als Manager im Business auch immer wieder das Schaffen von Materie ist, dann ist die Funktion eines CSOs vielleicht gar nicht so abwegig.

Und tatsächlich: Firmen, die ich begleiten darf, richten eine solche Funktion ein. Meist übernimmt die Geschäftsführung diese Rolle. Bewusst. Die Erfahrung zeigt: Es braucht einen Kopf, der den Fokus hält auf das, was werden soll. Der glasklar ist in dem geistig-materiellen Gerinnungsprozess. Der CSO hat den Hut auf und nimmt die Führungskräfte und auch die Mitarbeiter immer wieder mit in diesen bewussten Schöpfungsprozess. Der CSO erinnert an den einzigartigen Geist der Firma und an die eigene Gestaltungsmacht der Menschen darin. Er lädt alle Beteiligten ein, sich auszumalen, wie es ist, wenn sie alle miteinander diesen ökonomisch segensreichen Geist lebendig halten und die Qualitäten und Ergebnisse erleben, die sie miteinander erleben möchten.

Foretracing – eine Spur in die Zukunft legen

„Das Leben kann nur rückwärts verstanden, muss aber vorwärts gelebt werden“, formulierte der Philosoph Sören A. Kierkegaard.[8] Rückwärts verstehen und vorwärts gestalten – das ist die Aufgabe des Chief Spirit Officers. Er ist der Master des Back- und Foretracings: Während Backtracing den Blick öffnet für „das, was hinter dem Materiellen stand,“ für den Spirit in unserem Business, so legen wir mit der Disziplin des „Foretracings“ eine Spur in die Zukunft, indem wir das Bild von unserer Traumfirma in unserem Inneren entstehen lassen. Das, was wir im Außen ernten wollen, müssen wir zunächst in uns selbst groß werden lassen.

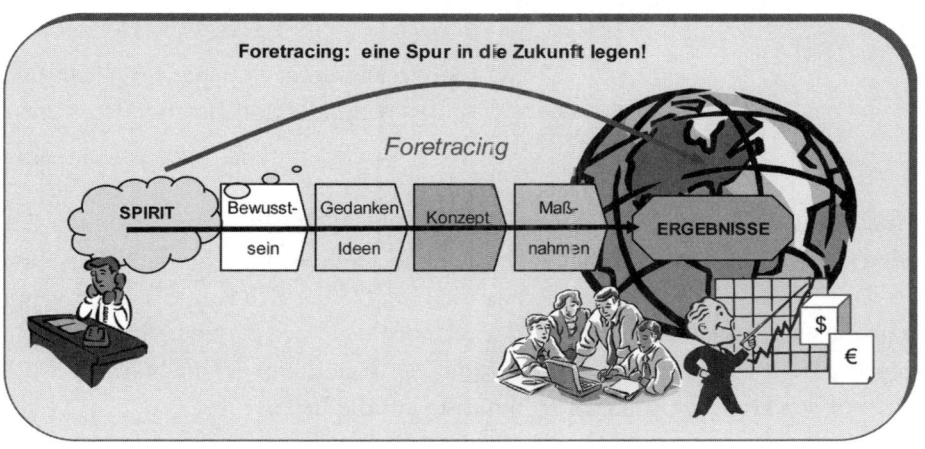

Abb. 6: Foretracing

Wir brauchen ein klares Bild von dem, wie es ist, wenn es gut ist. Wir brauchen eine klare Vorstellung davon, was wir gemeinsam mit den Menschen in unserem Unternehmen erleben wollen.

> „Wenn wir keine Vorstellung davon haben,
> kann es nicht werden.“
>
> DR. ANNA GAMMA

Es gilt also, selbst das Heft in die Hand zu nehmen und die eigene Schöpferkraft bewusst zu nutzen. Lassen Sie die optimalen, idealen, traumhaften Ergebnisse in Ihrem Geist und Ihren Gedanken groß werden, die Sie auf der materiellen Ebene ernten wollen. Unsere äußere Welt ist ein Spiegel unserer inneren Welt. Ihre geistige Realität erschafft Ihre materielle Realität. Mit dem Foretracing machen Sie Ihr Unternehmen empfangsbereit als physische Landefläche für all das Gute, Sinnvolle, Erfolgreiche, das Sie mit Ihren Kunden, Zulieferern und Mitarbeitenden teilen wollen.

Um diesen Prozess im Management noch besser zu verstehen, müssen wir einen grundsätzlichen Schritt im Denken vollziehen: Wir verlassen die Newton´sche Physik und kommen im Management-Denken im Quantenzeitalter an.

Auch Jahrmillionen bevor das heliozentrische Weltbild sich im Denken der Menschheit verbreitete, drehte sich die Erde schon um die Sonne. Menschen im Jahr 3.571 v. Chr. erlebten bereits die Gesetze der Schwerkraft, auch wenn man diesem Phänomen, dieser Wirkkraft noch nicht den Namen „Schwerkraft" gegeben hatte. Auch damals flog ein Apfel, der vom Baum fiel, nicht nach schräg oben in den Himmel, sondern er plumpste auf die Erde.

Das, was ist, – unsere Natur –, vollzieht sich ohnehin, ob wir es nun benennen bzw. kategorisieren können oder nicht. Das Universum, in das wir gestellt sind, findet ohnehin statt – in jedem Augenblick erleben wir mehr, als wir be-greifen. Doch das, was wir wissen, was wir wissenschaftlich schon dechiffriert haben, das sollten wir meines Erachtens nicht ungenutzt lassen – sondern zu einer sinnvollen Gestaltung unserer Wirtschaft konstruktiv anwenden.

Ich denke, sie alle drei haben Recht:

„Wir erleben mehr, als wir be

„Wissenschaft ist immer auf dem neuesten Stand des Irrtums."

BRUNO WÜRTENBERGER[10]

„Ignoranten sind wir alle.
Die Frage ist jeweils nur: auf welchem Niveau."

RAINER MALKOWSKI[11]

Von den Physikern heute wissen wir, dass wir nicht *nicht* ein quantenphysika-lisches Feld sein können. Und der Wissenschaftler Bruce Lipton meint, dass es Zeit sei, dass die Physiker „(…) die Öffentlichkeit vom rein mentalen Wesen des Universums in Kenntnis (…) setzen."

Management im Newton´schen versus Management im Quantenzeitalter

„Das Universum ist ein Quantencomputer."[12]

PROF. SETH LLOYD AM MIT

In der Newton´schen Physik – und auch im Klassischen Management – erleben wir die Welt der getrennten Objekte: Da gibt es Sie als Chef und dort hinten die Kollegen und dort den Maschinen-Anlagenpark, den Stuhl, den Schreibtisch und dort draußen die Kunden, die Zulieferer, den Markt und die Nachfrage. In der Newton´schen Physik leben wir in der Welt der getrennten Objekte, die aufgrund einiger physikalischer Gesetze, wie dem der Schwerkraft, interagieren. Die Objekte existieren separat voneinander – und dazwischen ist nichts. Das ist Management-Denken nach der Newton´schen Physik: Der Markt da draußen – mit seinen besonderen Herausforderungen und oftmals schwierigen Bedingungen – stößt uns zu. Ich als Führungskraft, der (schwierige oder hervorragende) Mitarbeiter, die (rückläufige oder steigende) Nachfrage, … existieren als Einzelteile separat nebeneinander. Das ist ein grundlegendes Paradigma (Denkmuster) im Klassischen Management.

Die Quantenphysiker dagegen sagen uns: Wir sind nicht getrennt von unserem Umfeld, sondern Teil eines Feldes, des Nullpunktfeldes. Nichts in der Quantenphysik ist ein fertiges Objekt; es existiert als Potenzial, wie nicht fertig erstarrter Wackelpudding."[13] Im Quantenmodell existiert das Leben, der Mensch, das Unternehmen,… als Kann-Möglichkeit, als Potenzial, das sich in jedem Augenblick neu ereignet.

Alle weltberühmten Quantenphysiker, von Heisenberg über Wheeler bis Dürr, erklären: Die Schöpfung ist nicht abgeschlossen. Sie vollzieht sich in jedem Augenblick – neu. Und wir sind Co-Kreatoren. „Wir sind in jedem Augenblick gezwungen, auszuwählen, was für uns Realität wird", so der Quantenphysiker Dr. Walter Medinger. Die Schöpfung ist nicht vollendet. Wir vollenden sie in jedem Augenblick neu.

Quanten können sich als Teilchen oder als Welle verhalten. Bevor ein Physiker den Doppelspaltversuch mit Elektronen machte und dabei einen Elektronenstrahl[14] durch einen Doppelspalt schickten, konnte er nicht wissen, ob sich die Elektronen als Welle oder Teilchen verhalten würden.[15] Als Versuchsergebnis stellte er Wellenverhalten fest. Und selbst als er die Elektronen einzeln abfeuerte, zeigte sich auf dem dahinterliegenden Wandschirm ein wellentypisches Interferenzmuster. Die einzelnen Elementar„teilchen" hatten offensichtlich beide Spalte gleichzeitig passiert (Quanten können also nicht nur an einem Ort sein). Als er jedoch ein Messgerät aufstellte, um zu messen, welchen Spalt das einzelne Elektron passiert, verhielten sich die Elektronen plötzlich als Teilchen. Die Wellenfunktion war kollabiert. Das bedeutet: Er als Beobachter beeinflusst das Verhalten des Beobachteten und damit das Ergebnis. Die Quanten konstellieren sich erst zu etwas, wenn wir sie anschauen, wenn wir unsere Aufmerksamkeit auf sie richten. Die Wirklichkeit formt sich erst dann zu etwas aus, wenn ich hinschaue, wenn ich meine Aufmerksamkeit darauf richte – so lange ist die Welt in einem Schwebezustand der Potenzialität.[16]

Der Beobachter beeinflusst das Beobachtete.

Die Wirklichkeit ist etwas, was sich ereignet
zwischen Beobachter und Beobachtetem.

Nach den Erkenntnissen der Quantenphysik ist unsere Wirklichkeit also etwas, was sich ereignet zwischen Beobachter und Beobachtetem. Der Beobachter der (Wirtschafts-)Welt beeinflusst das Ergebnis. Wir sind Co-Creatoren. In der klassischen Physik setzten die Wissenschaftler voraus, dass eine Messung nie das Verhalten des untersuchten Systems und damit das Versuchsergebnis beeinflussen würde. Das beobachtete Objekt sollte sich vom beobachtenden Subjekt streng trennen lassen. „Wissenschaft ist die Autorin des Lebens, das wir führen. Wir denken uns Wissenschaft als letzte Wahrheit. Dabei ist sie eine Geschichte wie jede andere Geschichte auch. Ständig werden neue Kapitel hinzugefügt", so die Wissenschaftsjournalistin Lynne McTaggart, und sie empfiehlt uns: „Erkennen Sie, wer Sie wirklich sind:

Wir sind das Feld. Die Matrix. Urgrund der Materie.
Das Nullpunktfeld. Das Quantenfeld. Reine Potenzialität.

Abb. 7: Ich bin ein Quantenfeld in einem größeren Quantenfeld

Jeder Mensch ist sozusagen eine Ausbuchtung,
eine individuelle Ausformung des Quantenfeldes.

Wir sind ein Quantenfeld in einem größeren Quantenfeld, ein Fraktal des Ganzen. Was nicht bedeutet, dass es zwei Felder gäbe, dass beide Quantenfelder
verschieden seien oder dass es zwischen beiden eine Trennung gäbe. Jeder Teil
ist dem Ganzen ähnlich (fraktale Selbstähnlichkeit), und in jedem Teil steckt die
Information des Ganzen (holographischer Charakter). Wir *sind* – und jeder von
uns *ist* – das Feld, das im Hintergrund immer da ist – das Nullpunktfeld – das
Feld unendlicher Potenzialität.

Unsere gesamte Wirklichkeit besteht aus dieser Potenzialität, die im Hintergrund
da ist. Der Wissenschaftler Gregg Braden benutzt dafür das Bild eines Netzes,
das über der ganzen Welt liegt. Und dieses Netz ist Geist – und dort, wo es sich
als Materie ausformt (als Baum, als Mensch, als Unternehmen…), da hat sich
dieses Netz in Falten gelegt und dort vergisst die Materie, dass sie Geist ist.[17]

In jedem Moment unserer Existenz als Mensch sind wir zusammengesetzt aus Quanten. In jeder Sekunde meines Seins bin ich, ist meine physische Existenz, mein Körper, der so solide und fest erscheint, zusammengesetzt aus Atomen, die zu weit über 90% aus „Nichts" bestehen. Und in der so geringen Masse, welche in den Elektronen, Protonen und Neutronen der Atome enthalten ist, auf der darunter liegenden, subatomaren Ebene also, bestehe ich in jeder Sekunde aus Quanten – dem Feld unendlicher Potenzialität, aus der wir die materielle Welt schöpfen. Es ist das Quantenfeld, das in mir und um mich herum ist. Ich bin eine Ausdehnung des Feldes.

> „Das Feld ist die alleinige Kraft, die die Materie bestimmt."[18]
>
> ALBERT EINSTEIN

Auf der fundamentalen Ebene unseres Seins sind wir dieses Quantenfeld. Oder anders ausgedrückt: Wir können nicht nicht aus Quanten bestehen bzw. nicht nicht dieses Feld sein.

Ob wir das im Management verstehen und auf der Höhe der Zeit – im Quantenzeitalter – angekommen sind oder den Überzeugungen der Newton'schen Physik anhängen, macht einen bedeutenden Unterschied:

Denken im Management nach der Newton'schen Physik	Denken im Management nach der Quantenphysik
Wir leben in einer Welt der getrennten Objekte.	Die Welt ist eine Quantenwirklichkeit. Wir leben in einer verbundenen Welt.
Ich als Beobachter bin getrennt von der Welt, die ich beobachte (ich bin „außen vor".) Eine Messung beeinflusst nie das Ergebnis eines Versuches.	Ich als Beobachter beeinflusse das Beobachtete.

im Management nach der Newton´schen Physik	Denken im Management nach der Quantenphysik
Die Welt funktioniert wie eine Maschine mit Maschinenteilen, die nach bestimmten physikalischen Gesetzen interagieren. Wenn ein Maschinenteil kaputt ist, kann ich es rauswerfen und durch ein neues ersetzen. Das wird einen Effekt im Außen haben. Mechanistisches Verständnis. Im Außen ist etwas fehlerhaft. Neuordnung findet meist durch Auswechseln und Ersetzen statt; oft aufwändig, anstrengend.	Die Wirklichkeit ist ein Quantenfeld. Ich bin eine individuelle Ausdehnung des Quantenfeldes. Wir erschaffen in jedem Augenblick unsere Realität aus diesem Feld der Potenzialität. Wenn ich in mir etwas ändere, verändert dies das Feld – es wird einen Effekt im Außen haben. Wenn ein schlechtes Resultat vorliegt, stellt sich auch die Frage: Was ist im Innen nicht in Ordnung? Schöpferisches Verständnis. Von der fundamentalen Ebene aus findet Neuordnung statt; mühelos, mit Leichtigkeit.
Wir leben im Überlebens-Modus (Stress).	Wir leben im Schöpfungsmodus.
Das, was im Markt geschieht, stößt mir zu. Die geistige Wirklichkeit (geistige Haltung,…) hat keinen Einfluss auf reale Ergebnisse.	Ich bin frei, auszuwählen, was zur Wirklichkeit gerinnt. (ich wähle in jedem Moment bewusst oder unbewusst aus.) Unsere materielle Wirklichkeit spiegelt unsere geistige Wirklichkeit wider.
Geist und Materie sind getrennt.	Geist und Materie sind *eins*.

Management nach der Quantenphysik heißt nicht, dass die Newton´sche Physik falsch wäre und ihre Gesetze heute nicht mehr gälten. Ganz und gar nicht. So werden z.B. die Flugbahnen von Raumfahrzeugen heute immer noch unter Anwendung von Newtons „alter Mathematik" berechnet, „(…) weil sie vergleichsweise einfach ist und *innerhalb der richtigen Parameter* gut funktioniert. Doch wenn wir uns innerhalb größerer Gesetzmäßigkeiten bewegen, wird die Mathematik genauso nutzlos, als würden Sie einen Stadtplan (…)"[19] von Kleinostheim verwenden, wenn Sie sich in New York zurechtfinden wollen.

Denken im Sinne der Quantenphysik heißt nicht, dass Sie als Manager all Ihr bisheriges Wissen vergessen und auf der operativen Ebene nicht mehr faktenorientiert handeln sollten – natürlich werden Sie auch weiterhin morgens in Ihrem Betrieb das Licht anschalten, die Maschinen in Gang setzen, Ihre Fachkompetenz nutzen, Vertriebskonzepte entwickeln und umsetzen – nur jetzt aus einem anderen Bewusstsein heraus. Aus der Kenntnis, dass darunter, unter der Oberflächen-Welt der (vordergründig) getrennten Objekte es noch eine sehr viel kraftvollere Ebene gibt, aus der heraus sich Schöpfung vollzieht und Realität faktisch gestaltet.

Management nach dem Quantenmodell heißt: Wir wissen, dass wir Mit-Schöpfer der Welt sind, des Marktes da draußen und unserer jetzigen Situation. Der Markt da draußen, unsere eigene Situation ist so, weil wir sie ausgewählt, sie (mit) geschaffen haben.

„Im Moment zählen im Management doch nur die klassischen Rezepte: Kosten sparen, Personal reduzieren, um irgendwie die Krise zu überleben…!", so schmettert mir ein Unternehmer frustriert seine Beobachtung entgegen. Nun, ich stimme seiner Einschätzung nur zum Teil zu. Auch wenn viele Manager ihr Unternehmen noch nach den Erkenntnissen der Klassischen (Newton´schen) Physik[20] führen, so gibt es doch jene, die sich die neuesten Erkenntnisse der Quantenphysik im Management zunutze machen. In der Welt meiner Kunden erleben diese eine sehr viel konstruktivere und gesündere Wirtschaft. Schließlich gibt es sie ja, die zahlreichen Sinn-Pioniere – die in diesem Buch genannten und darüber hinaus viele weitere. Als „Unternehmen mit Weitblick" wurde die Andechser Molkerei Scheitz jüngst ausgezeichnet, ein Unternehmen, von dem wir später noch hören werden.[21] Vielleicht sind Sie selbst eine Vorreiter-Firma im Denken und Bewusstsein, oder Sie kennen ebensolche.

Unternehmen, die integral geführt werden, nutzen beide: die Wirksamkeit der Newton'schen ebenso wie die Wirksamkeit der Quantenphysik.

Und so werden auch solche Betriebe weiterhin defekte Maschinenteile in ihren Produktionsanlagen auswechseln und ersetzen, Management-Konzepte austauschen, genauso wie Ärzte in Kliniken krankes Gewebe („defekte" Körperteile) auswechseln und ersetzen werden. Oftmals mit erheblichem Aufwand. Die Newton'sche Physik funktioniert. Sie findet auf der gröberen Ebene der Moleküle und Atome – also auf einer relativ grobstofflichen Ebene der Realität statt. Doch machen wir uns bewusst, dass wir gleichzeitig auf einer sehr viel kraftvolleren Ebene agieren können: der Ebene der Quanten, der reinen Potenzialität.

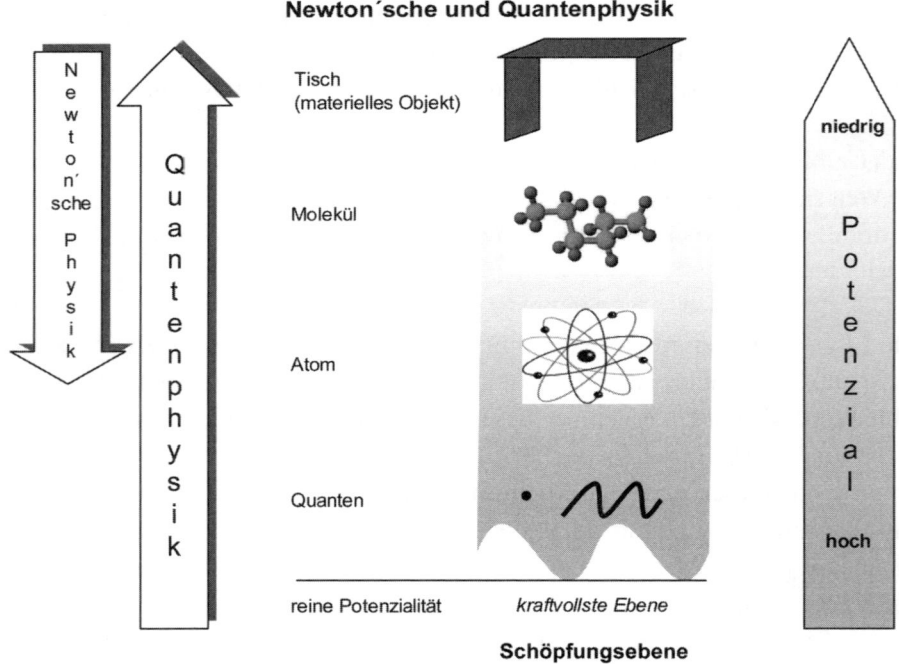

Abb. 8: Newton'sche Physik und Quantenphysik[22]

Nehmen wir ein Objekt, sagen wir einen Tisch, und würden ihn zerhacken und verbrennen, dann würde Energie in Form von Licht und Wärme freigesetzt. Das ist die Wirksamkeit der klassischen Physik. Und bewegen wir uns nun weiter hinunter auf die Ebene der Atome und Sub-Atome und spalteten Atomkerne, dann würden riesige Mengen von Energie frei.

> Auf den subtileren Ebenen unserer Wirklichkeit
> potenziert sich also Kraft und Energie.

Das heißt: Aus dem Quantenfeld agieren wir aus einer sehr viel kraftvolleren Gestaltungsebene heraus als auf der Ebene unserer „vergröberten Wahrnehmung" der scheinbar getrennten Objekte. Das Quantenfeld ist eines der effizientesten Bereiche unserer Wirklichkeit, aus dem sich Ordnung neu formiert. Hemmnisse und Erfolgsblockaden von Firmen lassen sich von hier aus sehr präzise, zielfokussiert und effektiv, und vor allem: mit sehr viel weniger Aufwand, lösen. Das mag ungewohnt klingen, doch in meiner Arbeit mit Menschen und Unternehmen ist mir die Wirksamkeit des Quantenfeldes inzwischen vertraut. Und dennoch staune ich immer wieder, wie leicht Neuordnung, d.h. Gesundung von Firmen stattfinden kann.

Wie das konkret im Unternehmenskontext geschieht, erfahren Sie in Kapitel 6 (Aufstieg des Vertriebsdirektors) und Kapitel 8 (Quantenheilung in einem Industrieunternehmen).[23]

Der amerikanische Quantenphysiker Prof. John Hagelin ist überzeugt, dass die wissenschaftlichen Entdeckungen der letzten 150 Jahre nötig waren, um aufzeigen zu können, „(...) dass dieses unsichtbare Feld einen enorm praktischen Wert für die Gesellschaft hat."[24]

> „Alles, aber auch alles ist Quantenphysik,
> und alles ist mit allem verbunden."
>
> PROF. JOHN ARCHIBALD WHEELER, QUANTENPHYSIKER

Sind Sie Anhänger der Newton´schen Physik, dann ist es etwa so, als ob Sie mit den Führungsstrategien und Managementrezepten, die einst unseren entfernten Vorfahren galten, heute versuchten einen global agierenden Konzern erfolgreich zu lenken. Ich möchte dem Affen keineswegs zu nahe rücken, schließlich unterscheiden wir uns nur in 1% der Gene, und so schafft er es auch, mit einem Stock aus einem Termitenhügel sehr geschickt einzelne Termiten herauszuholen, um sie genüsslich zu verspeisen.

Aber er baut keinen Airbus A380 und kein klimaneutrales Hotel. Und er denkt auch nicht über Quantenfeldtheorien nach. Er eröffnet keine Universitäten, um sein Wissen an die nächste Generation weiterzugeben, noch betreibt er weltumspannende Informationsnetzwerke, und er nutzt auch nicht die Quantenwirklichkeit, um Unternehmenserfolg effizienter zu gestalten. Wir haben uns weiterentwickelt. Unser Bewusstsein, unsere Fähigkeiten, unser Verständnis von der Welt, unser Wissen hat enorme evolutive Fortschritte gemacht.

Ich persönlich finde: Es wäre doch schade, wenn wir im Business weiterhin dem Newton'schen, also einem über 300 Jahre alten Denkmuster anhingen, wo in der Wissenschaft doch neueste Erkenntnisse darüber vorliegen, wie die Welt (über den mechanistischen Ansatz hinaus) funktioniert und welchen Einfluss wir auf diese haben können. Wie wir mithilfe der Quantenphysik unser Business und die Wirtschaftswelt positiv im Sinne des Integralen Erfolges zum Wohle aller gestalten können.

Wie Sie Signale im Quantenfeld erzeugen

Der Geist hat eine enorme Kraft. Er verändert die Ergebnisse von Personen und Unternehmen. Und oft ist er die beste Medizin. Obwohl über den Placebo-Effekt meist eher abfällig gesprochen wird, so ist er doch höchst effektiv (wie sein Name schon sagt). Der Placebo-Effekt hat sich als mit die wirksamste Medizin erwiesen. Im Heilungsprozess ist er zu 60% – 70% am Werk!

Im Rahmen einer Studie in den USA wurden Patienten, die sich einer Knie-Operation unterziehen mussten, – ohne deren Wissen – in zwei Gruppen geteilt. Die einen wurden operiert, während die Patienten der zweiten Gruppe zwar eine Narkose und auch einen Schnitt am Knie bekamen, jedoch nicht operiert wurden. Die Patienten jener zweiten Gruppe waren allerdings überzeugt, sie seien operiert worden. Das Resultat: Alle, d.h. die Personen beider Gruppen, waren auch nach 5 Jahren noch schmerzfrei.[25]

Die Intention, gesund zu werden, geheilt und schmerzfrei zu sein, reichte offensichtlich aus. Das *war* die „Operation". Die geistige Absicht, die geistige Ausrichtung also war die Operation.[26]

> „Das Feld ist die alleinige Kraft, die die Materie bestimmt."[27]
>
> ALBERT EINSTEIN

Das Quantenfeld reagiert auf Gedanken und Gefühle – es ist wichtig, das im Management zu wissen. Mit Gedanken und Gefühlen erzeugen Sie ein Signal im Quantenfeld: Gedanken, die ich denke, sind die elektrische Ladung im Quantenfeld. Gefühle, die ich habe (wähle), sind der magnetische Fluss im Quantenfeld.

Ob mein System gesund oder krank ist – ob mein Körper bzw. mein Unternehmen gesund ist oder kränkelt – hängt auch damit zusammen, auf welcher elektromagnetischen Frequenz ich in diesem meinem System unterwegs bin. Feinstoffliches (Geist) beeinflusst Materie (Feststoffliches). Wissenschaftliche

Forschungsergebnisse zeigen: Gedanken und Gefühle sind sogar in der Lage, unsere DNS[28] zu verändern, unsere Gene, unser Erbgut also, welches für die biologische Entwicklung eines Organismus und die Steuerung der Zellfunktionen verantwortlich ist und das wir lange Zeit für gegeben, für unveränderbar hielten.[29]

> Gedanken sind die elektrische Ladung im Quantenfeld.
> Gefühle sind der magnetische Fluss im Quantenfeld.

Wir denken bestimmte Gedanken und deshalb fühlen wir uns auf eine bestimmte Weise. Wir denken: „Das ist alles schwierig. Wie soll das nur weitergehen? Wie soll unser Unternehmen nur überleben, wenn der Markt sich weiter so entwickelt, die Liquidität eng wird, ...usw.", und entsprechend niedergeschlagen, bedrückt, ängstlich, besorgt, ausgelaugt, hoffnungslos, … müde fühlen wir uns.

Die Gedanken sind die Sprache des Geistes. Und die Gefühle ergeben sich daraus, sie sind die Sprache des Körpers. Die Gedanken und die Gefühle, die ich wähle, sind entscheidend – im Unternehmerischen und im Privaten. Beide zusammen (Gedanken und Gefühle) kreieren einen Seinszustand. Das Quantenfeld reagiert auf diesen Seinszustand. Das Quantenfeld reagiert auf das, was Sie sind – als Unternehmens- oder Personales System. Es resoniert mit der Frequenz Ihres Seins. Mit der Frequenz, auf der Sie denken und fühlen.

Das Feld reagiert genau auf diese meine Frequenz mit Ergebnissen und Ereignissen, die genau die gleiche oder ähnliche Frequenz haben. Diese kommen quasi auf mich zu. Ich ziehe diese elektromagnetisch an. Ich sende in einem bestimmten Frequenzbereich und aus dem Quantenfeld finden mich die entsprechenden Ereignisse.

> „Management nach der Quantenphysik bedeutet,
> dass Sie Ihre Wirtschaftsrealität gestalten!"
>
> SO

Wiederholen wir immer wieder die gleichen trüben Gedanken- und Gefühle, dann prägt das unsere persönliche Stimmung (bzw. das Klima in der Firma). Bleiben wir fortgesetzt in dieser Schleife hängen, so wird daraus allmählich unsere Persönlichkeit (bzw. die corporate identity des Unternehmens).

Gedanken und Gefühle lösen biochemische Reaktionen in unserem Körper aus. Die Nervenzellen in unserem Gehirn verschalten sich, gehen Verbindungen ein, wenn wir gleichförmige Gedanken und Gefühle wiederholen, also immer wieder dieselben Hirnprozesse repetieren. Wir bahnen quasi einen Trampelpfad oder ganze Autobahnen in unserem Hirn, sofern wir fortwährend die gleichen Gedanken- und Gefühlswege beschreiten.

Im Integralen Management lernen wir nach dem Modell der Quantenphysik, solche Gedanken und Gefühle zu erleben, die der Echtheit und dem bestmöglichen Ausdruck unseres Selbst, unserer wahrhaftigen Größe und der faszinierenden Sinn-Vision unseres Unternehmens entsprechen. Damit geben wir ein neues elektromagnetisches Muster ins Feld, welches dort auf ein Potenzial von ähnlicher Frequenz treffen kann.

> So werden Sie kohärent mit einer Möglichkeit,
> die im Quantenfeld angelegt ist.

Es gilt also, sinnvolle Verbindungen zu schaffen.

Nervenzellen, welche die gleichen Impulse (Gedanken und Gefühle) ausführen, verbinden sich. Und umgekehrt gilt auch, das wissen wir von den Wissenschaftlern: Neuronen, die nicht mehr für den Stoffwechsel, also die biochemischen Reaktionen der gleichen alten Gedanken und Gefühle benutzt werden, lösen ihre synaptischen Verbindungen auf.

> "Nerve cells that fire together, wire together.
> Nerve cells that no longer fire together, no longer wire together."
>
> DR. JOE DISPENZA

Integrale Manager wissen: Wenn ich in mir etwas ordne, eine neue innere Ordnung herstelle, gehe ich mit Quanten im Feld in Resonanz, die ebenfalls anders geordnet sind, sich anders form-ieren.

Später in diesem Kapitel lernen Sie, wie Sie einen „Abdruck" ins Quantenfeld machen – d.h., wie Sie den Prozess des „Foretracings" anwenden. Wenn Sie sich – im Foretracing – vorstellen, wie es ist, wie Sie sich fühlen, wenn das Ereignis bereits geschehen ist, wenn sich Ihre Vision bereits erfüllt hat, dann sind Sie mit Ihrer Zukunft verbunden. Das Signal, das Sie in jedem Moment an das Quantenfeld geben, ist: dass das Ereignis bereits geschehen ist. Das Ereignis kann Sie finden.

> Wenn Sie sich eine Zukunft vorstellen können,
> bevor Sie sie materiell erlebt haben,
> dann leben sie nach dem Quantengesetz.

Wenn es in Ihrem Business im Moment nicht so rund läuft und eher zäh oder schwierig ist, dann machen Sie sich als Quanten-Manager bzw. Manager im Quantenzeitalter klar: Das, was da gerade stattfindet, ist nur *eine* Option, die Wirklichkeit zu gestalten, es ist nur *eine* Möglichkeit von vielen, aus der Potenzialität zu schöpfen. Daneben gibt es viele weitere, ja unzählige Möglichkeiten, aus der Potenzialität andere Optionen zu wählen und etwas aus dem (quantenphysikalisch noch) unsichtbaren Hintergrund in den (materiell geronnenen) Vordergrund zu holen. Im Foretracing-Prozess verleihen Sie diesen anderen, neuen Qualitäten eine Kontur in der materiellen Welt, so dass eine andere, neue Realität tatsächlich stattfindet.

> „Wie real ist die Realität?
> Sie ist so unreal, wie Sie sie denken.
> Und sie ist so real, wie Sie sie nicht denken können."[30]

Alle großen Gestalter in der Geschichte wussten, bewusst oder unbewust: Mein (geistiges bzw. Quanten-) Feld endet nicht an der scheinbar äußeren Grenze meiner Person, an der Kontur meiner Haut. Mein Feld und das des Umfeldes sind auf der fundamentalen (quantenphysikalischen) Ebene verbunden. Ich muss demnach über das an der Oberfläche scheinbar Getrennte hinausdenken – wenn ich meiner *Wirk*-lichkeit wirklich gerecht werden will.

Alle großen Persönlichkeiten in der Geschichte hatten das verstanden: Visionen zu entwickeln, die über das bislang Trennende, das bisher Gedachte (und bislang Gesehene) hinausgehen. Ghandi, Nelson Mandela,… sie alle verliebten sich in ein vollkommen neues Ergebnis, bevor es zur Realität an der Oberfläche geronnen war. Wenn es Ihnen gelingt, sich in das Ergebnis zu verlieben, bevor es stattgefunden hat, dann leben Sie nach dem Gesetz des Quantenmodells, dann sagen Sie „Ja!" zur Potenzialität im Quantenfeld.

> Bevor es geschehen ist, verlieben Sie sich quasi in ein Ereignis,
> das im Quantenfeld als Potenzial bereits existiert!

Und das erlaubt Ihnen dankbar zu sein, bevor Sie das Ereignis materiell erlebt haben. In der Klassischen Physik wie im Klassischen Management glauben wir, wir bräuchten einen Grund, um dankbar zu sein. Leben nach dem Quantenmodell gibt Ihnen die Möglichkeit, bevor Ihre Vision zur Realität gerinnt, dankbar zu sein dafür, mitformen zu können, mitgestalten zu können in der Lebendigkeit Ihres Seins.

> „Man fliegt nur so weit,
> wie man im Kopf schon ist."
>
> JENS WEISFLOG, WELTMEISTER IM SKISPRINGEN

Dabei ist es ein feiner, aber bedeutsamer Unterschied, ob wir auf ein Ergebnis, auf ein Ziel hinarbeiten oder aus ihm heraus denken und fühlen. Sehr hilfreich ist das Verfahren des Foretracings, wenn wir uns in die Erfahrung begeben, bereits im Ergebnis zu sein und zu *fühlen*, wie es ist, wenn wir uns im Ergebnis *bewegen*.

> „Wenn ihr's nicht fühlt, ihr werdet's nicht erjagen."
>
> GOETHE, FAUST I

Wenn Sie mögen, lassen Sie nun das Bild Ihrer Traumfirma entstehen. Sie benötigen einen ruhigen Ort und etwa 15 Min. Zeit. Sorgen Sie dafür, dass Sie ungestört sind. Sitzen Sie aufrecht und entspannt. Schließen Sie die Augen und atmen Sie tief ein. Halten Sie den Atem kurz an und atmen Sie dann langsam und vollständig aus. Wiederholen Sie diese Atmung noch zwei bis drei Mal.

Übung: Foretracing

Wie Sie die Wirklichkeit in Ihr Unternehmen holen, die Sie erleben wollen!

Das Bild Ihrer Traumfirma

Wie ist es, wenn Sie den einzigartigen Geist Ihres Unternehmens vollkommen lebendig werden lassen? Wie sieht Ihre Traumfirma aus? In jeder Abteilung? Wie ist es, wenn jedes Team voller Freude diesen unverwechselbaren, einzigartigen Geist lebt, selbstbewusst, eigenständig, kreativ, voller Tatkraft und Dynamik? Wie bewegen Sie sich dann in Ihrem Unternehmen? Wie fühlen Sie sich? An Ihrem Arbeitsplatz? Im Umgang mit Ihren Kollegen?

Wie ist das Klima in Ihrem Unternehmen? Unter Ihren Mitarbeitern, unter den Führungskräften? Wie fühlen Sie sich in Managementmeetings? Wie fühlen sich die anderen? Wie ist die Atmosphäre? Was erreichen Sie dann in Ihrem Unternehmen? Welche Resultate liegen dann vor? Lassen Sie klare Bilder vor Ihrem inneren Auge entstehen. Gehen Sie in möglichst konkreten Situationen spazieren!

Überprüfen Sie: Sehen Sie sich von außen oder sind Sie in Ihrer Person? Seien Sie *in* Ihrer Person und bewegen Sie sich in diesen Bildern, in der optimalen Situation. Wie fühlen Sie sich dann, wenn Sie mit Ihren Mitarbeitern (Ihren Führungskräften, Ihren Kunden, …) zusammen sind? Was sagen Ihre Kunden zu Ihnen? Was sagt die Gesellschaft über Ihr Unternehmen? Welche ganz realen ökonomischen Ergebnisse liegen dann vor? In den einzelnen Sparten? Im Gesamtunternehmen? Wofür ist Ihr Unternehmen dann bekannt? Was steht in der Presse, was berichten die Medien über Ihre Firma? Vielleicht gibt es etwas zu hören, zu lesen? Etwas, das Sie gerne hören bzw. lesen möchten? Sehen Sie die Situation ganz klar vor sich. Wofür steht Ihr Unternehmen? Ihre Abteilung? Wofür sind Sie selbst ein verlässlicher Zeuge?

Lassen Sie diese Vorstellung mit allen Facetten, mit allem, was für Sie dazugehört, groß werden. Gehen Sie ganz in dieser Vorstellung auf! Lassen Sie dieses innere Bild in sich groß werden. Bewegen Sie sich darin! Gehen Sie in dieser Vorstellung spazieren. Fühlen Sie, wie es ist, wenn es gut ist und Sie sich in diesen Qualitäten bewegen. Mit welcher Haltung gehen Sie an die Dinge heran? Welcher Geist geht von Ihnen aus? Wie fühlt es sich an, sich in Ihrer Traumfirma zu bewegen? Welcher Spirit herrscht dann in Ihrem Unternehmen?

Vielleicht sind es Schaffenskraft, Freude, lustvolles Ärmelhochkrempeln, Wertschätzung, ….?

Wie viel Freude macht Ihnen Ihre Arbeit? Wie ist das Klima im Unternehmen? Wie gehen die unterschiedlichen Abteilungen miteinander um? Wie ist die Stimmung? Wie funktionieren die internen Prozesse? Und wie reibungslos die Nahtstellen zu den Lieferanten? Was erzählen Ihre Mitarbeiter zu Hause (und Freunden…) über ihr Unternehmen? Was erzählen Sie abends beim Abendessen Ihrer Partnerin / Ihrem Partner? Worüber freuen Sie sich?

Lassen Sie nun diesen Geist in sich groß werden, spüren Sie, wie Ihr ganzer Körper von dieser Qualität erfüllt ist. Spüren Sie, wie alle Zellen Ihres Körpers von dieser Qualität erfüllt sind. Lassen Sie sich von diesem Spirit in Ihrer Unternehmensführung leiten, und Sie werden die entsprechenden Ergebnisse in Ihr Unternehmen ziehen![31]

> „Sobald der Geist auf ein Ziel gerichtet ist,
> kommt ihm vieles entgegen.“
>
> JOHANN WOLFGANG VON GOETHE

Alt-Bundeskanzler Helmut Kohl pflegte, zu sagen: „Es kommt darauf an, was hinten rauskommt.“ Ergänzen möchte ich: „Vor allem kommt es darauf an, was man vorne reintut.“ Und in diesem Sinne möchte ich Mahatma Gandhi zitieren, der gesagt hat: „Als Menschen liegt unsere Größe nicht so sehr in der Fähigkeit, die Welt neu zu gestalten, als vielmehr in der Fähigkeit, uns selbst neu zu gestalten.“

Mit Ihrem Geist holen Sie die entsprechenden materiellen Resultate in die Wirklichkeit Ihres Unternehmens. Nicht „der Markt“, nicht „die Umstände“, nicht „die Konjunktur“, Sie gestalten Ihre Wirtschaftsrealität.

Im Grunde war mein ganzes Leben so. Es entrollt sich anhand meiner Vorstellungen, meines inneren Drehbuches. Wie ein Film spult es sich ab auf der Leinwand meines Lebens. Jeder von uns schreibt täglich das Drehbuch seines Lebens und Arbeitens. Diese inneren Bilder sind es, die wir dann im Außen tatsächlich erleben. Vor vielen Jahren malte ich ein Bild zu meiner beruflichen Vision. Das Bild zeigt eine Frau, die auf der Bühne vor vielen hunderten Zuhörern steht. Sie hält einen Vortrag, der die Menschen berührt und verwandelt. Sie hat eine inspirierende Botschaft und gibt kraftvolle, wichtige Impulse für die sinnvolle Weiterentwicklung der Wirtschaft. Sie spricht über das, was die Menschen zu hören lange vermissten. Dabei erinnert sie die Zuhörer lediglich an das, was diese längst wussten, ein Wissen, welches Menschen in sich tragen und was sich entfalten will.

Diese – einst bildliche – Vorstellung von mir selbst, von meinem Unternehmen ist längst Wirklichkeit geworden. Hier einige Feedbackstimmen meiner Kunden:

> „Sie verstehen es immer wieder, Strukturen zu erkennen, Horizonte zu erweitern und gleichzeitig Herzensenergie zu aktivieren. Dadurch entsteht Raum für kraftvolle, klare Impulse und Lösungen. So erkennen wir Sehnsüchte, aber vor allem auch Wege zur Erfüllung dieser!"
>
> MARKO ANTERN, GESCHÄFTSFÜHRENDER DIREKTOR SOLRAYS GMBH[32]

> „Ich habe die Einzigartigkeit unseres Unternehmens und meiner Führungskräfte noch nie so erlebt! Jetzt haben wir die volle Kraft, die Lebensbestimmung unseres Unternehmens umzusetzen."
>
> GERALD ZIEGLER, GESCHÄFTSFÜHRER IMPULSWERKSTATT, SALZBURG

Ich bin dankbar, berührt und erfüllt, dass dies Wirklichkeit werden konnte. Aber ohne Vorstellung hätte es nicht stattfinden können. Ohne klares Bild wird unser Leben ein beliebiges. Andere schubsen uns dann hin und her und nutzen uns für ihre Vorstellungen, während wir uns selbst als Opfer der Umstände, der (Markt-)Gegebenheiten empfinden.

„Damit kein Missverständnis entsteht:
Die Gedanken sind's alleine nicht!"

SO

Wichtig ist mir, an dieser Stelle richtig verstanden zu werden. Ich bin keine Verfechterin von „Positiv-Denken!". Das wäre viel zu kurz gegriffen. Es geht im physikalischen Sinne um etwas Grundlegenderes dahinter – nämlich bewusstzumachen, dass auf einem bestimmten Geist nur bestimmte Gedanken, Konzepte und Ergebnisse wachsen können. In einem Klima der Angst ist ganz klar, wo die eigene Schreibtischkante aufhört und die Schuld des Kollegen beginnt. Dann verwenden Führungskräfte und Mitarbeiter einen großen Teil ihrer Gedanken darauf, wie sie sich verstecken, nicht auffallen oder auch sich auf Kosten anderer profilieren können, wie sie von eigenen Fehlern ablenken oder diese anderen Abteilungen in die Schuhe schieben können. Aus Angst heraus entstehen keine kreativen Gedanken, keine faszinierenden, fortschrittlichen und wirtschaftlich erfolgreichen Produkte. Aus einem Geist der Wertschätzung für die Mitarbeitenden sehr wohl. Ist die Unternehmensführung von Achtung, Respekt und Freude durchdrungen, so herrscht dort ein geistiges Klima, in dem Kreativität, Dynamik, Zielstrebigkeit, Schaffenskraft und Leistungsfreude unvermeidlich sind. Es lädt automatisch ein zur Weiterentwicklung der Produkte und Menschen, zur Öffnung und Stärkung von Persönlichkeiten und führt schließlich zu guten ökonomischen Ergebnissen.

nicht: Think positively!
sondern: Spirit economically!

SO

> Der Geist bestimmt unsere Fahrtrichtung im Möglichkeitsraum.
> Unsere geistige Qualität bestimmt die Qualität und Quantität
> unserer ökonomischen Ergebnisse.

Gelebte Unternehmenspraxis:
CSO – Chief Spirit Officer
(Klinik im Leben)

Dr. Uwe Reuter, Gründer und leitender Chefarzt der Klinik im Leben, übernimmt gemeinsam mit weiteren Führungskräften die geistige-spirituelle Führung des Unternehmens. Seine Funktion des Chief Spirit Officers (CSO) ist auch im Organigramm der Klinik verankert – ganz selbstverständlich, neben kaufmännischen und ärztlichen Funktionen, medizinischen, therapeutischen und administrativen Verantwortungsbereichen.

Ganz im Sinne des Back- und Foretracings setzt sich dieses Führungsteam regelmäßig zusammen, um –aufgrund der jeweils aktuellen Ergebnisse – den Spirit in Business zu überprüfen und ggf. neu zu justieren und zu fokussieren, Strategien und Projekte mental vorzubereiten und die optimale Belegung und Auslastung der Klinik zu visualisieren, in der mit Wertschätzung für die Patienten deren Gesundung bestmöglich stattfinden kann. Auch geben sie auf der geistigen Ebene ein Signal ins Quantenfeld, in dem sich Ärzte, Pflegepersonal, Therapeuten, Administration wohlwollend und unterstützend begegnen, so dass insgesamt ein Klima der Wertschätzung entsteht, in dem Mitarbeitende und „Kunden" gesund und kraftvoll sein können.

Der CSO und sein Team halten die Fäden zusammen für den geistig-materiellen Gerinnungsprozess, erinnern immer wieder an die eigene Gestaltungsmacht und laden Kollegen und Mitarbeiter ein, dieses Quantenfeld ihres Unternehmensorganismus gemeinsam zu gestalten.

Gelebte Unternehmenspraxis:
Wirtschaftsrealität in der Verpackungsindustrie konstruktiv gestalten
(PACK 2000 GmbH)

Der Geschäftsführer Christian Kohler, CSO der PACK 2000 GmbH, hat für das Foretracing eigens einen Raum in der Firma eingerichtet. Kein gewöhnlicher Besprechungsraum. Aber gewöhnlich ist in diesem Unternehmen der Verpackungsindustrie, welches in 2006 und in 2007 mit dem Wirtschaftspreis „Bayerns best 50" ausgezeichnet wurde, kaum etwas.

Der Raum, der (eher an einen Meditationsraum erinnert, und) mit Farben und Möbeln so ausgestattet ist, dass man in ihm Ruhe, Stille, die innere Mitte und einen klaren Fokus finden kann, wird von allen Führungskräften und Mitarbeitern genutzt. Ganz nach Belieben. Für den eigenen Schöpfungsprozess des Unternehmens oder zur Erholung und Entspannung des einzelnen Mitarbeiters. Zur Creatio oder Re-creatio. Christian Kohler übernimmt dabei die Rolle des CSO, der immer wieder zum Schöpfungsprozess, zum Foretracing, zur Gestaltung der eigenen Wirtschaftswirklichkeit einlädt, zur aktiven mentalen Visualisierung der Vision und all dessen, was die Menschen der PACK 2000 gemeinsam erleben und für ihre Kunden in der Welt bewegen wollen.

Jeder Mensch ist ein Quantenfeld. Alle Mitarbeiter zusammen bilden als gesamter Organismus „Unternehmen" ein größeres Quantenfeld als jeder einzelne. Wenn Sie, wie die PACK 2000, in Ihrer Firma die kollektive Geisteskraft der Belegschaft als unternehmerisches Quantenfeld nutzen, dann sind Sie ein resonantes Team. Zielstrebig, fokussiert und flexibel.

Mind over Matter:
Ist der Geist stärker als die Materie?

In der sogenannten Nonnen-Studie („Nun Study") wurden die Nonnen eines US-amerikanischen Klosters vom Demenzforscher Prof. David Snowdon jahrelang auf ihre geistige Fitness hin untersucht. Alljährlich absolvierten die 678 teilnehmenden Nonnen (alle zwischen 75 und 102 Jahren alt) einen Test zur Ermittlung ihrer Gedächtnisleistung und kognitiven Fitness. Auffallend war die allgemein gute geistige Fitness der Nonnen, und einige, wie Schwester Bernadette, hatten sogar ausgezeichnete Ergebnisse und verbesserten ihre Hirnleistung zudem von Jahr zu Jahr. Die Nonnen hatten Prof. Snowdon erlaubt, nach dem Tod ihre Gehirne zu sezieren. Nachdem Schwester Bernadette gestorben war, öffnete Prof. Snowdon deren Schädel und traute seinen Augen nicht: Ihr Gehirn war von Alzheimer-Plaques geradezu übersät. Nach der offiziellen Klassifizierung hatte ihr Gehirn den Demenzgrad 6 erreicht – das absolute Alzheimer-Endstadium. Und das, obwohl die 85-jährige bis zu ihrem Tod über eine scharfe Intelligenz und ein vorzügliches Gedächtnis verfügt hatte.[33]

> Offensichtlich ist der Geist eine Kraft,
> welche die Materie dominieren kann!

Die Forschungsergebnisse zeigen: Ich kann mit einem materiell total zerklüfteten Hirn geistig überaus fit sein. „Mind over matter" (der Geist dominiert die Materie) – scheint das Prinzip unserer Natur zu sein. Wenn ich klar und auf einen (guten) Geist gerichtet bin, kann ich einiges bewegen – auch wenn die Physis schon längst schlapp gemacht hat und nicht mehr intakt ist.

Ich mache mir bewusst:

⇨ Der Geist dominiert die Materie.

IV

Die einen Unternehmen leben, die anderen überleben

Spirit „einkochen"

> „Wenn Sie die geistige Sauce in Ihrem Unternehmen
> einreduzieren lassen,
> welche Essenz bleibt dann übrig?"

Stellen wir uns vor, wir könnten alle möglichen positiven und negativen Spirits als Ingredenzien in zwei Töpfe einer köstlichen oder einer weniger schmackhaften Sauce geben und wir ließen nun diese beiden Saucen einreduzieren, dann bliebe als Essenz, als zentrale Geschmacksnuance, in dem einen Topf ein Geist der Liebe und im anderen Topf ein Geist der Angst übrig.

Viele Geisteshaltungen zahlen sich aus und wiederum andere Geisteshaltungen machen sich nicht bezahlt. Wir können aus einer Vielzahl von positiv, konstruktiv wirkenden (ökonomischen[1]) und einer Vielzahl von negativ, destruktiv wirkenden (unökonomischen) Spirits wählen. Es gibt *nicht nur einen* Spirit, der geeignet wäre, zu ökonomischem Erfolg zu führen, und *nicht nur einen* anderen Spirit, der zu Misserfolg führen würde. Es gibt viele Geisteshaltungen, die Kapital, Gesundheit, Leben, Freude und Begeisterung vernichten, und viele Geisteshaltungen, die ebensolches vermehren.

2 WIRKLICHKEITEN

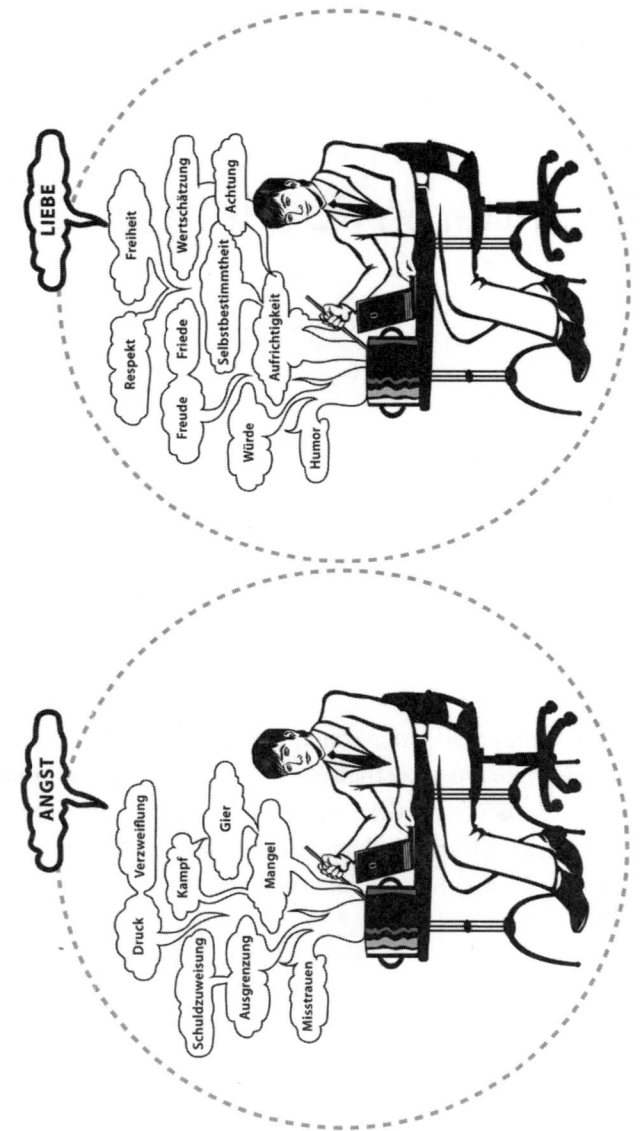

Abb. 9: *Unternehmen leben in zwei Wirklichkeiten*

Was ist geist-reich?

Es gab Phasen in meiner Geschäftstätigkeit, in denen ich Angst hatte. Angst, es könnten nicht genügend Aufträge reinkommen. Entsprechend leer war das Geschäftskonto in jenen Zeiten. Und entsprechend mühsam und fruchtlos meine Akquisebemühungen. Heute bin ich im Vertrauen. In mich, in die Menschen, die Kunden. Die Aufträge kommen kontinuierlich und leicht herein. Über Empfehlungen. Akquiriert habe ich schon seit Jahren nicht mehr. Kein Mensch, kein Unternehmen lebt in seinem Leben nur in der einen und nie in der anderen Wirklichkeit. Jeder kennt Zeiten der Angst und Zeiten der Zuversicht. Jedes Unternehmen hat seine eigene Biographie; jede Firma kennt beide Wirklichkeiten. Beides ist menschlich und verständlich, aber nur eines ist – in ökonomischer Hinsicht – zielführend und sinnvoll.

> Jedes Unternehmen lebt in der einen oder der anderen Wirklichkeit:
> in einem Klima der Angst oder in einem Klima der Liebe.
> Beide haben ihre eigene Dynamik.

Gelebte Unternehmenspraxis:
Vom Druck zur Begeisterung...
zum zweistelligen Umsatzwachstum
(Solrays GmbH[2])

Die Dynamik der beiden Wirklichkeiten erfuhr auch Marko Antern, Manager der Solrays GmbH[3]. Auch in seinem Wirken gab es Zeiten, in denen er Angst bekam, die Umsätze könnten nicht reichen. Und tatsächlich, die Planzahlen wurden in jenem Jahr nicht erreicht. Er fürchtete die nächste Aufsichtsratssitzung. Heute weiß er, dass er seine eigene Angst, den Erwartungen des Aufsichtsrates möglicherweise nicht gerecht zu werden, unbewusst an seine Mitarbeiter weitergegeben hatte: Er machte ihnen Druck und reagierte schnell gereizt und ungehalten, wenn das Geschäft nicht so lief, wie es eigentlich hätte laufen sollen.

Nie werde ich den berührenden Moment vergessen, als sich Herr Antern genau dafür bei seinen Führungskräften und Mitarbeitern in einer gemeinsamen Zukunftswerkstatt[4] im November 2006 entschuldigte. Überrascht hörten sie ihm zu, als er zu seinen Führungskräften und Mitarbeitern sprach: „Es tut mir leid. Damals habe ich auf Sie alle großen Druck ausgeübt. Dafür möchte ich mich bei Ihnen entschuldigen. Ich befürchtete, dass wir die Sollzahlen nicht schaffen würden, was dann ja auch der Fall war. Aber mit einem solchen Druck konnte es natürlich wirtschaftlich nichts werden. Heute ist mir das klar. In Zukunft möchte ich mich mit Ihnen wieder auf unseren Pioniergeist, auf unser Herz, unsere Größe und Dynamik fokussieren. Wir können stolz sein. Ich bin jedenfalls stolz auf Sie – da ist so viel da. Wir müssen an unsere Größe glauben und sie auch zeigen."

5 Monate später, nach dieser ersten gemeinsam durchgeführten Zukunftswerkstatt, ruft mich Herr Antern an: „Wir haben bereits im ersten Quartal 50 % Umsatzsteigerung zum Vorjahr – und das ganz ohne Druck. Unsere Mitarbeiter sind mit Leichtigkeit und Begeisterung dabei!"

> „Wir sind mit unserem Geist und Bewusstsein gezwungen, auszuwählen,
> was für uns Wirklichkeit wird."
>
> QUANTENPHYSIKER DR. WALTER MEDINGER[5]

Wirtschaftsrealität erschaffen heißt also: Ich wähle aus und rücke etwas aus dem Gesamtangebot der Potenzialität, aus dem Möglichkeitsraum des Quantenvakuums, das im Hintergrund immer da ist, in den Vordergrund, was dann als wirtschaftliche Realität erleb- und erfahrbar wird.

Jedes Unternehmen schafft seine Wirklichkeit. Unabhängig vom Branchenklima. Den einen Unternehmen geht es gut – in ihnen herrscht ein begeisterndes Klima, in dem Menschen gerne arbeiten und inspiriert sind. Solche Unternehmen sind menschlich und ökonomisch gesund; sie wirken wie ein Magnet auf Mitarbeiter und Kunden. In anderen Unternehmen herrscht eine gedrückte, angespannte oder gereizte Atmosphäre, aus der die Menschen lieber Reißaus nehmen würden (wenn sie nicht glaubten, keine andere Wahl zu haben, als dort arbeiten zu müssen) – meist stehen solche Unternehmen entweder kurz vor der Übernahme, der Pleite, stagnieren oder wachsen nur unter größten Kraftanstrengungen und zahlen dafür einen hohen Preis auf der menschlichen *und* monetären Seite.

> Der Spirit des Unternehmens ist der Erkennungsfaktor im Markt,
> an dem Kunden uns erkennen.
> …oft viel früher, als wir selbst es tun.

Der Geist des Unternehmens ist also nicht nur Differenzierungs-, er ist auch *der* Erkennungsfaktor im Markt. Kunden können ihn ganz präzise benennen, den Geist, der bei uns weht, und wissen oft viel früher über den Spirit in unserem Unternehmen Bescheid. Oft bevor wir uns selbst als Geschäftsführer dessen bewusst sind.

Gelebte Unternehmenspraxis:
Welcher Kunde sollte Lust verspüren,
mir meine Angst zu bezahlen?
(Ingenieurbüro Osterhammel)

„Den brauchen Sie mir nicht mehr hierher zu schicken!", wünschte der potentielle Auftraggeber des Ingenieurbüros Osterhammel.[6] Und meinte damit den Geschäftsführer Bernd Osterhammel selbst. Diesen Wunsch hatte er dem zweiten Geschäftsführer gegenüber geäußert. „Der klagt nur darüber, wie schwierig die Lage in der Branche geworden sei, dass die Gelder von der öffentlichen Hand gekürzt worden seien und dass es nicht leicht wäre, mit der Firma zu überleben."

„Ich habe so ne rote Bombe bekommen", berichtet Bernd Osterhammel heute (und meint damit seinen damals hochroten Kopf), „als mein Partner mir das von unserem Kunden ausrichtete. Aber Gott sei Dank hat er mir das gesagt! In dem Moment habe ich etwas kapiert."

Welcher Kunde sollte Lust verspüren, mir meine Angst zu bezahlen?

> „Die letzte der menschlichen Freiheiten
> besteht in der Wahl der Einstellung zu den Dingen."
>
> VIKTOR FRANKL[7]

> „Wir haben immer die Wahl."
>
> BARBARA FROMM

> „Leben ist aussuchen."
>
> KURT TUCHOLSKY

Wie wir im Bild der zwei Kochtöpfe gesehen haben, lassen sich sämtliche Geisteshaltungen in der Essenz auf Angst oder Liebe reduzieren. Mein Credo ist jedoch nicht: „Wir sollten keine Angst haben!" Mit der Symbolik der zwei Wirklichkeiten will ich weder ausdrücken, dass die einen Unternehmen dumm, und die anderen klug seien. Noch sage ich damit, dass man keine Angst haben sollte. Wir alle machen diese Erfahrung. Angst und Liebe sind zwei gegenüberliegende Qualitäten der gleichen Wirklichkeit. „Unternehmer, die Erfahrungen mit Niederlagen haben, sind in Krisen erfolgreicher", bestätigt der BWL-Professor Winfried Panse, der zum Thema Emotionen und Management forscht."[8]

Und vielleicht machen wir nur deshalb in beiden Wirklichkeiten (Kochtöpfen) unsere Erfahrungen, um unterschiedliche spirituelle Qualitäten zu schmecken. Um unterscheiden zu können. Um selbst, am eigenen Leib zu erfahren, dass der ökonomischste Geist einer ist, der dem Menschen dient. Wer weiß, vielleicht ist dies das ganze Experiment, warum wir hier auf dieser Erde unterschiedliche Erfahrungen auf dem Spielfeld ‚Wirtschaft' machen. Möglicherweise nur, um unsere Fähigkeit als spirituelle Feinschmecker auszukosten, um in unserer Freiheit unterschiedliche spirituelle Qualitäten wählen zu können, und vielleicht sogar, um immer mehr solche Qualitäten auszuwählen und einzuüben, die – im doppelten Wortsinn – geist-reich sind.

Aus den bisherigen Beobachtungen könnten wir schließen: Angst sei das Gegenteil von Liebe. Auf den ersten Blick mag das zutreffen. Dem ist jedoch nicht so. Schauen wir genauer, dann erkennen wir, dass beide den gleichen Ursprung haben: den Wunsch nach Sicherheit, Erfolg, Wohlergehen, Liebe, … .

In all der Angst, in all dem Druck, in all dem Misserfolg flackert die gleiche, *eine* Sehnsucht nach Erfolg. Es gibt kein Dunkel ohne Licht darin. Wie können wir nun dieses Licht tatsächlich größer werden lassen? Indem wir uns fragen: Welcher Geist ist geeigneter, einen satten, runden Erfolg auf allen Ebenen entstehen zu lassen? Welcher Geist ist zielführender? Das ist der Weg des Wandels.

In welcher Wirklichkeit will ich
mit meinem Unternehmen leben?

Für Manager stellt sich diese Frage. Denn: „Denselben Versuch wieder und wieder zu machen, ohne etwas am Versuchsaufbau zu verändern, ist eine Form der Geisteskrankheit"[9], sagte Albert Einstein.

Was Einstein recht drastisch formulierte, bringt sein zeitgenössischer Kollege Bruce Lipton milder und gleichermaßen ermutigend zum Ausdruck: „Unser Geist ist aktiv an der Gestaltung der von uns erfahrenen Welt beteiligt. Eine Veränderung unserer Überzeugungen muss daher eine stark verwandelnde Wirkung auf unsere Welt haben."[10]

> „Wenn Sie die Früchte verändern wollen,
> müssen Sie zuerst die Wurzeln ändern.
> Um das Sichtbare zu verändern,
> müssen Sie zuerst das Unsichtbare ändern."[11]
>
> T. HARV EKER, MULTIMILLIONÄR

Angst oder Liebe? Ist das also die entscheidende Frage? Nicht ganz, denn Angst ist nicht das Gegenteil von Liebe. Die zwei Wirklichkeiten sind in Wahrheit eine Realität. Der vielfach ausgezeichnete Naturwissenschaftler Prof. Dr. Hubert Markl bringt die einheitliche Ordnung der Wirklichkeit auf den Punkt: „Das ist eine großartige Botschaft, dass die Welt nach in sich einheitlichen Prinzipien geordnet ist, dass es sozusagen nur eine Art von Welt gibt und dass der menschliche Geist imstande ist, sie mit an Wahrheit grenzender Wahrscheinlichkeit zu erkennen."[12]

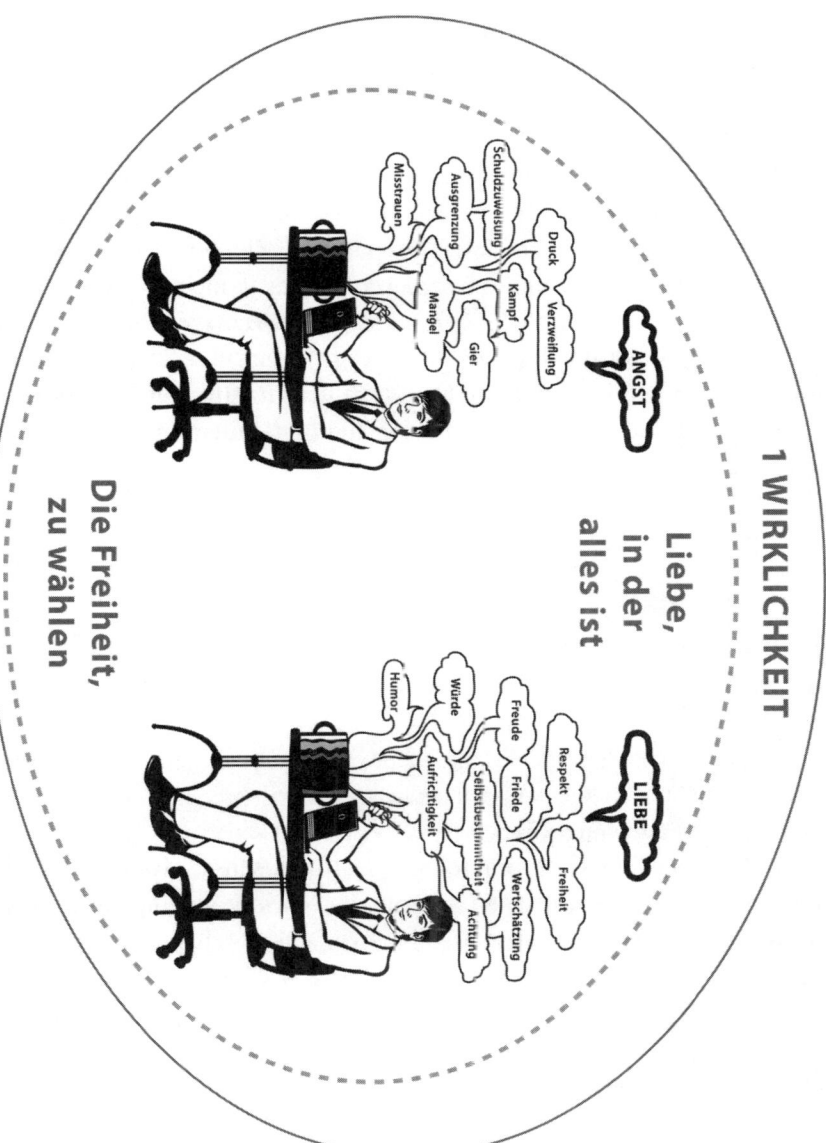

Abb. 10: *Die **eine** Wirklichkeit*

Die zwei Wirklichkeiten sind in Wahrheit also *eine* Realität. Und Liebe ist die Freiheit, in der alles ist. Liebe heißt: alles sehen. Jederzeit befinden wir uns in dieser *einen* großen Wirklichkeit, in der alles ist. In der *einen* Wirklichkeit, in der alles *in uns* ist. Alles ist entweder ein Ruf nach Liebe oder ein Ausdruck von Liebe.

Wie schon erwähnt: Die Angst des Managers vor dem Misserfolg, vor dem Scheitern, vor dem Konkurs ist genährt von der Sehnsucht nach Erfolg, nach Aufschwung, nach konstruktiver Entwicklung. Ziel von Herrn Carlos Ghosn, einst angetreten, um Renault zu sanieren, war es ja nicht, dass möglichst viele seiner Führungskräfte aus dem Fenster springen. Manager, die ihr Unternehmen in einem eher destruktiven Geist (wie Angst, Mangel, Druck, Gier,…) führen, tun dies ja schließlich nicht, um Konkurse hervorzubringen. Sie wollen Erfolg. Alles das, was Führungskräfte, die spirituell intelligent in einem ‚guten' Geist unterwegs sind, auch wollen – und erreichen.

Übung: Wirklichkeiten wechseln

Im Erkennen von Unterschieden liegt der Gewinn. Transformation beginnt mit dem Innehalten und Beobachten.

Der Wechsel von der einen in die andere Wirklichkeit wird möglich durch das stille, schlichte Beobachten, das bewusste Wahrnehmen. In welcher Wirklichkeit bewegten wir uns gerade?

Wie zufrieden sind die Akteure mit den Ergebnissen? Wenn sie unzufrieden sein sollten, anerkennen Sie bitte aus Ihrer neutralen Position, dass in der Vergangenheit nichts Verwerfliches passierte, sondern dass alles einer natürlichen Ordnung folgte. Es gibt eine Struktur, eine natürliche Ordnung des Erfolges und des Misserfolges. Führen Sie sich dann bitte noch einmal die „alte" Wirklichkeit vor Augen und spulen Sie den Film „fast forward" vor: Wohin würde es führen, wenn Sie die Soße weiter einkochten, die Situation weiter verschärften? Welche (verschlimmerte) Wirklichkeit erschafften Sie dann?

„Kommt mein Handeln aus der Angst oder aus der Liebe?
Das ist für mich immer wieder die Frage, um mich zu entscheiden."

BARBARA FROMM

„Nur ein freier Geist
kann die richtige Entscheidung treffen."

SO

Nun ist es also nötig, zu entscheiden: In welcher Wirklichkeit will ich mit meinem Unternehmen leben? Schreiben Sie das Drehbuch Ihres Unternehmens neu! Wie läuft dann Ihr Unternehmensfilm ab? Angenommen, Sie säßen im Kinosaal, wozu würden Sie – aus Ihrer Beobachterposition heraus – den Akteuren in Ihrem Unternehmensfilm (einschließlich sich selbst) raten? Stellen Sie sich vor, Sie würden wenig später das Kino beschwingt, positiv gestimmt verlassen. Wodurch hätte der Film erbaulich auf Sie gewirkt? Wie anders wäre das Drehbuch verlaufen? Wodurch wären Vertrauen und Erfolg entstanden? Welche anderen Resultate hätten Sie hervorgebracht? Was wäre dann möglich geworden?

Ich mache mir bewusst:

⇨ Die Menschen in den Unternehmen haben die Wahl, in welcher Wirklichkeit sie leben.

⇨ Jeden Tag entscheide ich (bewusst oder unbewusst), ob ich in einem Klima der Angst oder der Liebe lebe.

⇨ Im Erkennen von Unterschieden liegt der Gewinn.

V

Jeder Geist zahlt sich aus – auf seine Weise

Quantenkohärenz im Business

> „Alles interagiert über Resonanzen."
>
> THOMAS CHOCHOLA

Eines der großen Geheimnisse des integral erfolgreichen Wirtschaftens ist das Gesetz der Quantenkohärenz, oder auch das Gesetz der Resonanz[1] genannt. „In der Quantenphysik bedeutet Quantenkohärenz, dass subatomare Partikel fähig sind, miteinander zu kooperieren. Diese subatomaren Wellen oder Partikel haben nicht nur Kenntnis voneinander, sondern sind über gemeinsame elektromagnetische Felder so eng miteinander verknüpft, dass sie miteinander kommunizieren können. Sie sind wie eine Vielzahl von Stimmgabeln, die alle beginnen, miteinander zu schwingen. Während die Wellen in Phase kommen, also synchron schwingen, fangen sie an, sich wie eine riesige Welle oder ein riesiges subatomares Partikel zu verhalten. Es wird schwierig, sie auseinander zu halten."[2]

Das Gesetz der Quantenkohärenz ist im ökonomischen Kontext alltäglich erlebbar: Gleiches zieht Gleiches an. So wie Sie sich in Ihrem Unternehmen von einem bestimmten Spirit leiten lassen, ziehen Sie Kunden, Mitarbeiter und Zulieferer mit ähnlicher Geisteshaltung an. Unser Spirit ist magnetisch und hat eine Frequenz. Während Sie denken, wird die Essenz Ihrer Gedanken, Ihr Geist, ins Universum ausgesandt und zieht magnetisch Dinge an, welche die gleiche Frequenz aufweisen. Mit Ihrem Unternehmen sind Sie wie ein Sendeturm: Sie senden mit Ihrem Geist eine Frequenz aus, auf der Sie auch empfangen. Wollen Sie in Ihrem Business zu besseren Ergebnissen auf wirtschaftlicher und menschlicher Seite kommen, dann wechseln Sie die Frequenz. Wie? Indem Sie die Qualität (und damit ökonomische Güte) Ihres Spirits ändern.

> „Jeder Geist zahlt sich aus – auf seine Weise."
>
> SO

> „Kein Gedanke wohnt mietfrei in Ihrem Kopf."
>
> T. HARV EKER, MULTIMILLIONÄR

Fühlen Sie sich im Business unter Druck, so wird Ihre Gesichtsmuskulatur angespannt sein, genau wie Ihre Schulter- und Augenmuskulatur: Ihr Blickfeld verengt sich. Dagegen nimmt Ihr Körper eine aufrechte, lockere Haltung an, wenn Sie sich freuen, mutig oder zuversichtlich sind. Sind Sie permanent sauer auf Ihre Mitwelt, den Markt, die Kunden usw., werden auch Ihr Magen und Ihr Verdauungssystem übersäuert sein. Die Materie – unser Körper – organisiert sich passend zu unserem Geist, unseren Gedanken und Emotionen. Die Materie folgt somit den bio-chemischen Prozessen, und diese folgen wiederum den energetischen Prozessen: den elektromagnetischen Schwingungen. Quantenphysiker bestätigten den Einstein´schen Satz: „everything is vibration." Soll unser Kontostand, unsere Unternehmensbilanz also „nur" eine Frequenz sein?

Offensichtlich, denn so wie der Geist in seiner (zunächst nicht be-greif-baren Feinstofflichkeit) in der Lage ist, die Materie unseres Körpers zu verändern[3], so ist der Spirit des Unternehmens in seiner (zunächst nicht anfassbaren Feinstofflichkeit) in der Lage, unsere materiellen Unternehmensergebnisse zu formen.

> Das ist die in unserem Business tagtäglich wirkende Physik:
> Materie wird quasi in-form-iert.
> Die Frequenz des Geistes in-form-iert die Materie.

„Energetisch gesehen sind wir elektrischer Natur, denn jede Zelle produziert zirka 1,17 Volt mit einer jeweils unterschiedlichen organtypischen Frequenz. Diese einzigartige Schwingung nennt man Grundfrequenz. Jede Zelle vibriert ständig in einem rhythmischen Takt und erzeugt so ihre Grundfrequenz. Außerdem sind wir aber auch magnetische Wesen, denn bei der Erzeugung und dem Fluss von Elektrizität entsteht ein Magnetfeld, das jede Zelle umschließt."[4] Für das Maß des Erfolges ist die Frequenz entscheidend, auf der wir uns als Mensch und Manager und somit als elektromagnetisches System bewegen. Denn schließlich ziehen wir genau jene anderen Systeme an, nämlich die von Kunden, Mitarbeitern, Zulieferern etc., welche auf einer ähnlichen Frequenz unterwegs sind.

> „Die Energie, die als Bewusstsein bezeichnet wird,
> ist ihrer Natur nach elektrisch."[5]
>
> GREGG BRADEN, WISSENSCHAFTLER

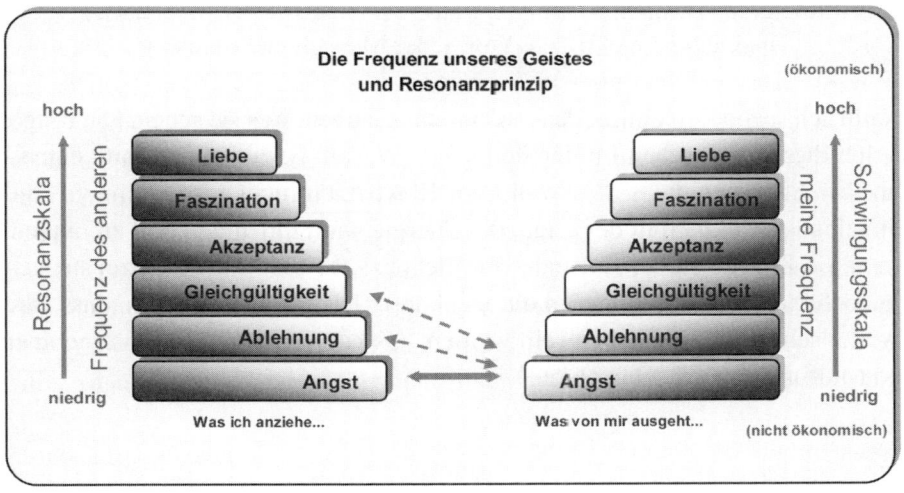

Abb. 11: Geistige Frequenzen und Resonanzen[6]

Die elektrische Frequenz von Geisteshaltungen ist in der obigen Abbildung auf einer Schwingungsskala dargestellt: Angst ist die niedrigste Frequenz, auf der wir unterwegs sein können, und es ist die mit der geringsten ökonomischen Wirkung. Ablehnung ist schon ein bisschen höher, und so nehmen Frequenzwert und ökonomischer Wert von unten nach oben über Gleichgültigkeit, Akzeptanz und Faszination stetig zu und steigen bis zur Liebe mit der höchsten Frequenz und größten ökonomischen Wirkung an. Das Resonanzprinzip besagt – und das ist sicher nicht neu –, dass die Qualität, die von mir und meinem Unternehmen ausgeht, mit solchen Qualitäten resoniert, also solche Qualitäten anzieht, die auf einer ähnlichen Frequenz liegen.

> „Für einen integral Schauenden, für einen Durchblicker
> ist jeder Manager ein Sender, eine Frequenz auf zwei Beinen."
>
> SO

Jeder Mensch ist ein Sender, ein Quantenfeld, das auf einer bestimmten Frequenz in das größere Quantenfeld, welches ihn umgibt, hineinsendet.

Business ist elektrisch. Weil jeder Mensch elektrisch ist – ... jeder Manager und jeder Mitarbeitende, jede Marketingleiterin, jeder Pförtner und jeder Vorstand sind auf einer bestimmten Frequenz unterwegs.

Business ist elektrisch. Weil jeder Mensch elektrisch ist.

„Natürlich sagen (...) einige, dass sie nur das glauben, was sie sehen. Die Frage, die ich diesen Menschen immer stelle, ist: „Warum bezahlen Sie dann eigentlich Ihre Stromrechnung?" Obwohl wir Elektrizität nicht sehen können, sind wir selbstverständlich in der Lage, die Energie wahrzunehmen und zu nutzen. Wenn Sie Zweifel an der Existenz von Elektrizität haben sollten, dann stecken Sie doch einmal Ihren Finger in die Steckdose. Ich garantiere Ihnen, dass Ihre Zweifel sehr schnell behoben sein werden."[7], so der erfolgreiche Unternehmer und Multimillionär T. Harv Eker.

Gelebte Unternehmenspraxis:
ökonomische Verlierer: die Frequenzen „Angst",
„Ablehnung", „Gleichgültigkeit" und „Akzeptanz"

Die (sicher niemals ausgesprochene und doch wirk-same) **Angst** des Renault-Top-Managements, dass das Unternehmen nur schwerlich überleben könnte, spiegelt sich in der Angst der Führungskräfte, es persönlich nicht zu schaffen. Sie wählten den Tod und überlebten tatsächlich nicht. Das, was wir senden (was von uns ausgeht), und das, was wir an Resultaten erzeugen, haben die gleiche Wellenlänge.

„Du selbst" bist der elektrische Teil deines Körpers. In reinstem Zustand ist er nichts als Information und Energie (…). Das ist deine „innerste Essenz", dein „wahres Ich". Dieses „elektrische Ich" wurde traditionell immer als die „Seele" bezeichnet,"[8] so der Naturwissenschaftler Gregg Braden. Dieses „elektrische Ich" betreibt Management, macht Geschäfte, lenkt Unternehmen, so wie Sie Ihres, so wie ich auch meines.

„In diesen betonköpfigen Unternehmen, da muss sich doch endlich mal etwas zum Besseren wandeln!"
(Oppelt Management Consulting)

Früher dachte ich, in diesen engstirnigen Unternehmen da muss doch endlich mal ein Wandel zum besseren, menschenwürdigeren, lebensdienlichen, erfolgreicheren Arbeiten einsetzen. Die CEOs sollten sich endlich öffnen für ein geweitetes Bewusstsein. Und das wollte ich ihnen beibringen. Im Klartext war meine Frequenz **Ablehnung**: „Die da draußen in der großen weiten Wirtschaftswelt sind nicht in Ordnung so, wie sie sind. Die sollen sich ändern!" Doch: Ablehnung zieht Ablehnung an. Heute erscheint es mir nicht mehr merkwürdig, dass meine Kunden damals oft nicht erreichbar waren, die Entscheidung für ein Projekt immer wieder hinauszögerten oder – sofern sie einen Auftrag erteilt hatten – ihn kurz vor der Durchführung stornierten.

Es galt also, meine Geisteshaltung zu wandeln. Wenn Sie Kunden innerlich ablehnen, werden diese Sie und Ihr Unternehmen auch ablehnen.

Gleichgültigkeit liegt in der Frequenz schon etwas höher als Angst und Ablehnung; um gute Geschäfte zu machen und ein lebhaftes, dynamisches Business zu betreiben, reicht es allerdings nicht aus.

„Aber, ziehen Sie mir bloß nicht alle Pullis aus dem Regal!"
(überall in jeder Boutique möglich)

Angenommen, Sie betreten ein Modegeschäft und die Verkäuferin wendet sich Ihnen zu mit einem „Guten Tag!", das zwar freundlich klingt, in dem aber auch deutlich mitschwingt: „Aber zieh mir bloß nicht alle Pullis aus dem Regal! Ich muss das nachher alles wieder einräumen!". Werden Sie etwas kaufen? Werden Sie sich ausgiebig umschauen? Wohl kaum! Mag die Verkäuferin Sie auch begrüßt haben (vielleicht hatte sie das einst in einem Seminar zur Kundenorientierung gelernt), ihr Geist der Gleichgültigkeit ist in dieser Sekunde jedoch deutlich spürbar gewesen. Und lässt Sie, als potentiellen Kunden, vermutlich ebenso gleichgültig das Geschäft verlassen.

Akzeptanz, auf der elektrischen Schwingungsskala wiederum etwas höher, ist in ihrer ökonomischen Bedeutung aber immer noch kein Reißer!

Wie Sie Mittelmäßigkeit denken und ...schaffen.
(ein Mittelstandsunternehmen aus NRW)

„Ja, wissen Sie, wir haben hier nicht die besten Führungskräfte. In dieser Region und bei den Gehältern, die wir nur zahlen können, ist es einfach schwierig, gute Leute zu bekommen", klagte der Geschäftsführer eines mittelständischen Industrieunternehmens in Nordrhein-Westfalen. Dabei entspricht die (resignierende) Akzeptanz, vermeintlich nicht die besten Mitarbeiter zu haben, häufig nicht der faktischen Realität – oft haben wir die besten Mitarbeiter – wir haben meist nur einen Seh- und damit Führungsfehler!

Akzeptanz (vermeintlich mittelmäßiger Führungskräfte) führt letztendlich nur dazu, dass wir als Unternehmen genau in dieser Mittelmäßigkeit (die wir unserer Belegschaft unterstellen) hängen bleiben. Wirklich bis zum Anfang (auf den quantenphysikalischen Urgrund) hin durchschaut, sehen wir, dass die Mittelmäßigkeit unserer Unternehmensergebnisse lediglich ein Spiegel ist: ein Spiegel der Frequenz unseres Geistes, der auf einem mittelmäßigen Niveau unterwegs ist, nämlich dem der Ablehnung der Menschen, so wie sie sind. Trotz ihrer besonderen Gaben.

Das haben wir auch im Falle des Behinderten im Ingenieurbüro Osterhammel[9] deutlich gesehen. Bei seinem früheren Arbeitgeber brachte er nicht viel, war eher ein „sperriger" Mitarbeiter, der erst im Klima der Wertschätzung aufblühte, sehr produktiv und zuverlässig war und sich sogar sonntags engagierte.

Akzeptieren wir „vermeintliche" Mittelmäßigkeit, so erschaffen wir sie genau dadurch und bleiben wir immer unter unseren ökonomischen Möglichkeiten. Das, was ich – wie in dem o.g. Falle als Geschäftsführer – glaube in meinen Mitarbeitern zu sehen, ist nicht die absolute Wahrheit: Es ist das, was, durch den Filter meines Geistes gegangen, dann noch möglich ist.

Um aber kein Missverständnis aufkommen zu lassen: Integrales Management heißt nicht, dass Unternehmen sich nicht von Mitarbeitern bzw. Führungskräften trennen sollten. Genau das kann spirituell sogar sehr intelligent und ökonomisch äußerst sinnvoll sein, wie wir noch an verschiedenen Beispielen sehen werden.[10]

Doch, wie kommt man nun in die ökonomisch höher gelegenen Gefilde? Die Frequenzen **Freude** und **Spaß** zum Beispiel. Das zeigen die nächsten Fälle aus der Praxis:

Gelebte Unternehmenspraxis: ökonomisch viel besser: die Frequenzen „Freude" und „Spaß"

„Unser oberster Unternehmenswert ist Freude!" Aufsichtsrat Kurt Wiederkehr, internationale Expansion in rückläufiger Branche!
(ETA, Schweiz)

„Unser oberster Unternehmenswert ist **Freude**!", tönt der Aufsichtsrat Kurt Wiederkehr im Brustton der Überzeugung. Und das ist nicht nur so dahin gesagt. Es ist verlässlich gelebte ökonomische Praxis. Sein Unternehmen, die European Tennis Academy, ein Unternehmen, das Menschen Tennis spielen lehrt, hat er in den letzten etwa sieben Jahren sehr fokussiert nach diesem Wert der Freude geführt.

> **„Jene Unternehmen werden erfolgreich sein, denen es gelingt, die Seele der Menschen zum Erklingen zu bringen!"**
>
> OTMAR KASTNER, BUSINESS-KABARETTIST[11]

In Einzelgesprächen mit den Mitarbeitern fragt er: „Was ist es, was dich Freude bei der Arbeit empfinden lässt? Was sind deiner Meinung nach die wichtigsten Funktionen bei deiner Arbeit? Was sind deine Lieblingsaufgaben? Was sind deine unliebsten Aufgaben? Fühlst du dich in deiner Aufgabe (physisch, psychisch, und was deine Kreativität angeht) ausgelastet, nicht wirklich ausgelastet, gut ausgelastet oder überlastet? Wie stellst du dir die Zukunft in deiner Arbeit in den nächsten drei Jahren vor? Was kannst du dafür tun, wie kannst du dir deine Arbeit so einrichten, dass du Freude hast? Und was kann das Unternehmen tun, dass du Freude in deiner Arbeit hast?"

Die Antworten sind von Mitarbeiter zu Mitarbeiter verschieden. Damit Freude entsteht, findet jeder Mitarbeiter ein Ritual für sich selbst. Da fährt der eine Trainer z.B. nicht mit dem Fahrrad zur Arbeit, sondern geht zu Fuß. Oder ein anderer schaltet, bevor er frühstückt, den PC an, surft im Internet[12] oder er macht einen kurzen Spaziergang in der Natur. So lebt er das, was er eigentlich leben will.

Was mache ich, damit ich Freude behalte?
„Freude muss man immer wieder aktivieren.
Sie ist nicht einfach da", so Kurt Wiederkehr.

So schön es ist, danach gefragt zu werden, was einem Freude bereitet – es darf keine Einmalaktion bleiben. Dranbleiben ist wichtig. Und damit er in der gelebten Alltagspraxis auch tatsächlich umgesetzt wurde, fand der Wert „Freude" ganz selbstverständlich Eingang in das alltägliche operative Controlling. Wie die wirtschaftlichen Kennzahlen auch. Das ist integrales Controlling. Und so fragt Kurt Wiederkehr (neben den Kennzahlen zum Umsatz und zur Kundenzufriedenheit) im operativen Controlling auch danach: „Wie viel Freude hattest du in den letzten 14 Tagen bei deiner Arbeit? Was kannst du in den nächsten 14 Tagen tun, damit du Freude hast?"

Expansion entgegen dem Branchentrend

Obwohl Tennis sich in den letzten Jahren nicht gerade als eine boomende Branche erwies (andere Trendsportarten verzeichneten weit größere Wachstumsraten), betreibt Kurt Wiederkehr als Aufsichtsrat der ETA inzwischen seine Tennisschulen international an sechs Standorten.[13] Die „Frequenz der Freude" zeigt, dass man– entgegen dem Markttrend – auch in rückläufigen Branchen erfolgreich und expansiv sein kann. Offensichtlich ist sie eine Qualität, die Kunden und Mitarbeiter erleben wollen. Freude scheint eine Frequenz zu sein, von der sich Menschen angezogen fühlen (jedenfalls mehr als von Angst oder Ablehnung).

> Wenn Sie auf einer „guten" Frequenz unterwegs sind,
> werden Sie auch von vielen Kunden frequentiert.

Wichtig ist, dass die „gute" Frequenz durchgängig vorhanden ist. Hier in der ETA wird Freude in der Führung und auch im Produkt erlebbar. Das ist wichtig für den ökonomischen Erfolg, wie wir noch in vielen weiteren Praxisbeispielen sehen werden, wie z.B. dem Industrieunternehmen der Andechser Molkerei Scheitz.[14]

Doch, wie wird nun Freude im Produkt für die Kunden der ETA erlebbar?

„Anfangs waren wir (Trainer) selbst ja noch stärker darauf fixiert, unseren Teilnehmern Anweisungen zu geben. Und gerade dann, wenn wir versucht waren, dem Teilnehmer noch eine weitere Information zu geben, worauf er beim Tennisspielen achten sollte, war es häufig gerade diese Information zu viel, welche die komplette Verwirrung auslöste und sein Spiel nur schlechter werden ließ. Je mehr man den Leuten sagt, desto schlechter geht´s. Das war unsere Erfahrung als Trainer. Sie führte uns im Laufe unserer Unternehmensgeschichte zu der Frage: Wie lernt man schnell und einfach? und schließlich auch dazu, die Methode des Inner Game[15] anzuwenden.

> „Warum bucht jemand unsere Leistung (einen Tenniskurs)?
> Bestimmt nicht, um ein neues Problem zu kreieren!"
>
> Aufsichtsrat Kurt Wiederkehr

Und so lernt man in der ETA einen relativ technischen Sport eben nicht über technische Anweisungen („und jetzt den Arm im 45-Grad-Winkel beugen, währenddessen die rechte Schulter nach hinten drehen und mit dem linken Fuß einen Schritt nach vorne kommen…"), sondern über Wahrnehmungsaufgaben und die Entwicklung von Bildern, wie es ist, wenn es gut funktioniert.

Roter Faden in der Inner-Game-Methode ist die Formel: Leistung = Potenzial – Störung. Größter Gewinn für die Teilnehmer ist zu erkennen, dass die Störungen, welche dazu führen, dass sie nicht 100% ihres Tennispotenzials leben, selbst gemacht sind. Das kann die innere Stimme des eigenen Kritikers sein, der z.B. immer wieder sagt: „Ich bin kein guter Rückhandspieler". Es wird klar, dass es ein inneres und ein äußeres Spiel gibt und dass das äußere Spiel (mit dem wir ja häufig unzufrieden sind) ein Ergebnis unseres inneren Spieles ist.

Es geht also darum, statt Problemorientierung Lösungsorientierung zu setzen. Statt technischer Übungen kraftvolle Bilder zu entwickeln, wie es ist, wenn es gut ist. Dabei geht es nicht um ein „positives Denken", das versucht, so zu tun, als gäbe es kein Scheitern, keinen inneren Kritiker etc. Vielmehr geht es darum, das Komplexe zu vereinfachen, das innere Spiel zu erkennen, ihm einen Namen zu geben. Dadurch, dass ich mich nicht länger mit dem Fehler identifiziere, schaffe ich einen Abstand zum Erlebten, und ich lerne, über mich selbst zu lachen.

„Wir können nicht besser sein als unsere Vision."

SO

Wenn wir auf das fokussiert sind, wie es sein soll – dann läuft es. „Wie hört es sich an, das satte „Plopp", wenn ich den Ball in der Mitte des Schlägers treffe? Wie fühlt es sich an, wenn ich alle Zeit der Welt habe, um den Ball gut zu erreichen? Wie fühlt es sich an, wenn ich den Ball genau dorthin spiele, wo ich ihn hinspielen möchte?" usw. Jeder Spieler erlebt, wie schön es ist, wenn „es" spielt, wenn im Kopf Ruhe ist und er seine gute Leistung bewusst miterleben kann. Ich selbst habe erfahren, wie Menschen, die noch nie einen Tennisschläger in der Hand hielten, innerhalb von einer Stunde Tennis spielen und über 15 Ballwechsel hinaus den Ball mit Leichtigkeit im Spiel halten konnten – entspannt, fokussiert. Mit Freude. Begleitet von klassischer Musik. Wundervoll!

Und ökonomisch für den Kunden ist es auch: doppelter Lernerfolg in der halben Zeit – so ist das Versprechen der ETA, das sie tagtäglich einlösen.

Doch zurück zur Freude. Zum Geist, der zu dieser enorm hohen Effektivität für den Kunden und auch zur internationalen Expansion des Unternehmens geführt hat. Zurück zur Führung durch Freude.

Wie finden die Mitarbeiter das interne integrale Controllingsystem, in dem dieser Wert immer wieder reflektiert wird? „Nun, am Anfang benötigt es immer eine Anstrengung", resümiert der Aufsichtsrat, „zum einen für mich, um die Mitarbeiter dafür zu sensibilisieren und vom Nutzen zu überzeugen, unsere Grundwerte im Alltag zu beobachten, und zum anderen für uns alle, um mit der Anwendung überhaupt zu beginnen. Da höre ich dann die Mitarbeiter stöhnen: „Oh, das ist ja wieder administrative Mehrarbeit!"

Wenn ich dann nach einiger Zeit frage: Wie viel Zeit hat dich die Selbstreflexion gekostet? Dann wird evident, wie schnell und mit wie wenig Aufwand sie zur Routine geworden ist. Und dann liegt auch beim Trainer die Erkenntnis nahe, dass Freude stattgefunden hat, weil er sich damit beschäftigt hat!"

„(…) Spaß ermöglicht (…), Probleme zu lösen, die man mit normaler harter Arbeit nicht lösen kann."

Raphael Leiteritz, Produktmanager, Erfolg ist menschlich (Google, Zürich)

Google gilt als einer der beliebtesten Arbeitgeber weltweit.[16] Die ungewöhnliche Raumgestaltung, die lebensnahe und lebensdienliche Büroausstattung sowie die Sozialleistungen sind über die Grenzen hinweg bekannt: Fitness-Studio und Massage-Salon gehören genauso dazu wie Entspannungsliegen in Ruhezonen und „wohnzimmer-artig" gestaltete Räume, welche die Möglichkeit zu Entspannung, zwanglosem Austausch und Leben, Lockerung und kreativem Arbeiten bieten. Kostenloses Bio-Essen für jeden Mitarbeiter kommt hinzu. Jeder kann sich seinen Arbeitsplatz so dienlich gestalten, dass er größtmögliche Freude und Kreativität haben kann. Schließlich sind Menschen dann am produktivsten, entspanntesten, effizientesten und effektivsten und in ihrer Kraft. Die Grenzen zwischen Leben und Arbeiten verschwimmen hier bei Google. Der Produktmanager für Navigationssysteme, Raphael Leiteritz, sagt: „Durch die **Freude** an der Arbeit macht hier keiner einen 8-Stunden-Tag. Ich glaube, dass gerade der **Spaß** ermöglicht, ein bisschen mehr zu machen und Probleme zu lösen, die man mit normaler harter Arbeit nicht lösen kann."[17]

> Eine Wirtschaft, die nicht getrennt ist vom Leben, zahlt sich aus.

Der Jahresüberschuss[18] des Suchmaschinen-Anbieters, der in den USA die Marktführung kontinuierlich ausbauen konnte, lag selbst im Krisenjahr 2009 bei 28 % (rund 6,5 Milliarden US-Dollar).[19]

> Das Gesetz der Quantenkohärenz – das Gesetz der Resonanz –
> erinnert uns an ein neues Selbst-Bewusstsein über das, was wir im Business
> anzurichten oder auch auszurichten vermögen.

Es scheint Frequenzen zu geben, die magnetischer auf Kunden und Mitarbeiter wirken als andere. Und dennoch gibt es nicht *den einen* Spirit, der alleine erfolgsversprechend wäre. Faszination, Freude, Achtung, Wertschätzung, Liebe … – sie alle sind ökonomisch. Und ein jeder solcher Geist zeigt sich im jeweiligen Unternehmen in wiederum einzigartigen Facetten. „Wertschätzung" in der PACK 2000 GmbH[20] hat ein anderes Gesicht, eine andere Färbung, eine andere Nuance und Individualität als „Wertschätzung" im Bio-Seehotel Zeulenroda.

> „Der Unternehmensgeist ist eine individuelle Angelegenheit."
>
> SO

Der Geist ist eine firmenspezifische Angelegenheit. Jede Frequenz hat eine individuelle Prägung – je nach dem, von wem, von welcher Organisation, von welchem Organismus sie gelebt wird. So spiegelt sich die Einzigartigkeit der Menschen als Facetten des jeweils einen Unternehmensgeistes. Weil es die Menschen sind – in ihrer ganz spezifischen Unternehmenshistorie, an ihrem ganz spezifischen Ort –, die dem Geist das Leben einhauchen und ihn lebendig halten.

Gelebte Unternehmenspraxis:
ökonomisch richtig gut:
die Frequenz „Wertschätzung"

„Es ist ein Genuss, jeden Tag zur Arbeit zu gehen!"
(Verkaufsleiter Außendienst Frank Andersen, Bio-Seehotel Zeulenroda)

„Was? Wie heißt der Ort? Wohin hat es dich verschlagen?", fragten die Freunde von Frau Andrea Löbling verständnislos am Telefon. „Zeulenroda??" Worauf Frau Löbling, aus Niedersachsen stammend, nun Bankettverkaufsleiterin im Bio-Seehotel, antwortete: „Ja, genau. Und ich bin froh, hier dabei zu sein!"

Für ihren Kollegen Frank Andersen war die Entscheidung nicht leicht. Sollte er mit seiner Frau und den zwei kleinen Kindern komplett mit Sack und Pack umsiedeln? Von Dänemark nach Zeulenroda in Ostthüringen? Wegen des Jobs? Würde er sich dort wohlfühlen – bei seinem neuen Arbeitgeber, dem Bio-Seehotel, im „Niemandsland"? Und erst seine Frau und Kinder? Er entschied sich für den Wechsel. In einer Zukunftswerkstatt in 2006 integrierten wir ihn nochmals offiziell ins Team des Bio-Seehotels. „Wie geht es Ihnen dort, nun seit einigen Monaten neu an Bord?", frage ich ihn. „Oh, es ist für mich eine Ehre, dabei zu sein!", sagt er. Als ich ihn nach zwei Jahren des Arbeitens dort wieder nach seinem Befinden befrage: „Und, Herr Andersen, wie ist es – wie geht es Ihnen jetzt? Ist es immer noch eine Ehre, dabei zu sein?", antwortet er, der Vertriebsleiter, aus voller Brust: „Es ist für mich nach wie vor jeden Morgen ein Genuss, zur Arbeit zu gehen!"

Hand aufs Herz, liebe/r LeserIn: Wie viele Vertriebsleiter haben Sie Ähnliches in den letzten Jahren sagen hören?: „Es ist für mich jeden Morgen ein Genuss, zur Arbeit zu gehen!" Offensichtlich ist das nur jenen Menschen möglich, die in einem Klima der gelebten Wertschätzung arbeiten.

Wertschätzung – eine Frequenz, die sich auszahlt: In den letzten 6 Jahren vollzog das Bio-Seehotel 12,8 % Nettoumsatz-Wachstum; und das Betriebsergebnis lag bei durchschnittlich 6% plus.[21] In einer strukturschwachen Region, in der, nach herkömmlicher Meinung, nur wenig geht.

Wenn Sie im obersten Management auf einer guten Frequenz unterwegs sind, dann wird Ihr Unternehmen magnetisch – für Kunden und für die besten Mitarbeiter.

> Auf welcher Frequenz müssen Sie sein,
> damit Ihre Kunden Lust und Freude haben,
> mit Ihrer Firma zusammenzuarbeiten?

Wenn man zwei elektronische Module, von denen eines schnellere elektromagnetische Impulse aussendet als das andere, nebeneinanderstellt, so wird dasjenige mit der langsameren Frequenz dazu tendieren, seine Schwingung zu erhöhen, um in Resonanz mit dem schnelleren System zu kommen.[22]

Viele der (...) Quanteneffekte, die man in einer einzelnen Welle beobachten kann, gelten auch für das Ganze. Was einer dieser Wellen geschieht, wirkt sich auf die anderen aus"[23], so die Wissenschaftsjournalistin Lynne McTaggart.

Selbst im Mutterleib ist es so, dass der Herzschlag des Kindes mit dem der Mutter korreliert ist und einen im Verhältnis ausgerichteten Gleichklang mit dem der Mutter sucht. Ist ihr Puls beschleunigt, erhöht sich auch der des Kindes. Wir Menschen sind also Wesen, die nicht unberührt von Frequenzen anderer bleiben.

Gelebte Unternehmenspraxis:
die ökonomischste Frequenz: „Liebe"

„Wissen Sie, was da drin war?! In dem Joghurt?"
(Milchindustrie: Andechser Molkerei Scheitz)

Eine Kundin will unbedingt durchgestellt werden, will die Geschäftsführung persönlich sprechen. „Ich habe Ihren Rosen-Jogurt gegessen. Wissen Sie, was da drin war?", ruft sie eindringlich ins Telefon. „Oh Gott", so berichtet mir Frau Scheitz, Geschäftsführerin der Andechser Molkerei, „ich dachte, da war doch hoffentlich kein Steinchen, kein Käfer oder Ähnliches drin? Etwas, was nicht passieren darf, aber eben doch passieren kann und dann zu Recht Beschwerden der Kunden nach sich zieht. „Wissen Sie, was da drin war?", ruft die Dame erneut mit verstärkter Dringlichkeit. „Ja, was war denn nun drin?", fragt Frau Scheitz nach, worauf sie die überraschende Antwort hört: „Liebe! Die habe ich darin geschmeckt."

Erleichtert atmet die Geschäftsführerin auf und fügt hinzu: „Ja, wir machen alle unsere Produkte mit Liebe. Auch den Käse… ."

> Liebe ist keine artfremde Sache. Schon gar nicht im Business.

Jeder Mensch ist ein „Wirk", das Wirkung zeigt in dieser Welt.

> „Vielleicht können wir gar den einzelnen Menschen bzw.
> das einzelne Unternehmen als ein Quant begreifen?"
>
> SO

Die Physik scheint uns nahezulegen, den einzelnen Menschen bzw. das einzelne Unternehmen als ein Quant[24] zu begreifen. Quanten sind, wir erinnern uns, winzige Energiepakete, die je nach Art der Messung Wellen- oder Teilchenverhalten zeigen. Dieses Phänomen nennen die Physiker „Wellen-Teilchen-Dualität". Der Begriff meint keine sich ausschließenden Gegensätze, sondern ein „Sowohl – als auch". Teilchen- und Wellencharakter sind zugleich angelegt, es hängt von den Umständen (experimentellen Bedingungen) ab, welcher Charakter sich manifestiert. Der Teilchenaspekt steht für die Lokalisierbarkeit, der Wellenaspekt für die nicht-lokale Ausdehnung. Quanteneffekte in der einzelnen Welle wirken sich auf das Ganze aus,[25] wie wir an den Unternehmens-Beispielen sehen konnten.

> „Unser Geist macht weder an unserer Schreibtischkante noch am Zaun unseres Betriebsgeländes Halt."
>
> so

Wieder einmal zeigte sich am Beispiel der Andechser Molkerei Scheitz: Unser Geist macht nicht am Zaun unseres Betriebsgeländes Halt. Wir selbst sind ein Wirk. Als Manager, als Mitarbeiter, als Angestellter, als Führungskraft, als Projektleiter… Jeder Mensch ist ein „Wirk".

Jeder Mensch ist ein „Wirk", das Wirkung zeigt in dieser Welt.

Aus meiner persönlichen Entwicklung und inneren Arbeit, in der es letztendlich um nichts anderes als die Achtung und Wertschätzung meiner selbst ging, erwuchs im Laufe der Jahre auch eine tiefe Verbundenheit und Liebe zu meinen Kunden in der Wirtschaft. Immer mehr konnte und kann ich – über meine eigene Innenschau – erkennen, dass jedem Menschen nichts anderes gerecht wird, als ihn zu schätzen. Ich liebe meine Kunden. Und seit das so ist, läuft vieles anders.

„Ich liebe meine Mitarbeiter!"
(Geschäftsführer Christian Kohler, Verpackungsindustrie: PACK 2000 GmbH[26])

Liebe ist – selbst in der Industrie – weder artfremd noch eine spektakuläre Angelegenheit. „Ich liebe meine Mitarbeiter!", so Geschäftsführer Christian Kohler. Ihm ist es wichtig, dass jeder Mensch sein Potenzial voll einsetzen kann. Und so kommt es, dass 50% der Mitarbeiter in dem Landshuter Verpackungsunternehmen nicht mehr auf der Stelle arbeiten, für die sie sich beworben und auf der sie

123

einst gearbeitet hatten. Da ist z.B. der ehemalige Leiter der IT-Abteilung – heute ist er der Leiter der Forschungs- und Entwicklungsabteilung, einfach weil er hier seine Gabe noch besser zur Wirkung und sein Talent voll zum Einsatz bringen kann. Ähnlich ist es bei einer Kollegin. Sie hatte sich ursprünglich als Vertriebsmitarbeiterin beworben und auch dort ihre Arbeit begonnen – aber so richtig in ihrer Mitte und ihrer Kraft war sie dort nicht. Mit Schwung und Leichtigkeit leitet sie heute engagiert die Assistenz der gesamten Geschäftsführungs- und -leitungsebene. Auf der ursprünglichen Stelle wäre sie verkümmert.

Rightplacement – Vitalisierung für Mensch und Unternehmen

Rightplacement – mit der eigenen Gabe, mit der eigenen Seele am richtigen Platz sein. Die eigene Frequenz an die richtige Stelle bringen, so dass sie voll tönen , frei schwingen kann. Wenn meine Eigenschwingung Raum hat – dann bringt sie im Welt-(Wirtschafts-)Raum auch etwas gehörig in Schwung. Der Mensch – ein Quant – und damit Teil und Welle. Teil, das auf einer Frequenz sendet – einer Wellenlänge. Und damit meine Welle tatsächlich auch Länge erreicht – muss ich – für meinen Teil – am richtigen Ort und am richtigen Platz sein. Dann werde ich lebendig. An einer Stelle, wo sein Talent erwünscht ist und Raum hat, sprüht der Mensch vor Begeisterung, Tatkraft und Engagement. Rightplacement ist also Vitalisierung für Mensch und Unternehmen. Es stellt sich also die Frage: Weckt Ihr Unternehmen Lebendigkeit oder schränkt Ihr Unternehmen Leben ein?

> „Die Einzigartigkeit jedes einzelnen Mitarbeiters
> mit seinen Fähigkeiten
> ist der Schlüssel für den Aufschwung.“
>
> OTMAR KASTNER, BUSINESS COACH[27]

Die ökonomische Frequenz der PACK 2000 GmbH – mag man sie nun Liebe, Wertschätzung oder wie auch immer nennen – jedenfalls ist es ein positiver Geist, welcher in der Mitarbeiter- und Umsatzentwicklung in den unten stehenden Diagrammen nachzuvollziehen ist:

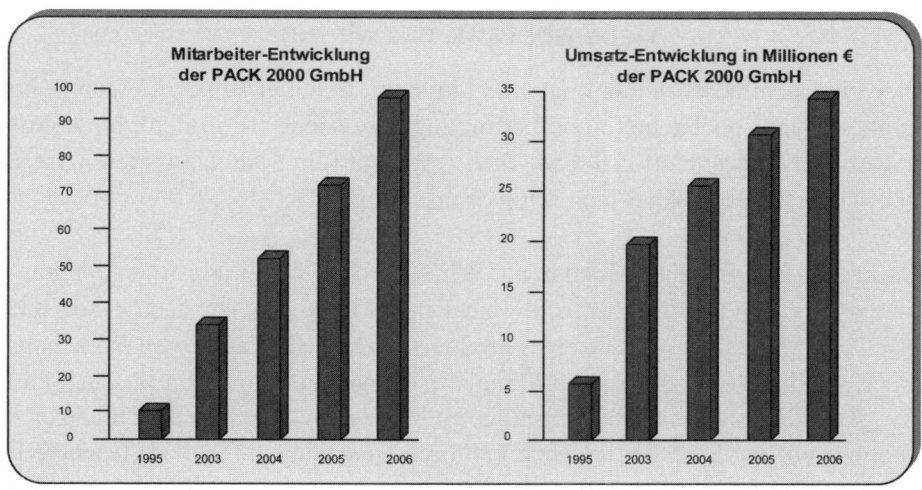

Abb. 12: Mitarbeiter- und Umsatzentwicklung in der PACK 2000 GmbH

„Ein Unternehmen ohne Liebe ist ein ökonomischer Irrtum."

SO

Unter wirtschaftlichen Gesichtspunkten bringt Liebe die höchste Effektivität und Effizienz. Und diese beiden sind Grundanforderungen an unternehmerisches Handeln. Liebe ist also das Mittel der Wahl, wenn wir ökonomisch stabil und nachhaltig erfolgreich sein wollen. Wohl gemerkt: Liebe, so verstanden, ist eine Haltung (Geisteshaltung) und *kein* Gefühl. Sie ist die Annahme dessen, was ist. Und das Erkennen der Kostbarkeit im Menschen, der mir gegenübersteht. Und in allem Leben. Alles andere ist Ressourcenverschwendung.

Liebe ist der rationalste Akt.

Vor allem ist Liebe Handlung – ökonomisches Handeln.

Liebe ist etwas, das wir tun.

Piero Ferrucci beschrieb einmal eine Situation, in der er seinen kleinen Sohn ganz verzückt beobachtete und bedingungslose Liebe für ihn empfand. Aus vollem Herzen sagte er: „Ich liebe dich!" Worauf sein Sohn antwortete: „Ist ja gut. Ich weiß, Papa. Aber jetzt schmier mir ein Brot!"[28]

Und genau darum geht es auch in der Wirtschaft. „Das war ja ganz schön pragmatisch und handfest und gar nicht weichlich auf Harmonie gemacht." – so sagte mir der Vorstandsvorsitzende eines großen Konzerns am Ende eines Workshops zur Konfliktklärung mit seinen Managern. Ja, genau! Wir lägen falsch, wenn wir glaubten, es gelte den Weichspüler im Management einzuschalten und sich vollends auf die Seite der weichen Faktoren zu schlagen. Ganz im Gegenteil! Dank der Ergebnisse in der Bilanz können wir mit quantenphysikalischem Blick erkennen, dass die harten Fakten geronnene weiche Faktoren sind. Liebe ist auch ein harter Faktor.

> „Liebe ist ein harter Faktor."
>
> so

Ehrlich zu sagen, was sie störte und worauf sie stolz waren, was ihnen quer lag, was sie nervte, ärgerte und was sie verbessern wollten – darum ging es im Workshop mit den Führungskräften des Konzerns. Zu achten, was in den Menschen lebendig ist, das ist angewandte Liebe, „work is love in action". Dadurch wurden Produktivitätsreserven mobilisiert und wirtschaftliche Fortschritte erzielt. „Das war (…) pragmatisch und handfest (…)", so das Feedback.

Liebe ist das, was lebensdienlich ist. …was ökonomisch ist.

Der Abteilungsleiter eines deutschen Finanzinstituts hatte den Kontakt zu seinen Mitarbeitern völlig verloren. Er war verzweifelt: Konflikte waren in seinem Bereich eskaliert; die Akzeptanz seiner Person als Führungskraft war beim Team geschwunden. „Ja, da müsste ich ja noch Psychologie studieren, um das wieder klarzukriegen und wieder einen Draht zu den Mitarbeitern zu bekommen!" „Nein, das müssen Sie nicht. Wie wäre es, wenn Sie einfach den Mitarbeiter, der an Ihnen auf dem Flur vorbeiläuft und der schon seit Tagen angespannt und zerknirscht aussieht, fragen, wie es ihm geht?", schlug ich ihm vor. „Ja, genau das ist es, was wir vermissen", berichtete das Team. „Dass er überhaupt mal zuhört, was bei einem Sache ist. Er stülpt immer nur seine Sichtweise drüber, er dominiert und manipuliert – Argumente einzelner aus dem Team lässt er überhaupt nicht gelten. Hauptsache, er hat seine Agenda durchgesetzt."

Mit hochrotem Kopf und kaum hörbarer Stimme ergänzte ein Kollege: „Ich glaube, es geht um Liebe, um einen liebevolleren Umgang miteinander!"[29]

Ungewohnt, die Konnotation von Business und Liebe. Klar. Aber, normal (dass es ungewohnt ist) angesichts dessen, dass wir uns gerade in einem Paradigmenwechsel befinden. Schließlich stehen wir am Beginn einer neuen, integralen Epoche und sind im Begriff, neue Gewohnheiten einzuüben.

> „Seien Sie warmherzig!"
>
> CHRISTIAN KOHLER, GESCHÄFTSFÜHRER

Für den ökonomisch erfolgreichen Unternehmer Christian Kohler, Geschäftsführer der PACK 2000, ist es ganz selbstverständlich, warmherzig zu sein. „Seien Sie warmherzig!", ruft er Vorständen und Managern auf einem Wirtschaftskongress in Salzburg zu. Und das wirkt noch nicht mal befremdlich, sondern natürlich.

„Mensch, ich weiß doch, wenn Herr Müller oder Frau Schneider mit einem trüben Gesicht durch die Gegend läuft, dass der bzw. die privat möglicherweise gerade einiges zu schultern hat, vielleicht eine Scheidung, einen Trauerfall, eine Krankheit, eine Trennung, die Sorge um den pubertierenden Sohn, was auch immer…", macht Kohler bewusst.

> „Jeder ist mal oben und mal unten."
>
> CHRISTIAN KOHLER

Achtsam sein für das, was in den Menschen lebendig ist. Christian Kohler hält es für sinnvoll. „Es ist jedenfalls besser, als all das zu ignorieren oder zu denken: „Na ja, komm, morgen schaut der bestimmt schon wieder anders aus", so Kohler. „Da hilft es doch viel mehr, dem Kollegen bzw. der Kollegin in die Augen zu schauen, zu fragen: „Heh, wie geht´s Dir?", und ihn bzw. sie in den Arm zu nehmen und ggf. ein Taschentuch zu reichen."

Abb. 13: Ein neues Bild von Führung: Jeder ist mal oben und mal unten.

Eines neues Bild von Führung wird hier lebendig: Jeder ist mal oben und mal unten. Ein neues Bild von Führung, das für Kohler am besten durch die zwei Bergsteiger versinnbildlicht ist. Ein Bild, das ihm selbst Leit-Bild geworden ist. In seiner integralen Art der Führung lautet die Frage nicht mehr: Wer ist oben, wer ist unten? Wer hat wem etwas zu sagen? Und hilfreiche, konstruktive Hinweise zu geben? Sondern, jeder ist mal oben und mal unten. Das wechselt. Jeder reicht dem anderen mal eine helfende Hand. Wie im Bild der Bergsteiger. „Ich bin doch auch froh, wenn ich mal „unten" bin und mir dann ein Kollege eine Stütze bietet. So erreicht man gemeinsam den Gipfel", ist Kohler überzeugt. Seine Zahlen sprechen für sich.[30] Schon zweimal erhielt die PACK 2000 den Preis „Bayerns Best 50" – eine Auszeichnung, welche die besondere Wachstumsstärke des Unternehmens würdigte.

Nun, auch dieses Beispiel aus der Praxis der PACK 2000 GmbH zeigt:

Erfolg ist menschlich. Und: Erfolg beginnt nicht beim „richtigen" Produkt. Erfolg beginnt beim Menschen. Genauer: bei der Achtung des Menschen und nimmt dann seinen Weg über das Produkt. Achtung, Wertschätzung oder ein ähnlich hochfrequenter Geist gerinnt dann –durch das richtige Produkt – zu einem außergewöhnlich hohen Nutzen beim Kunden.

„Das ist hochfrequentes Business."

SO

Die PACK 2000 GmbH ist ein Unternehmen der Verpackungsindustrie. Ihre Produkte – das sind innovative, maßgeschneiderte Verpackungslösungen, welche die Produktivität ihrer Kunden steigern und deren Kosten reduzieren sollen. Von einem ihrer Kunden, Fujitsu Siemens Computers, dem führenden Computerunternehmen in Europa, wurde die PACK 2000 bereits dreimal mit dem „Long Term Preferred Supplier"-Award ausgezeichnet, und damit gehört sie zu den weltweit TOP 4-Lieferanten des global players. Viele Entwicklungen und Verbesserungen im Verpackungs- und Versandbereich wurden gemeinsam durchgeführt. Honoriert wurde die exzellente Leistung von PACK 2000 in allen Lieferantenbereichen, wie z.B. Produktqualität, Logistik, Qualitätssicherung, Service und Technologie.

Der Liebe wohnt eine Tatkraft inne. Liebe ist ruhig, klar und dynamisch zugleich.

> Das, was sich in Unternehmen schon immer als höchst effektiv
> und effizient erwies, ist nun auch in der Theorie angekommen:
>
> Liebe ist das ökonomischste Prinzip!

Vielleicht gehört es zum Paradigmenwechsel in der aktuellen Wirtschaftsepoche, dass wir es nun wagen, wenn auch noch recht vorsichtig, auszusprechen, was viele Firmen längst erleben: Liebe ist das ökonomischste Prinzip!

Im Prozess des Paradigmenwechsels müssen wir wohl auch die Assoziationen, die wir bisher mit „Liebe" verbanden, und den Bedeutungsrahmen, den wir ihr zugestanden, weiten. Raus aus der künstlichen Ghettoisierung im Privatbereich –

hinein ins Leben. Dort, wo sie stattfindet: im Businessleben. Liebe ist ein Geist, der auf den Marktplatz der Wirtschaftswirklichkeit strebt.

Dazu ist es nicht nötig, ein Transparent vor sich herzutragen, auf dem steht: „Ich bin ja so spirituell!" oder: „Unser Unternehmen ist ja so spirituell!" Wir entsteigen ja auch nicht morgens dem Bette, um uns sogleich ein Schild auf die Stirn zu kleben „Ich bin so materiell!" Wir sind's doch eh.

Liebe ist nicht nur ein Bedürfnis. Sie ist gleichermaßen und vor allem eine Fähigkeit.

Ich glaube nicht, dass wir Liebe verdienen, gewinnen oder fordern können. Es geht vielmehr darum, etwas zu ent-decken, was ohnehin schon da ist. Liebe ist uns eingeboren, sie ist uns wesens-immanent. Wir können sie nutzen.

Synopse: die Einheit von Wirtschaft, Quantenphysik und Spiritualität

Wenn ich den Ausführungen heutiger Quantenphysiker lausche, dann habe ich oftmals den Eindruck: Hier verwandelt sich Wissenschaft in Poesie!

Immer wieder berührt es mich zutiefst, wenn Naturwissenschaftler und Mystiker, Menschen mit tiefer spiritueller Erfahrung also, und Wirtschaftswissenschaftler in ihrer jeweiligen Sprache das Gleiche zum Ausdruck bringen. Dann ist mir, als hörte ich etwas über den Urgrund allen Seins, über die Urwirklichkeit, die hinter allem steht, über die Grundstruktur des Universums.

Hielten wir sie noch vor wenigen Jahren für völlig getrennte Disziplinen, so machen Experten uns heute immer mehr der EIN-klang von Wissenschaft, Spiritualität und Ökonomie bewusst. Sie bringen mit unterschiedlicher Sprache das Eine zum Ausdruck. Ihr jeweiliger Sprachschatz entspricht lediglich der Einflugschneise, in der sie sich der Welt nähern.

> „Auch die Naturwissenschaft spricht nur in Gleichnissen."
>
> PROF. H.-P. DÜRR, QUANTENPHYSIKER

Wie jede Wirtschaftswissenschaft, wie jede Fakultät, so kann auch die Physik nur in Gleichnissen über das sprechen, was wir Realität nennen. „Man kann nicht vermeiden, Fehler zu machen bei dem Versuch, eine Sammlung von Worten oder mathematischen Formeln zur Beschreibung der Natur zu produzieren. Die Natur ist komplizierter als Sprache oder Mathematik. Dennoch muss man sein Bestes tun, um einen Satz von Symbolen zu produzieren, die den Fakten nicht allzu sehr widersprechen."[31] So beschreibt der Naturwissenschaftler J.B.S. Haldane den wissenschaftlichen Prozess, der immer versucht, das Eine zu dechiffrieren.

Überraschenderweise ist es gerade die Disziplin der Physik – die Wissenschaft der Materie, die uns heute die EIN-heit von Geist und Materie lehrt. Gerade die rationale Naturwissenschaft der Physik, von der wir es vielleicht am allerwe-

131

nigsten erwartet hätten, lehrt uns das Metaphysische, also das, was hinter dem Materiellen oder besser gesagt auf dem Urgrund des Materiellen vorhanden ist. Und so bringen die analytischen Naturwissenschaftler, deren Kernkompetenz das Materielle ist, je weiter sie der Materie auf den Grund gehen, immer mehr das Geistige zur Sprache.

Alle großen Physiker des 20. und 21 Jahrhunderts[32] taten das. Sie benannten das, was Mystiker aller Religionen schon vor vielen hundert Jahren gewusst und erfahren hatten: Physik und Metaphysik, das Materielle und das Geistige sind EINS – wir schauen nur von verschiedenen Perspektiven auf dieselbe Wirklichkeit. In gewisser Weise entdecken wir also heute nur eine alte Wahrheit neu. „Alt", weil unsere Seele dieses Wissen nie vergessen hat. It´s a deeper knowing of the soul. Vielleicht bin ich deshalb so aufgeregt, so inspiriert, wenn ich die Erkenntnisse der Quantenphysiker, Mystiker, Philosophen und Ökonomen nebeneinander betrachte! Wenn ich den inhaltlichen Gleichklang ihrer Aussagen erfasse. Wunderbar ist, – und dies kommt der Renaissance einer Aufklärung gleich – dass wir uns heute der Naturwissenschaft bedienen können, um unsere spirituellen und ökonomischen Erfahrungen zu erklären.

> **Sind wir nun materielle Wesen, die eine spirituelle Erfahrung machen, oder spirituelle Wesen, die eine materielle Erfahrung machen?**

Insbesondere die Quantenphysik hilft uns dabei, die reduktionistischen Welt- und Menschenbilder unserer Zeit zu überwinden, ohne in Irrationalismus zu verfallen.

Heute sind wir in der vorteilhaften Lage, die Erkenntnisse der Quantenphysik nutzen zu können, um unsere Erfahrungen in der Wirtschaft zu erklären und zu steuern. Die Quantenphysik macht uns Zusammenhänge klar, sie ergänzt unser wirtschaftswissenschaftliches Wissen, macht uns Wirk-weisen bewusst, erklärt uns Phänomene und Gesetze, die im Leben aktiv sind und folglich bis in die Wirtschaft hinein durchwirken. Es sind dies die gleichen Mechanismen, die Mystiker, Menschen mit tiefer spiritueller Ein- und Weitsicht, erfahren haben. Wir, die in der Wirtschaft tätigen Menschen, können die Gültigkeit dieser Gesetze auf dem Terrain unseres Betriebes beobachten. Und wir sind frei, geistige Qualitäten auf der Quantenebene zu variieren, Frequenzen zu ändern im Experiment „Wirtschaft", während in der Versuchsanordnung „Welt" die Wirkgesetze gleich bleiben.

Synopse aus Wirtschaft, Quantenphysik und Spiritualität

Wenn Sie mögen, lassen Sie in der unten angeführten Synopse (Zusammenschau) die Ein-heit der Aussagen aus den verschiedenen Erfahrungen, Disziplinen und Wissenschaften einfach auf sich wirken….

> „Realität ist anders, als wir denken!"
>
> STANISLAV GROF[33]

> „Wirtschaft ist angewandte Quantenphysik,
> ist gelebte Spiritualität."
>
> SO

> „Quantentheorie erlaubt die Erklärung der Materie
> und des Bewusstseins."
>
> PROF THOMAS GÖRNITZ, QUANTENPHYSIKER[34]

> „Materie ist nicht aus Materie aufgebaut."
>
> PROF. H.-P. DÜRR, QUANTENPHYSIKER

> „Das Harte ist nicht aus Hartem aufgebaut. Die harten Faktoren im
> Business sind geronnene weiche Faktoren. Geist und Materie sind EINS."
>
> SO

> „Eine Trennung zwischen Geist und Materie
> existiert lediglich in unserer Vorstellung."
>
> DIETER BROERS, BIOPHYSIKER[35]

„Als Physiker, also als Mann, der sein ganzes Leben der nüchternen Wissenschaft, nämlich der Erforschung der Materie diente, bin ich sicher frei davon, für einen Schwarmgeist gehalten zu werden. Und so sage ich Ihnen nach meiner Erforschung des Atoms dieses: Es gibt keine Materie an sich! Alle Materie entsteht und besteht nur durch eine Kraft, welche die Atomteilchen in Schwingung bringt (...). Dieser Geist ist der Urgrund aller Materie."[36]

MAX PLANCK, QUANTENPHYSIKER, NOBELPREISTRÄGER

„Es gibt keine Materie, die nicht auch Geist wäre."

SO

„Wir sind mit unserem Geist und Bewusstsein gezwungen, auszuwählen, was für uns Wirklichkeit wird."

DR. WALTER H. MEDINGER, QUANTENPHYSIKER

„Bewusstsein ist Quanteninformation, die sich selbst erlebt und sich selbst kennen kann."

PROF. THOMAS GÖRNITZ, QUANTENPHYSIKER

„Wir kennen die ersten drei Minuten des Weltalls besser"[37] als die letzten drei Jahre unseres (geistig-materiellen) Wirkens als Manager.

SO

„Es gibt spirituell intelligente und spirituell weniger intelligente Unternehmen. Der Unterschied ist ihre Bilanz."

SO

„Im Backtracing kommen wir unserem eigenen Geist auf die Spur,
der in unseren Betriebssergebnissen sichtbar wird."

SO

„Wenn du auf dieser Welt irgendetwas verstehen willst, musst du
lernen, hinter die äußere Form zu schauen (...)"

PAUL FERRINI[38]

„Reflexion weckt Bewusstsein."

CLEMENS KUBY[39]

„mens agitat molem." (Der Geist bewegt die Materie.)

VERGIL, AENEIS 6, 727

„(...) denn ich bin da eine unbewegliche Ursache,
die alle Dinge bewegt."

MEISTER ECKHART[40], MYSTIKER

„Sobald der Geist auf ein Ziel gerichtet ist,
kommt ihm vieles entgegen."

JOHANN WOLFGANG VON GOETHE

„In ihrem tiefsten Sinn ist die Welt ein Spiegel."

RÜDIGER DAHLKE[41], ARZT

„An ihren Früchten sollt ihr sie erkennen."

MATTHÄUS, 7, 16[42]

„Der Geistesstrom hat keinen Anfang, aber ein Ende."

S.-H. SHAMARPA RINPOCHE[43]

„Wir sind als Quantenphysiker heute in der Lage, Dinge zu denken, die früher nur die Mystiker denken konnten."

PROF. THOMAS GÖRNITZ

„Der erste Schluck aus dem Becher der Naturwissenschaft macht atheistisch, doch auf dem Grund des Bechers wartet Gott."

WERNER HEISENBERG, PHYSIKER, NOBELPREISTRÄGER

„Wir können nicht nicht spirituell sein. Genauso, wie wir nicht nicht materiell sein können."

SO

Jeder Geist zahlt sich aus – auf seine Weise. Entweder ökonomisch oder nicht ökonomisch.

SO

$E = m \times c^2$ (Energie ist Masse in Bewegung.[44])

ALBERT EINSTEIN

Unsere materielle Wirklichkeit spiegelt unsere geistige Wirk-lichkeit wider.

SO

$$1 : 9,764 \times 10^8$$

(Naturkonstante, die besagt, dass etwa 1 Milliarde Energieeinheiten nötig sind, um 1 Materie-Einheit zu formen, d.h., Energie ist das übergeordnete Prinzip.)

PROF. DR. CARLO RUBBIA

„Materie in der Größe eines Stecknadelkopfes, so viel Stoff steckt in einem Ozeandampfer."

PROF. THOMAS GÖRNITZ, QUANTENPHYSIKER

„Wer sich nur mit der Materie beschäftigt, orientiert sich lediglich an einem Milliardstel der Wirklichkeit."

PROF. THOMAS GÖRNITZ

„Wir und andere Organismen bestehen überraschenderweise fast vollständig (zu mehr als 99% des Masseraums) aus ‚Vakuum'. Dies deutet darauf hin, dass das Geschehen im ‚Vakuum' für das Leben weit größere Bedeutung hat als die Materie. Das ‚Vakuum' ist der Transitweg zur Beeinflussung der Materie. Die Materie stellt Resonanzstrukturen zur Verfügung."[45]

DR. ULRICH WARNKE, BIOMEDIZINER

„Meiner Erfahrung nach ist das, was wir in dieser Welt nicht sehen können, weitaus mächtiger als alles, was wir sehen. (...) Das Unsichtbare bringt das Sichtbare hervor."

T. HARV EKER, IMMOBILIENMAKLER UND MULTIMILLIONÄR [46]

„Sobald du mich erkennst, die eine reine Wahrheit, die aus dem Innern kommt, erkennst du, dass das Universum vom Absoluten Bewusstsein durchdrungen ist."

YESHE TSOGYEL[47]

„In allen elektromagnetischen Aktivitäten haben wir es mit Quanten zu tun (Photonen = Lichtquanten). Im Computer, im Handy, im Gehirn, im Auge..."

PROF. THOMAS GÖRNITZ[48]

„Leben ist ein Quantenprozess. Wirtschaften, ein Business betreiben ist ein Quantenprozess."

SO

„Die Wirklichkeit offenbart sich in allem und bleibt doch unsichtbar."

WILLIGIS JÄGER, MYSTIKER

„Liebe – das ist unsere Urstruktur."

SO

„Liebe – das bist Du."

WILLIGIS JÄGER[49], MYSTIKER, ZEN-MEISTER

„Erfolg kommt von innen."

OLIVER KAHN

„Integrale Manager sind spirituelle Feinschmecker. Sie nehmen spirituelle Unterschiede wahr und erkennen und nutzen deren ökonomische Relevanz."

SO

„Denken wirkt im Raum – Bewusstsein ist nicht nur im Kopf"[50]

DR. JÜRGEN KARSTEN, WISSENSCHAFTLER

„Als Menschen liegt unsere Größe nicht so sehr in der Fähigkeit,
die Welt neu zu gestalten, als vielmehr in der Fähigkeit,
uns selbst neu zu gestalten."

MAHATMA GHANDI

„Wäre ich nicht, wäre Gott nicht."

MEISTER ECKHART[51]

„Der Integrale Manager ist Synoptiker, ist Quantenphysiker,
ist Mystiker, ist Mathematiker, ist Liebender, ist Rationalist."

SO

„Die Quantenmechanik ist der Umsturz des gewöhnlichen Denkens."

PROF. DR. ANTON ZEILINGER[52]

„Das Universum ist nicht materiell – es ist mental und spirituell.
Genießen Sie es."

RICHARD CONN HENRY, PHYSIKER, JOHN HOPKINS UNIVERSITY[53]

VI

Die Erfolgsgeheimnisse
des Integralen Managements

VIa: Full-Service Allintelligenz – oder:
die neue Gleich-Gültigkeit

„Joseph Beuys antwortete auf die Frage, warum er Taschenlampen an seinem
Knie befestigt habe: „Ich denke sowieso mit dem Knie." Was würden Sie sagen,
womit Sie selbst denken?

A) Bauch   C) Po
B) Beine   D) Mehr so ganzheitlich"[1]

Dass uns die vorangegangene Zusammenschau in ein etwas ganzheitlicheres
Verständnis unserer Wirtschaftswirklichkeit ungewohnt erscheinen kann, mag
an unserer einseitig rationalen Bildung liegen.

Vor dem Hintergrund unseres kartesianischen Weltbildes[2], welches über mehr
als 250 Jahre die Vorherrschaft der Ratio förderte, ist es nicht verwunderlich,
dass kreative, intuitive, emotionale und spirituelle Intelligenz lange Zeit nur noch
in Spurenelementen in unserer Wirtschaft vorkamen. Diese vier Intelligenzen
waren überbremste Ressourcen, obwohl sie für die wirtschaftliche Dynamik
nicht nur unerlässlich, sondern ökonomische Vitalität selbst sind.

Full-Service aus der Allintelligenz

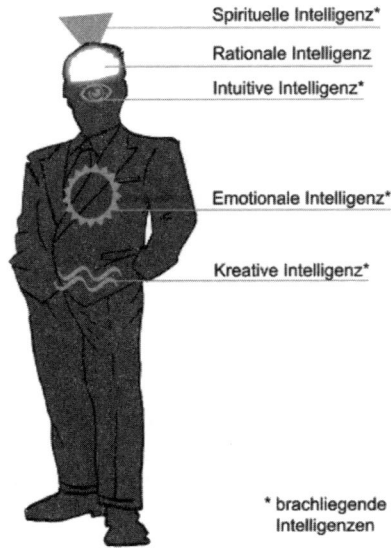

Abb. 14: Allintelligenz[3]

Der Mensch ist mit einem Full-Service ausgestattet: Er verfügt über fünf Intelligenzen: seine rationale, emotionale, intuitive, kreative und spirituelle Intelligenz. Jede Intelligenz hat ihren eigenen physischen Sitz, an dem wir sie spüren, messen, stimulieren und aktivieren können. Diese Wissenszentren sind im Körper auf einer vertikalen Achse aufgereiht.

In der Vergangenheit neigten wir dazu, vier Fünftel aller Intelligenzen in der Wirtschaft brachliegen zu lassen: Die emotionale, intuitive, kreative und spirituelle Intelligenz waren durch einseitige Erziehung, Prägung und Bildung in einen Schlummer hineingedämmert. Oft genug waren wir einzig mit unserer rationalen Intelligenz online.

Der „homo ratio", welcher nach der Überzeugung „ich denke – also bin ich" sein Unternehmen führt, degradiert sich und seine Mitarbeiter zu „Schrumpfgestalten des Menschen"[4]. Unsere restlichen vier Intelligenzen befinden sich dann in einer

Art Energiesparmodus. Inhaltlich klingt zwar alles logisch, aber Inspiration, Sinn, Faszination und sprühende Begeisterung kommen nicht auf. Das lähmt den gesamten Produktionsapparat.

"When rationality alone is master,
you reach desaster faster."

SO

Und wagt es doch einmal jemand, in Management-Sitzungen einen all-intelligenten Vorschlag vorzubringen, so verhallt er oftmals ungehört im Raum, oder derjenige wird gar „freundlich" aus der Gruppe ausgegrenzt („Und gesundheitlich ist alles in Ordnung bei Ihnen? Wann hatten Sie eigentlich das letzte Mal Urlaub?").

Heute geht es mehr denn je um genau diese Integrität aller Intelligenzen. Nicht von ungefähr sind die fünf Intelligenzzentren in unserem Körper in einer vertikalen Achse angeordnet. Sie richten uns auf. Sind wir aufgerichtet, können wir aufrichtig sein. Das Aufgerichtetsein in der vertikalen Achse ist ja ein wesentliches Merkmal, welches uns von den Spezies unserer Vorfahren auf einzigartige Weise unterscheidet. Sind wir mit allen Intelligenzen online, so ist unsere natürliche Integrität wach.[5] Sie birgt eine Ethik, die nichts mit Moral zu tun hat.

„Eine neue Ethik ist in uns zu finden."
„Die Seele ist das leise pulsierende ethische Organ in uns."[6]

SO

Weder in einem Hochglanzprospekt noch in einem firmeninternen Wertecodex oder in einer CSR-Kampagne ist eine neue Ethik zu finden, sondern in uns. "(…) success without integrity is essentially meaningless. We hold ourselves to standards of ethical behaviour that go well beyond legal minimums."[7], sagt Michael S. Dell, CEO von DELL.

Der Grad, in dem wir den Full-Service unserer eigenen Intelligenzen ausschöpfen, steht in direktem Zusammenhang mit der volkswirtschaftlichen Dynamik in unserem Land. In dem Maße, in dem wir alle Intelligenzen nutzen, hat es faktisch Konsequenzen für Wirtschaft und Mensch; genau in dem Maß findet volkswirtschaftliche und gesellschaftliche Entwicklung statt.

Unternehmen, die integralen Erfolg ernten, denken anders. Ganzheitlich. Im Integralen Management haben alle Intelligenzen gleiche Gültigkeit.

> Rationale, emotionale, intuitive, kreative und spirituelle Intelligenz sind hier gleich-gültig.

> „Allintelligenz, oder: Bewusstsein als neue Währung."[8]

Im Management von heute geht es also um die innere Evolution. Die Lebendigkeit, die in all unseren Intelligenzen pulsiert, gilt es aktiv, produktiv und ökonomisch werden zu lassen. Und somit die Vitalität unseres gesamten Intelligenzpotenzials zu nutzen. Es geht darum, Bremsen zu lockern, uns selbst zu integrieren und uns zu erlauben, ganzer Mensch zu sein im Business.

> „Wenn ich das in meinem Unternehmen mache,
> dann bin ich tot."
> (KOMMENTAR EINES MANAGERS ZUM THEMA ALLINTELLIGENZ IM MANAGEMENT,
> DER AN EINEM MEINER VORTRÄGE TEILNAHM.)

> „Falsch. Dann fängt das Leben erst an!"
> (ANTWORT VON CLAUDIA STAHL, GESCHÄFTSFÜHRERIN ARCHITEKTUR + RAUM,
> TEILNEHMERIN AN DEMSELBEN VORTRAG)

Sie erinnern sich an die mit der Sanierungsstrategie einhergehenden Suizidfälle bei Renault? Rein rational mag die Rationalisierungsmaßnahme, von drei auf acht Modelle pro Jahr zu erhöhen, logisch geklungen haben, um den Konzern gesunden zu lassen. Diese Strategie war allerdings nicht dazu geeignet, gleichzeitig die Führungskräfte gesund bleiben zu lassen. Und damit erwies sich dieses Vorgehen – wenn überhaupt – als wirtschaftlich erfolgreich, so jedoch keinesfalls als ökonomisch (weil kein voller Erfolg für den Menschen und das Leben damit verbunden war). Wir können nur vermuten: Die emotionale und spirituelle Intelligenzen waren in diese strategische Entscheidung nicht mit einbezogen worden.

> „Alles Isolierte führt in die Irre. Nur die Ganzheit ist zuverlässig."
> MARTIN BUBER[9]

144

Willigis Jäger bringt es auf den Punkt:

> „Wir sind sehr bescheiden, wenn wir uns damit abfinden,
> was die Ratio uns bietet.“

Mono-intelligent sind wir nie so erfolgreich, wie wir sein könnten. Meine jahrzehntelange Arbeit mit Unternehmen zeigt, wie wichtig es ist, ja, dass es geradezu unerlässlich ist, unser Wissen aus allen fünf Intelligenzen zu nutzen. Nur dann reifen wir zu ökonomisch stabilen Unternehmen.

Im Folgenden ist dargestellt, woran Sie erkennen, wenn in Firmen einzelne Intelligenzen gar nicht online sind, ausschließlich alleine oder in Verbindung mit allen Intelligenzen genutzt werden.

Allintelligenz ⬇		
Rationale Intelligenz		
alleine online (einzige Intelligenz, die gehört wird; Monokultur)	*zusammen mit allen Intelligenzen online* **(Gleich-Gültigkeit)**	**offline (diese Intelligenz wird nicht gehört, liegt brach)**
Ingenieurmäßiges Reparieren der Welt. Faszination für das Sachlich-Logische. Entscheidungen werden am Schreibtisch geplant, nicht empfunden. Wenig Gefühl für Kunden, für Mitarbeitende. Kein Vorauswahrnehmen, was der Effekt für den Menschen sein wird. Neigung zu Aktionismus, Hyperaktivität (meist mit geringer Fehlertoleranz). „Es muss etwas geschehen, es darf aber nichts passieren.“ Strategien sind sachlogisch formuliert, erreichen aber die Herzen der Menschen nicht.	Innovationen durch emotionalen UND technischen Fortschritt, der für alle lebensdienlich ist, in Respekt vor allem Lebendigen. In den Strategien ist der Sinn für den Menschen sofort spürbar. Ruhige Tat-Kraft. Das Konstruktive in Fehlern wird gesehen und ihre Benennung wird belohnt. .	Tendenz, die eigene Ratio nicht zu gebrauchen und sich eher auf die kollektive Meinung zu berufen: Entscheidungen werden mit dem „Marktzwang“, dem „Sachzwang“, den „Gesetzen der Branche“, dem „Globalisierungsdruck“, den „Aktionärserwartungen“ begründet und entbehren oft der eigenen Vernunft. Die Haltung ist oft: Opferhaltung; me-too-Anbieter; kein Gestaltungswille aus der eigenen Einzigartigkeit heraus.

Allintelligenz		

Kreative Intelligenz		
alleine online (einzige Intelligenz, die gehört wird; Monokultur)	*zusammen mit allen Intelligenzen online* **(Gleich-Gültigkeit)**	**offline (diese Intelligenz wird nicht gehört, liegt brach)**
Tausend Ideen werden produziert; morgen ist die von heute schon nicht mehr interessant; sich selbst gedanklich überholen ohne Bodenhaftung und Umsetzungskompetenz; stecken bleiben in Träumereien: „Es wäre doch wunderbar, wenn…"	Mit Wertschätzung für das, was ist, wird gesehen, was werden will; Lust an der kontinuierlichen Weiterentwicklung. Das Neue (das Noch-nicht-Dagewesene) ist vorstellbar und wird pragmatisch geschaffen. Denken in „UNDs": ökonomisch und menschlich gesunde Lösungen.	Stagnation im Produktportfolio; kein Mut zu Innovationen. Festhalten an Bestehendem (auch an Strukturen und Prozessen); „falsches" Bewahren alter Zöpfe, die weder dem Unternehmen noch dem einzelnen Menschen dienen („Wir können doch nicht Herrn Meier … , der ist schon so lange…").
Spirituelle Intelligenz		
alleine online (einzige Intelligenz, die gehört wird; Monokultur)	*zusammen mit allen Intelligenzen online* **(Gleich-Gültigkeit)**	**offline (diese Intelligenz wird nicht gehört, liegt brach)**
Es wird wolkig-weich und wir sind nicht in der Lage, uns die Schuhe zuzubinden und den nächsten pragmatischen Schritt im Management zu gehen. Entscheidungen liegen an, werden aber nicht getroffen. Der Fokus rein auf Spirituellem geht oft einher mit der Verurteilung des Materiellen. Auch Neigung zu spiritueller Arroganz: („Wer ist besser?") spiritueller Wettbewerb, in der Hoffnung auf Überlegenheit. Oft Unversöhntes im eigenen System.	Wenn alle Intelligenzen online sind, lassen wir uns von einem ökonomischen Geist lenken, der die eigene Kraft in Bewegung bringt und sich mit Weisheit und Handlungsstärke im Leben zeigt. Führungskräfte und Mitarbeiter achten die Polaritäten: das, was stört, genauso wie das, was gut läuft, Alt und Jung, Männliches und Weibliches, usw. … die geistige und materielle Seite unserer Wirklichkeit. In diesem Sinne versöhnt und integriert, stehen wir in der Fülle des Lebens.	Die Metaebene wird nicht genutzt. Sich selbst zu beobachten und im Zusammenhang zu reflektieren, findet in der Unternehmensführung nicht statt. Fragen wie: Wozu sind wir da? Wozu ist unser Unternehmen da? Wie gehen wir miteinander um? werden nicht gestellt. Unternehmen werden als wirtschaftliche Aktivität, nicht als Aktivität des Lebens gesehen. Das Ziel hinter dem Ziel bleibt ungesehen.

Emotionale Intelligenz

alleine online (einzige Intelligenz, die gehört wird; Monokultur)	*zusammen mit allen Intelligenzen online* (Gleich-Gültigkeit)	**offline** (diese Intelligenz wird nicht gehört, liegt brach)
Unproduktive Harmoniegrüppchen. Konflikte und Reibung werden vermieden, keiner will dem anderen weh tun. Veränderungen und Rationalisierungsmaßnahmen werden blockiert. Hohes Beharrungsvermögen: Man hat sich so eingerichtet (in vertrauten Prozessen, Strukturen, Teams, Denkgewohnheiten, usw.). Infragesteller werden ausgegrenzt. "Management" wird häufig mit Argwohn betrachtet.	Lebendigkeit des Systems ist spürbar: Humor und Freude: hier wird gelacht; Konflikte werden ernst genommen; es gibt keine Tabus; nach dem Motto: „Reibung erzeugt Wärme". Interesse und Achtung für das, was Führungskräfte, Mitarbeitende und Kunden bewegt. Der Mitarbeiter / die Führungskraft wird als ganzer Mensch gesehen. Echtheit in Lob und Kritik, die dem Betreffenden gegenüber direkt geäußert werden.	Kühle, sachlich nüchterne Atmosphäre, die nicht die Herzen berührt; oft urteilend und ausgrenzende Kultur; starre Regeln im System (was richtiges und was falsches Denken ist; wer zum System gehört, wer nicht, usw.); solche Systeme neigen zu Druck, Angst, u.ä.; Fehler dürfen nicht sein; „immer auf der Hut sein" und Schuldzuweisungen sind die Folge. Angestellte sind reine Funktionsträger. Zugehörigkeit entsteht durch Konformität. Es wird über- und nicht miteinander geredet; Neigung zu Intrigen.

Intuitive Intelligenz

alleine online (einzige Intelligenz, die gehört wird; Monokultur)	*zusammen mit allen Intelligenzen online* (Gleich-Gültigkeit)	**offline** (diese Intelligenz wird nicht gehört, liegt brach)
Sich verlieren in Ahnungen, Vermutungen, Spekulationen, Hypothesen, was in Zukunft wichtig und von Belang sein könnte. Oft große Diskrepanz zwischen Fremd- und Selbstbild, zwischen eigenen Vorstellungen und dem, was da draußen im Markt tatsächlich ist oder sich jetzt umsetzen lässt. Entscheidungen werden „aus dem Bauch heraus" getroffen, Analytisches wird vernachlässigt.	Geistiger Weitblick. Sicheres Vorausahnen dessen, was die Gesellschaft und damit der Markt von morgen braucht. Verbindung spüren mit den Kunden- und menschlichen Bedürfnissen; Begeisterung und Dynamik entstehen durch sinnvolle Visionen, die die Evolution des Lebendigen einen Schritt weiter voranbringen. Das innere große „Ja!" wird spürbar.	Es gibt nur Ziele, keine Visionen. Kein geistiger Vorausblick (visionsloses Management). Perspektivenwechsel (sich in den anderen hineinversetzen) und echte Verbindung findet kaum statt. Kein Kontakt zum anderen, kein Spüren, wie eine Entscheidung bei den Kunden bzw. Mitarbeitenden ankommen mag. Kein sinnliches Wahrnehmen der Situation.

„Die gegenwärtige Krise des Weltwirtschaftssystems ist ja so etwas wie eine gigantische Werbeveranstaltung für systemisches Denken"[11], meint Fritz B. Simon. Jetzt wisse auch der letzte Anhänger geradlinig kausaler Modelle, der Main-Stream-Wirtschaftswissenschaften oder von Kontroll-Ideen, dass die Welt und mit ihr die Wirtschaft nur sehr begrenzt berechenbar seien[12] und nur systemisch (synoptisch) zu verstehen und aus ganzheitlichen Ressourcen heraus wirklich erfolgreich gestaltet werden können.

Und weiter lässt uns Anton Gunzinger an seinen Erfahrungen teilhaben, die er einst in der Auswahl seines Geschäftspartners machte, von dem er sich später trennte: „Beim wohl schwerwiegendsten Fehlentscheid hatte meine Frau von Anfang an „aus dem Bauch heraus" das Gefühl, das komme nicht gut. Als es anderthalb Jahre später wirklich so war, hat mir das sehr zu denken gegeben. Seither bemühe ich mich, anders zu entscheiden und Kopf und Bauch möglichst in Einklang zu bringen."[14]

Entscheiden wir rein aus der Ratio heraus, was sachlogisch zunächst vollkommen richtig erscheinen mag, dann zahlen wir oft Jahre später noch die Kosten dafür ab. Monokulturen laugen aus – das wissen wir nicht nur aus der Landwirtschaft. Ist unsere Ratio in Monokultur unterwegs, dann ist das, wozu sie uns rät, bei genauer Betrachtung meist nicht die vernünftigste Lösung.

> Mono-Intelligenz meint es stets gut.
> Dennoch: Die Ergebnisse können nur schmalspurig sein.

So auch in einem Finanzinstitut mit etwa 2.000 Mitarbeitern. Kaum hatte er seine Funktion aufgenommen, griff der neue, von extern gekommene Vorstandsvorsitzende zu folgender Maßnahme: Alle gestandenen Geschäftsbereichsleiter, die seit vielen Jahren Marktverantwortung getragen hatten, mussten sich nun neu auf ihre Führungsstelle bewerben. Alle Positionen wurden ausgeschrieben. Keiner wusste im Frühjahr, ob er seinen Job als Führungskraft im Herbst noch haben würde oder ob er bis dahin einen schmerzlichen Gesichtsverlust erlitten haben würde. Das Klima im Unternehmen war entsprechend. „Alle sind hier wie gelähmt", äußerte sich ein Manager. „Keiner trifft mehr eine wichtige Entscheidung. Alle haben Angst." Gut gemeint, diese Maßnahme, aber dennoch ein Produktivitäts-, Kapital- und Motivationskiller sondergleichen: Über mehr als 6 Monate wurde dieses Unternehmen durch Angst auf den Führungsetagen quasi lahmgelegt.

Dies blockierte sämtliche Intelligenzen, die zur Schaffung neuer Potenziale und kraftvoller Innovationen notwendig gewesen wären. Das Motiv jenes neuen Vorstandsvorsitzenden ist jedoch gut nachvollziehbar: Er wollte vermutlich neuen Schwung „in den Laden" bringen und eine stabile Marktposition in der Zukunft sichern. Egal, was wir als Manager tun – so sind wir doch meist voll der besten Absichten. Ob uns ein positives Ergebnis jedoch gelingt, ist vor allem auch eine Frage von Mono- oder Allintelligenz.

> „Das Normale ist, wenn die Düse verstopft ist."
>
> LORIOT

Auch ich bin und war weiß Gott nicht immer auf allen Kanälen online. Frisch diplomiert und voller Schwung trat ich meine erste Arbeitsstelle an. Nach dem Motto „Hoppla, hier bin ich! Ich bin voll engagiert und weiß sowieso alles besser!" Und mit dem externen Blick, den ich anfangs noch auf das Unternehmenssystem meines Arbeitgebers hatte, stachen mir einige ineffiziente Prozesse natürlich sofort ins Auge.

Forsch benannte ich eine solche Schwachstelle, indem ich für die Abschaffung eines – wie mir schien – überflüssigen Geschäftsprozesses plädierte. Prozessverantwortlich und damit betroffen war die Leiterin des Vorstandssekretariats, welche von meinem Ansinnen überhaupt nicht begeistert war. Sie schnitt mich, ging in den Widerstand, blockierte wochenlang die Abschaffung des Prozesses, obwohl dies nicht nur eine enorme Arbeitserleichterung für 200 Personen der Belegschaft, sondern auch weniger Aufwand für sie persönlich bedeutet hätte.

Wenn wichtige Intelligenzen Ausgangssperre haben… Im Rückblick kann ich heute sagen: Rein rational mag ich online gewesen sein, doch meine restlichen Intelligenzen litten offenbar unter verstopften Düsen. Wäre ich jener Kollegin mit Wertschätzung für ihre bisher geleistete Arbeit begegnet und hätte dann meinen Vorschlag unterbreitet, wäre dies nicht nur rational, sondern auch emotional intelligent gewesen und hätte die Türen für eine unkomplizierte Zusammenarbeit geöffnet und ihre Bereitschaft, über neue Möglichkeiten nachzudenken, sicherlich sehr viel mehr gefördert.

> „Es wird sich erst etwas ändern,
> wenn wir durch das Herz den Verstand ausdeuten."
>
> F. SCHILLER

So ist es immer: Mit solch tollkühnen, nassforschen, rein rationalen Aktionen, wie ich sie damals vollführte, können wir das Ergebnis zwar durchdrücken, Lorbeeren ernten jedoch nicht: Akzeptanz, Identifikation mit neuen Lösungen und Teambegeisterung bleiben auf der Strecke.

> „Die Weisheit eines Menschen misst man nicht an seinen Erfahrungen,
> sondern an seiner Fähigkeit, Erfahrungen zu machen."
>
> GEORGE BERNARD SHAW

Veränderungen verlangen immer nach der Achtung der Vergangenheit. Das wurde mir damals klar. Um Akzeptanz für Veränderungen zu gewinnen, müssen wir immer auch das Vergangene achten – den Humus, auf dem wir stehen. Das, was wir bisher geschaffen haben, ist der Nährboden für das Neue, welches auf ihm wachsen kann. Wir sind das Ergebnis unserer Vergangenheit. Keine Zukunft ohne Vergangenheit. Allintelligentes Management heißt immer wieder aufs Neue:

Würdigen, was geworden ist,
und sehen, was werden will.

Erst als Vermessungsgehilfe, dann als Bauzeichner war er angestellt im Ingenieurbüro Osterhammel.[15] Er, der Russland-Deutsche, der eines Tages in einem Großmarkt Waren stahl und prompt erwischt wurde. Sein Arbeitgeber, Geschäftsführer Bernd Osterhammel, machte sich dennoch für ihn stark. Und führte engagiert viele Telefonate, um eine Anzeige gegen den jungen Mann zu verhindern. Was ihm auch gelang. „Ich glaube, jener Großmarktleiter vertraute mir, dass ich dafür Sorge tragen würde, dass unser Angestellter wieder auf die richtige Bahn käme." Und es ist zu spüren, *wie sehr* er selbst, Bernd Osterhammel, seinem Mitarbeiter vertraute und ihn verstand.

„Der Mitarbeiter hatte mir schon vor einiger Zeit berichtet: „Weißt Du, Bernd, bei uns in Russland, da haben wir einfach nicht das Bewusstsein für Eigentum wie Ihr. In unserer Region geht es allen dreckig; da klauen die Menschen, was sie können. Und dann kam ich hier in dieses Schlaraffenland mit diesem unglaublichen Angebot – da war es so einfach, etwas in die Tasche zu stecken." Bernd Osterhammel vertraute seinem Mitarbeiter, ja unterstützte ihn sogar, sich zum Bauzeichner weiterzuentwickeln. Doch die neue Aufgabe lag ihm nicht so sehr. Schließlich kehrte er in seine alte Verantwortung zurück, (wobei er das höhere Gehalt eines Bauzeichners behielt). „Das war der flinkeste, effizienteste und fleißigste Vermessungsgehilfe, den wir je hatten. Geklaut hat er nie wieder."
War das intuitiv richtig? Emotional intelligent? Oder gar allintelligent?

„Wir müssen unsere Empfänglichkeitsanlage vergrößern."

WILLIGIS JÄGER

Klar wird: Emotionale Intelligenz hat nichts mit Gefühlsduselei oder missverstandenem Mitleid zu tun. Und die in der Unternehmensführung stets mögliche Option, sich von Angestellten zu trennen, kann sehr wohl beides sein: emotional und rational intelligent. Eine solche Entscheidung kann Kosten und Nerven sparen und Frieden, Effektivität und Klarheit im Unternehmen fördern.

„Wir schleifen hier nicht jeden durch." Seit jeher folgt der Direktor eines herausragenden Dienstleistungsunternehmens dieser Devise. Und das ist allintelligent. Wer von seinem persönlichen Spirit nicht zur Ausrichtung des Unternehmens passt, wird nicht dauerhaft weiterbeschäftigt. Weil es die Produktivkraft von beiden vergeudet: die des betreffenden Menschen und die des Unternehmens. „Jeder Topf findet sein Deckelchen", heißt es im Volksmund. Der Geist des Mitarbeiters und der Geist des Unternehmens (der Unternehmensführung) müssen zueinander passen, sonst bleiben sie dauerhaft nicht zusammen (oder verschleißen sich nur).

Jörg Bourgett, Gründer und Geschäftsführer der Domäne Mechthildshausen, – und mit allen Intelligenzen online – , beweist seit vielen Jahren, wie menschlicher, wirtschaftlicher und gesellschaftlicher Erfolg Hand in Hand gehen. Bereits Ende der 1980er Jahre – zur Zeit einer größeren Beschäftigungskrise in Deutschland – gründete er dieses Unternehmen: Er betreibt eine biologische Landwirtschaft mit mehreren darauf aufbauenden Produktions-, Handels- und Dienstleistungsbetrieben, wie einer Metzgerei, Bäckerei, Patisserie, Käserei, einem Bio-Supermarkt, Bistro, Feinschmecker-Restaurant sowie einem Tagungshotel. Die äußerst erfolgreichen Betriebe werden allesamt zur einen Hälfte von ausgebildeten Meistern und zur anderen Hälfte von Menschen betrieben, die einst sozial abgerutscht waren (arbeitslos, drogenabhängig oder obdachlos).

Allintelligente Manager wissen:

Wir dürfen den Traum nicht vergessen, der hinter der Wirtschaft steht.

Jede Krise fordert uns auf, von Schmalspur- auf All-Intelligenz zu wechseln. Je mehr wir uns erlauben, ganzer Mensch zu sein, desto eher stellen wir uns im Business Fragen, die das Ganze betreffen – auch die zentrale Frage, zu deren Beantwortung uns jede Krise einladen will: Wozu sind Unternehmen da?

Gelebte Unternehmenspraxis:
Wozu sind Unternehmen da?
(Domäne Mechthildshausen)

„Um Geld zu machen, muss ich doch kein Unternehmen gründen! Das geht viel einfacher. Aber um für die Gesellschaft aktiv zu sein, dazu ist die Form eines Unternehmens geeignet. Ein Unternehmen ist eine gesellschaftliche Aktivität!", so Jörg Bourgett, Vorstand der Investmentberatung Hexagon AG und Gründer der Domäne Mechthildshausen.

Ein bodenständiger und beinahe ungeduldig wirkender „Geselle", dieser Jörg Bourgett, so ist mein Eindruck. Denjenigen, der die Domäne Mechthildshausen „macht", hatte ich mir anders vorgestellt. Bislang kannte ich die Domäne als Kundin. Nun sitze ich mit ihrem „Macher" an einem Tisch im Gespräch. „Mit Ihrer ganzen Sinnorientierung kann ich nichts anfangen", eröffnet er mir bald. Ein in jeglicher Hinsicht sinn-volles Unternehmen betreibt er trotzdem. Er, der nicht an den Fortschritt der Gesellschaft glaubt, ist es, der den Fortschritt vorantreibt.

1987 gründete er die Domäne Mechthildshausen – quasi als Produkt seiner Auseinandersetzung mit der ersten großen Beschäftigungskrise in Deutschland nach den Wirtschaftswunderjahren. Schon damals war ihm bewusst: „Das, was der Mensch (beruflich) ist, ist schlicht zufällig. Wäre ich nur eine Stunde später geboren worden, wäre in meinem Leben vielleicht auch alles ganz anders gekommen. Ich habe auf meinem beruflichen Weg einfach auch viel Glück gehabt."
   „Ja, und wenn Sie das wissen", sinniert er weiter, „dann wissen Sie auch, dass andere weniger Glück haben. Und so reifte meine Idee, aus der Symbiose von Arbeit und Natur neue Geschäftsfälle zu generieren."

Heute beschäftigt die Domäne rund 300 Mitarbeiter, mehr als die Hälfte davon sind jene bislang eher glücklosen jungen Menschen, die den Einstieg ins Berufsleben nicht geschafft hatten – sei es durch schlechte Schulnoten oder fehlenden Schulabschluss. Häufig sind es auch Menschen, die durch Drogen, lange Arbeitslosigkeit u.ä sozial abzurutschen drohten. Ein Teil von ihnen wird von der Sozialverwaltung an die Domäne vermittelt, die meisten kommen aber von selbst.

„Wenn andere es schaffen, mit unsinnigen Produkten Arbeit zu generieren, wie dem damals weit verbreiteten Tamagotchi[16] (einem handtellergroßen Mini-computerspiel), dann muss es doch auch möglich sein, mit sinnvollen Produkten Arbeit zu generieren" – dachte sich Bourgett damals.

Aber noch ein weiteres Argument war ausschlaggebend für die Geburt der Domäne Mechthildshausen. Er verweist im Folgenden auf die Macht der Nahrungsmittelindustrie: 40% der industriellen Produktion in Deutschland entfällt auf die Nahrungsmittelindustrie – diese Branche ist damit mindestens fünfmal so groß wie die Automobilindustrie. Wie diese Industrie ihre (stärkste privatwirtschaftliche und damit gesellschaftliche) Macht (miss)brauche, könne man an ihrem Umgang mit Information sehr gut erkennen: Transparenz sei gefährlich, weshalb Informationen verschleiert würden: Da läsen wir also auf der Inhaltsangabe der meisten, gebräuchlichen Nahrungsmittel eine lange Liste von unnötigen und gesundheitsschädigenden Zusatzstoffen, den „Es" (E201, E…, E.. usw.) – welcher Verbraucher verstünde das denn schon?"

Dass die nächste Generation in 10 bis 20 Jahren nicht noch abhängiger sei und sich nicht von chemisch „aufgepeppten" Fertigprodukten ernähren müsse, dazu wollte er mit der Domäne einen Beitrag leisten.

Die Wertschöpfungskette der Domäne Mechthildshausen reicht von der Ur-Produktion (Acker- und Gartenbau) über verschiedene Veredelungsstufen bis hin zum Feinschmecker-Restaurantbetrieb. Die Stufen dazwischen sind ökologische Viehhaltung, die feinste Verarbeitung von Fleisch, Getreide und Milch in der Metzgerei, Bäckerei und Konditorei sowie der Käserei. Dazu kommen zwei point of sales der ökologischen Produkte sowie ein Café und ein Feinschmecker-Restaurant auf dem Domänen-Gelände. Ach ja, und im Tagungshotel lassen sich Management-Tagungen professionell durchführen. Ein Teil der Mitarbeiter wohnt auf dem Gelände. Ich erinnere die Worte eines jungen Mitarbeiters, der einst ohne Schulabschluss auf der Straße herumlungerte, dort in schlechte Gesellschaft kam und schließlich in der Domäne landete. Rückblickend sagte er:

„Das war das Beste, was mir passieren konnte. In der Domäne habe ich nicht nur wieder eine Struktur in meinen Alltag, sondern auch eine exzellente Ausbildung bekommen. Ohne das hätte ich es nicht geschafft. Heute (mit 24 Jahren) habe ich geheiratet und eine Familie gegründet", sagte er sichtlich stolz.

Es gibt Orte, an denen man gerne ist, an denen man aufatmet. Die Domäne Mechthildshausen ist ein solcher Ort. Nicht, weil es hier perfekt wäre, sondern weil hier vieles so gut ist. Ein Ort, an dem man sich wohlfühlt und der gleichzeitig wirtschaftlich, menschlich und gesellschaftlich erfolgreich ist. Mein Eindruck von der Domäne – lange bevor ich mit Jörg Bourgett an einem Tisch saß, nahm sich wie folgt aus. Ein Freitagnachmittag im Februar 2005:

Einige seriös wirkende Herren im Businessanzug haben wohl gerade ihre Tagung beendet. Sie verlassen das Feinschmeckerrestaurant und begeben sich zu ihren Geschäftswagen, die neben Familienautos parken, aus denen Mütter mit ihren Kindern steigen. Familienväter kommen mit ihren Sprösslingen auf Fahrrädern angefahren. Und so tummeln sich kleine gummigestiefelte, neben großen beschlipsten Menschen in adretten Anzügen, die inzwischen ihre Krawatte gelockert haben, weil jetzt Wochenende ist. Alle wollen offensichtlich ihre Einkäufe fürs Wochenende hier erledigen. Man trifft sie überall an – ob in der Käserei, der Metzgerei, der Bäckerei oder der Markthalle, wo Obst und Gemüse und all die übrigen ökologischen Produkte verkauft werden. Auf dem Gelände herrscht eine freundliche, lockere und betriebsame Atmosphäre. Dazu tragen vor allem die VerkäuferInnen bei. An der Käsetheke werde ich mit einer natürlichen Freundlichkeit bedient, die einfach wohltut und den einzigartigen Geist der Domäne ausmacht. Ich darf verschiedenen Käse kosten, denn Käse könne man nicht einfach so kaufen, das sei eine Frage des individuellen Geschmacks, lässt mich die wohlgenährte, gutgelaunte Verkäuferin wissen und weist mich darauf hin, dass ich doch sicher auch noch ein Brot brauche. Stimmt, das hätte ich jetzt vergessen. Wir kommen also miteinander ins Geschäft. Überrascht bin ich auch über die wirklich fairen Preise. Zum Abschluss genehmige ich mir noch eine Domänen-Spezialtorte im Café, genieße den Anblick der gelungenen Bepflanzung im Innenhof, schaue nochmal bei den Pferden vorbei, und ab geht´s wieder auf die Autobahn. Der Eindruck, der noch lange in mir nachklingt:

Das Integrative wird hier gelebt – Profis und Menschen in Ausbildung, die aus weniger glücklichen Umständen heraus hier eine neue Chance bekommen, Businessleute, Mütter, Kleinkinder, Rentner, Menschen jeden Alters. Die Domäne zeigt, wie gut, sinnvoll und natürlich es ist, wenn alles neben- und miteinander ist.

„Menschen können unglaublich viel – wenn man sie richtig ausbildet."

Insgesamt beschäftigt die Domäne heute 300 Mitarbeiter – etwa 140 Profis (Meister ihres Fachs) und 160 Auszubildende. Die Profis, das sind Patisseure, Bäckermeister, Metzgermeister usw., gehören schon seit vielen Jahren zum Kernteam. Sie verstehen noch die Kunst des Schlachtens und der Fleischverarbeitung, die ohne künstliche Zusatzstoffe auskommt. Und auch die Bäckermeister sind in der Lage, ohne gesundheitsschädliche chemische Backhilfsstoffe köstliches, gesundes Brot herzustellen. „In Wiesbaden gibt es gerade mal noch zwei Cafés, die ihren Kuchen selbst backen (können) – eines davon ist unser Domänen-Café. Und im gesamten Raum Wiesbaden gibt es kaum noch Schlachter, die ausbilden. 50 % der Metzgerlehrlinge, die später in der Region tätig werden, kommen aus unserer Domäne", berichtet Jörg Bourgett. Produktive Strukturen zu schaffen und gleichzeitig das Know-how zu erhalten und weiterzugeben, wie man gesunde Lebensmittel in äußerst hoher Qualität ohne Chemie herstellt, das ist sein Motiv bei der Zusammensetzung des Teams. Die einen (die Profis) bleiben lange, die anderen (Azubis) nur für ein paar Jahre im Unternehmen.

„Selbstachtung ist das Wesentliche,
das Menschen brauchen."

„Man muss den Menschen Vorteile mitgeben. Menschen haben heute ein mangelndes Selbstbewusstsein. Menschen müssen wieder stolz sein! Und das sind sie, wenn sie nach der Ausbildung ausschwärmen, sich anderswo bewerben und sagen: „Ich habe in der Domäne Bäcker gelernt!" Das ist der Vorteil, mit dem sie winken können!"

„Wir müssen als Unternehmer Strukturen schaffen,
die die Selbstachtung der Menschen sichern",

so Bourgett. Und gleich darauf fügt er hinzu: „Selbstachtung ist jedoch ein ganz gefährlicher Sprengstoff – schließlich wolle man heute geachtet werden, weil man in Südafrika war…" Das habe nichts mit der Achtung des Selbst zu tun.

Um einen sinn-vollen Weg zu gehen, braucht es einfach Zivilcourage und einen langen Atem. Da braucht es die persönliche Entscheidung: „Jetzt gehe ich ne ganze Weile mal alleine."

Schließlich lässt uns Herr Bourgett noch an seinen Überzeugungen als Führungskraft teilhaben:

> „Ich glaube nicht, dass es einen demokratischen Führungsstil gibt.
> Es gibt einen menschlichen und einen nicht menschlichen."

„Wenn Sie Unternehmer sind, müssen Sie Strukturen schaffen, in denen Menschen sich wohlfühlen. Ein Unternehmer muss also die Fähigkeit zur Kunst, Holistik und Ästhetik haben." Die Ästhetik sei überhaupt die einzige Möglichkeit, Ganzheitlichkeit zu messen.

Vielleicht – so sinniere ich – ist es diese ganzheitliche Ästhetik, die mich in der Domäne immer wieder aufatmen lässt.

Herr Bourgett beschreibt sich als (Achtung!) patriarchalisch – womit er das verlässliche Stehen, das Vermitteln und kraftvolle Vorangehen für eine sinnvolle Vision meint. Gleichzeitig übertrage er seinen Mitarbeitern eine hohe Selbstverantwortung – „das zeigt sich darin, dass meine Mitarbeiter selbst entscheiden und in mir lediglich einen Dialogpartner haben. Ich denke, man muss als Führungskraft korrigierbar, behandelbar und beschreibbar (also nicht amorph) sein. Man sagt mir nach, dass ich hoch agile, leistungsfähige Menschen zurückgelassen habe, die mit mir zusammen gearbeitet haben."

Das wird von den Handwerksbetrieben aus der Region bestätigt: Sie übernehmen die in der Domäne ausgebildeten Menschen mit offenen Armen – einfach, weil sie wissen, dass sie gut sind.

> „Wie will ich mit Menschen umgehen?"

„Vor allen Dingen aber muss ich als Führungskraft bzw. als Mensch immer selbstkritisch bleiben – mir immer wieder die Frage stellen, wie ich mit Menschen umgehen will – und zwar völlig unabhängig davon, ob es um den Kontakt mit Menschen in meinem Beruf oder in meinem Privatleben geht."

Und wie steht es mit der Wirtschaftlichkeit? Kann sich ein Unternehmen bei so viel Menschlichkeit auch noch rechnen? Aber selbstverständlich. Die Domäne lebt von ihren Umsätzen, sie erhält keine Zuschüsse. Ihr Anlagevermögen beträgt derzeit über 20 Millionen €. Gewinne werden reinvestiert. Ein wirtschaftlicher, höchst sinnvoller Produktions- und Ausbildungsort.

Jörg Bourgett ist einer der vielen segensreich wirkenden Unternehmer, die oft im Verborgenen bleiben und dort still und unermüdlich das tun, was für den Menschen, das Leben und die Ökonomie Sinn macht. Genau genommen gab es zu allen Zeiten Unternehmen, die als Pioniere des Integralen Managements unterwegs waren – auch wenn sie sich nie als solche bezeichnet hätten. Sie wirtschaften mit Herz und Verstand und tragen ganz entscheidend zu einem wirtschaftlichen Aufschwung und einer Stabilität bei, die aus der integralen Allintelligenz kommt.

Es gibt Unternehmen, aus denen wollen die Menschen ausbrechen. Und es gibt andere Unternehmen, in die wollen die Menschen „einbrechen".
   Es sind die kulturell kreativen, nach Sinn suchenden und Sinn schöpfenden Unternehmen.

Fragen zur Reflexion

Ist Ihr Unternehmen eines, aus dem Menschen ausbrechen, oder eines, in das Menschen „einbrechen" wollen?

- Wollen Sie Mitarbeiter, die allmorgendlich Ihr Unternehmen aus Angst betreten, weil sie z.B. fürchten, ansonsten ihre Familie nicht ernähren zu können?

oder:

- Wollen Sie ein Unternehmen sein, das eine magische Anziehungskraft auf Menschen ausübt? Ein kulturell kreatives Unternehmen, dem Menschen zugehörig sein wollen?

„Allintelligentes Management ist ein Management,
das nicht getrennt ist von Leben."

SO

Je mehr wir uns in unserer inneren (allintelligenten) Ganzheit erleben, desto mehr fühlen wir uns auch verbunden mit dem großen Ganzen. Und übernehmen die Verantwortung für das Ganze: für das, was innerhalb unseres Betriebsgeländes passiert, aber auch für das, was darüber hinaus – von uns ausgehend – wirkt (und nur scheinbar außerhalb von uns geschieht). Innere Verbundenheit fließt automatisch weiter in äußere Verbundenheit. Wir denken und handeln wieder ganzheitlich: für den Menschen, für das Leben, für die Gesellschaft, für die Wirtschaft, für den Kosmos. Unternehmensführung nach dem Quantenmodell bedeutet auch: Ich weiß um die Verbundenheit allen Seins.

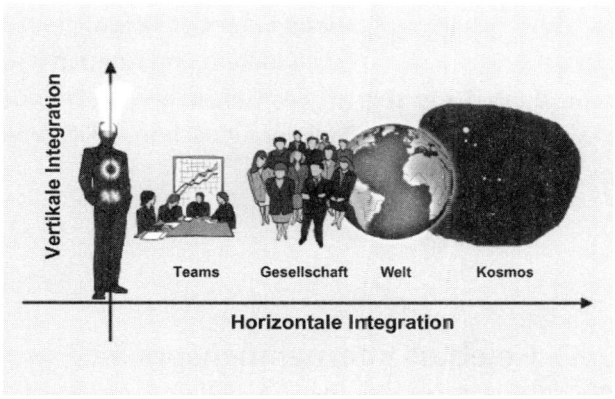

Abb. 15: Der Blick fürs Ganze im Integralen Management[17]

Die Seele ist die uns eingepflanzte Möglichkeit, Verbundenheit zu erleben. Schöpfen wir aus diesem Full-Service, so gestalten wir eine Realität, in der Wirtschaft nicht getrennt ist vom Leben.

> Wichtige unternehmensstrategische Entscheidungen sollten nur
> aus dem Full-Service aller Intelligenzen,
> also in einem Zustand der eigenen Seelenverbundenheit getroffen werden.

Nutzen wir alle Intelligenzen, so folgen wir dem Prinzip des „Sowohl … als auch". Und genau dieses „Sowohl … als auch" ist Merkmal des Integralen Managements und entspricht der Natur unserer Quantenwirklichkeit. Die Komplementarität von Quanten liegt darin, dass sie als Wellen- *und* Teilchen auftreten.

In jedem Moment bin ich zusammengesetzt aus Quanten, die Wellen- *und* Teilchenverhalten zeigen.

Die Quantenphysik und das Integrale Management sprengen und ersetzen somit überholte Grundannahmen aus der althergebrachten Betriebswirtschaftslehre. Denken wir in tradierten Produktportfolios, dann haben wir es *entweder* mit Premiumprodukten zu tun (das heißt: qualitativ hochwertige, hochpreisige, nach individuellem Kundenwunsch gefertigte Produkte, die eine lange Herstellungsdauer haben) *oder* mit standardisierten Serienprodukten, die günstig und schnell herzustellen sind.

> „Wenn einer mit Vergnügen zu einer Musik
> in Reih und Glied marschieren kann,
> dann hat er sein großes Gehirn nur aus Irrtum bekommen,
> da für ihn das Rückenmark schon völlig genügen würde."
>
> ALBERT EINSTEIN

Gelebte Unternehmenspraxis:
Eine neue betriebswirtschaftliche Wahrheit
(Blaha Büromöbel)

Blaha Büromöbel führte Gruppenarbeit ein und machte die Gruppen für die Organisation ihrer Arbeit selbst verantwortlich. Das Ergebnis: Die Menschen bei Blaha Büromöbel sprengen das o.g. alte Klischee der Betriebswirtschaftslehre, wonach High-end-Produkte, also qualitativ und preislich hochwertige Produkte, gefertigt nach individuellen Designwünschen, zwangsläufig mit längerer Herstellungsdauer und Lieferfrist verknüpft sind. Sie schufen eine neue betriebswirtschaftliche Wahrheit, in der die hohe Qualität, individuelle Lösungen und Schnelligkeit nun eine symbiotische Verbindung eingegangen sind. Bestellen Sie als Kunde von Blaha nach Ihren eigenen Wünschen angefertigte High-end-Büromöbel, so dürfen Sie sich über 9 Tage Lieferzeit freuen.

> Es gibt kein Defizit an Intelligenz in Ihrem Unternehmen.
> Allintelligentes Wissen ist da; es muss nicht geschaffen werden.
> Sie müssen nur danach fragen.

„Seit die Erde keine Scheibe mehr ist,
sind eindimensionale Lösungen wirkungslos."

MONIKA STOCKER[18]

Oft haben wir es mit historischem Wildwuchs von Mono-Intelligenz zu tun, der sich über Jahre hinweg in Unternehmen verselbständigt. So in einem global agierenden Konzern. Die Vorstände und obersten Führungskräfte beklagten, dass sich seit der SAP-Einführung die Denke im Konzern verändert habe. So wichtig die Automatisierung und Standardisierung der Prozesse gewesen war, nun behindere sie. Das Denken im Sinne der „rein rationalen" Rationalisierung hatte die Übermacht bekommen: Sofern ein Kundenproblem an den Konzern herangetragen wurde, welches nach einer unkomplizierten, schnellen Lösung verlangte, sagten alle Beteiligten zunächst: „Das können wir nicht in SAP abbilden. Dafür haben wir keinen Standardprozess!" Der Kunde blieb auf der Strecke. Die Führungskräfte selbst sehnten sich nun danach, zuallererst in kreativen Lösungen im Sinne des Kunden zu denken und schnelle Hilfe effizient anzubieten. Sie wollten nun wieder zu ihrer Allintelligenz finden und der kreativen den gleichen Stellenwert wie der rationalen Intelligenz einräumen.

Eine Renaissance der Aufklärung vollzieht sich!

„Die Zeit verwandelt uns nicht, sie entfaltet uns nur."

MAX FRISCH

Seit 250 Jahren prägt das kartesianische Weltbild unser Denken. Mit seinem „Ich denke, also bin ich" wirkte Descartes im gesellschaftlichen Sinne evolutionär, und Wirtschafts-Pioniere wie Adam Smith und Frederick Taylor bauten auf diesem rationalen Denkmuster ihrer Zeit die Arbeitsteilung und Rationalisierung in der Industrie auf.

In jeder Wirtschafts-Epoche fokussieren wir bestimmte Aspekte, die uns in jener Phase als wichtig, fortschrittlich, bedeutsam und erfolgsversprechend erscheinen und somit den jeweiligen Zeitgeist prägen. Wie aufgeregt mögen Descartes und seine Mitstreiter in der Aufklärung gewesen sein, als sie die Kraft ihrer Ratio entdeckten: „Ich denke, also bin ich". Welche Lebendigkeit muss das in den Menschen vor 250 Jahren geweckt haben? Das Bewusstsein, nicht abhängig vom Absolutismus, von der Willkür der Kirche und Feudalherrschaft oder gar dem Aberglauben zu sein? Und stattdessen zu spüren: Ich selbst weiß, was wahr ist. Ich bin mündig. Ich weiß. Ich bin unabhängig kraft meiner Ratio, meiner eigenen Vernunft.

In jeder Epoche konzentrieren wir uns auf ausgewählte Qualitäten und lassen dabei andere zwangsläufig außer Acht.

In den letzten 250 Jahren fokussierten wir uns bisweilen so stark auf unsere rationale Intelligenz, dass sie mitunter einen Alleingang vollführte und dadurch nicht nur zu Fortschritt, mehr Komfort und Effizienz, sondern auch zu Leid führte. In der jüngsten Vergangenheit erkennen wir jedoch immer mehr, dass es in unseren Tagen nicht mehr not-wendig und auch nicht mehr erfolgsauslösend ist, eine stark ausgeprägte rationale Monokultur zu pflegen. Immer wenn wir mit dem eingleisig fokussierten Denken und Management-Rezepten an unsere Grenzen stoßen, unliebsame Nebeneffekte bilanzieren und negative Konsequenzen zu spüren bekommen, rücken neue Qualitäten, die wir vormals ausblendeten, in den Vordergrund unseres Bewusstseins.

In den 1980er Jahren erinnerten wir uns an das, was wir vormals vergessen hatten – unsere emotionale Intelligenz. Zahlreiche Bücher und Seminare tauchten zu diesem Thema auf. Und etwa zu Beginn des 21. Jahrhunderts rückte die spirituelle Intelligenz in unseren Fokus – Spirit-in-Business-Assocations wurden weltweit gegründet und Wirtschaftskongresse trugen Titel wie „Der neue Geist in der Wirtschaft", „Geist und Leadership", „Spirit + Profit",„Wertschätzung und Wertschöpfung".[19]

> „Jede Zeit hat ihre eigenen Fortschritte."
>
> PIERRE FRANCKH

„Wir leben in spannenden Zeiten. Der Mensch kann so viel mehr, aber das sitzt hier innen: (er deutet auf sein Herz). Und das ist mehr als Fachwissen. Wir haben so viele gute Potenziale!", sagt mir Leo Nefiodow, der bekannte Wirtschaftsforscher, mitten im Business- Getümmel am Frankfurter Flughafen.[20]

"Business is heading towards a wonderful time. We see a shift from creating the economy by the mind into creating the economy by the heart. As you know, this calls for the development of new qualities such as appreciation, humor, acceptance and cooperation"[21], stellt Otmar Kastner fest.

Jede Wirtschaftsepoche – von der frühen Industrialisierung bis zum heutigen Informationszeitalter – macht Sinn – auf ihre ganz spezielle Weise. Jeder Wirtschaftszyklus bringt etwas Neues hervor und legt damit den Samen für das dann wiederum Neue der folgenden Epoche.

Was sich in unseren Tagen zu vollziehen beginnt, ist eine Renaissance der Aufklärung. Und gerade auf dem Terrain der Wirtschaft erfahren wir in der Gleich-Gültigkeit aller Intelligenzen das ökonomisch erfolgreichere Prinzip. Wir stehen am Beginn des Integralen Management-Zeitalters – hier und heute gilt es, das gesamte Intelligenzpotenzial, das in unserer Seele angelegt ist, in Gebrauch zu nehmen. Viele Menschen spüren, dass wir das gewohnte „Entweder-oder-Denken" zugunsten eines „Sowohl-als auch-Denkens" aufgeben sollten. Das trennende Bewusstsein verlassend, machen wir uns ein systemisch-integrales Bewusstsein immer mehr zu eigen. Das ist heute erfolgsauslösend.

Unsere Herz-Seelen-Intelligenz ist *die* zündende Qualität in der aktuellen Wirtschaftsepoche.

> „Das wesentliche Begreifen machen wir über die Seele.
> Das ist nachhaltiges Verstehen."
>
> INGRID BAUR, DEUTSCHE TELEKOM, AUSBILDUNGSKOORDINATORIN

Die neuere Hirnforschung lehrt uns, dass wir, neben unserem Kopf- und Bauchhirn über ein drittes Gehirn verfügen: Es sitzt auf Höhe des Sternums (Brustbeins) und der Thymusdrüse im energetischen Herz-Seele-Bereich. Die gerade stattfindende Erforschung des Herz-Seele-Bereiches als unserem dritten Gehirn kommt einem „Umbruch im Weltbild der Hirnforschung" gleich.

„Gehirn, das. Ein Apparat, mit dem wir denken, dass wir denken."

AMBROSE BIERCE[22]

„In den 1970er Jahren entdeckten die Physiologen John und Beatrice Lacey vom Fels Research Institute, dass das Herz über ein eigenes, unabhängiges Nervensystem verfügt, das sie „das Gehirn des Herzens" nannten." Sie stellten fest, dass es über 40.000 Neuronen im Herzen gibt, „(…) die mit bewusstsein-relevanten Gehirnbereichen kommunizieren, darunter auch die Amygdala, der Thalamus und der zerebrale Cortex." Das Herz gibt steuernde Signale an das Hirn. Und Laceys Forschungen ergaben, dass „(…) das Herz nicht automatisch das tut, was ihm das Gehirn befiehlt, sondern neurale Signale interpretiert und seine Reaktion vom gegenwärtigen emotionalen Zustand der Person abhängig macht. Die Laceys schlossen daraus, dass das Herz seiner eigenen Logik folgt und dass der Herzschlag nicht nur ein mechanischer Lebensrhythmus ist, sondern eine intelligente Sprache darstellt."[23] Und auch der Einfluss des Herzens auf das Quantenfeld ist enorm:

> „Das Herz beeinflusst das Feld mithilfe seiner
> elektromagnetischen Aktivität,
> die 5.000-mal stärker ist als jene des Gehirns."[24]

Mit Quantendetektoren wurde gemessen, dass das menschliche Herz ein 5.000-mal stärkeres Feld hat als das Gehirn. Doch das ist nur das mit heutigen wissenschaftlichen Verfahren Messbare und bedeutet nicht, dass wir wüssten, wie groß das Feld des Herzens tatsächlich ist. Es bedeutet nur, dass wir es bis dorthin messen können.[25]

In bis zu drei Metern Abstand vom Körper wurde das Feld des Herzens gemessen und festgestellt, dass Gefühle wie Liebe eine quantifizierbare Kohärenz im Feld erzeugen.[26, 27]

In seinen Studien befragte Dr. Georg Rupp viele Menschen danach, wo ihr „Ich" sitzt: Alle zeigten auf den Herz-Seele-Bereich in der Mitte ihres Brustbeines. Wenn wir uns bewusstmachen, was uns ausmacht, was uns wirklich wichtig ist und uns besonders bewegt (motiviert), dann legen wir die Hand aufs Herz! „Warum heißt es nicht: Hand aufs Hirn? Hand auf den Bauch? Hand aufs Knie?"[28]

Dort, in unserem Herz-Seele-Bereich, sitzt der Full-Service unserer Allintelligenz; hier kommen unsere rationale, emotionale, intuitive, kreative und spirituelle Intelligenz zusammen; hier sind sie zu einer EINheit verbunden und abrufbar. Hier wird Wissen zur Weisheit.

> „Management by Soul" ist etwas ganz Pragmatisches,
> das auf dem Boden der ökonomischen Tatsachen stattfindet
> und sich dort bezahlt macht.

Gelebte Unternehmenspraxis:
Die erogene Zone des Managers der Zukunft
(Ein Vertriebsdirektor in einem globalen Telekommunikationsunternehmen)

„Ich muss Sie sprechen. Ich habe schlechte Nachrichten: Ich habe meinen Job verloren!", ruft mich ein Kunde, bislang Vertriebsdirektor bei einem globalen Telekommunikationsunternehmen, spürbar aufgeregt an. „Ja, ich gratuliere Ihnen!", antworte ich. „Wie meinen Sie das?", fragt er irritiert zurück. „Na ja, Sie waren doch in Ihrem Konzern schon lange nicht mehr glücklich." In diesem Sinne gratulierte ich ihm aufrichtig.

Seine Ressort-Ziele hatte der Manager in den vergangenen vier Jahren regelmäßig übererfüllt. Wenige Tag bevor er eine Incentive-Reise antreten sollte, erhielt er die Nachricht, dass er seinen Job als Vertriebsdirektor aufgrund einer Umorganisation zukünftig nicht mehr wahrnehmen wird; er könne sich aber auf irgendeinen anderen internen Job bewerben, etwa den eines Key Account Managers.

Er wurde quasi mit dem Gesicht zur Wand gesetzt. Die Umsatzziele in seinem Ressort hatte er übererfüllt, seine Mitarbeiter zielorientiert und mit Wertschätzung geführt, sie mit klarem Fokus fachlich gefördert und sie auch in ihrer Persönlichkeit gestärkt. Allerdings hatte er auch auf Konflikte zwischen den Vorstandsbereichen hingewiesen und auf deren Klärung gedrängt – aber diese Klarheit und Transparenz waren nicht gewünscht gewesen. Wütend, frustriert und verzweifelt über seinen Jobverlust rief er mich schließlich an. Doch im

Coaching wurde bald klar: Diese vordergründige Krise ist eine wunderbare Gelegenheit, das zu achten, wonach er sich in seinem Berufsleben schon lange sehnte: das Gehörtwerden seiner Fach- *und* Herzenskompetenz.

„Ich will den Aktionsradius meines Herzens vergrößern. Und zwar: im Job", antwortete der Ex-Vertriebsdirektor auf meine Frage, was nun sein Ziel sei. „Wie groß ist er denn – der Aktionsradius Ihres Herzens, wenn es ideal ist?", frage ich ihn. „Schreiten Sie ihn doch mal ab!" Im Tagungsraum, in dem wir uns trafen, markiert er symbolhaft eine etwa 20 qm große Fläche dafür und wirkt quicklebendig, wie er plötzlich darin herumschreitet – aufgeregt, vitalisiert, voller Tatendrang und zupackender Kraft.

> „Wer sich umfassend weiterentwickeln will, muss die Faktoren identifizieren und integrieren, die den negativen Konstrukten in seinem Unterbewusstsein zugrundeliegen."
>
> STANISLAV GROF[29]

Zukünftig wolle er für eine Firma arbeiten, die seine fachliche *und* seine Herzenskompetenz wertzuschätzen wisse. Er wolle als ganzer Mensch gefragt sein. Auf der Quantenebene lösten wir nun die energetischen Verwicklungen, die bisher verhindert hatten, dass sich dieses Ziel für ihn verwirklichte. Einige prägende Erlebnisse hatten die Themen „Herz" und „die eigene Herzensgröße leben" in seinem Familiensystem und damit auch in seinem persönlichen Leben blockiert. Wir lösten solche Verwicklungen in seinem Quantenfeld.[30] Heute, von seinem neuen Arbeitgeber, sind beide – seine fachliche und Herzensintelligenz – gleichermaßen erwünscht.

> „Denn was hätte ein Mensch gewonnen, würde er die ganze Welt gewinnen und dabei seine Seele verlieren?"
>
> NT[31]

Jener ehemalige Vertriebsdirektor ist heute „Manager Global IT" in einem weltweit agierenden Telekommunikationskonzern. Er ist auf der Karriereleiter nach oben geklettert. Die Angst, die er einst hatte, aus der Arbeitslosigkeit heraus, mit fast 50 Jahren, keinen angemessenen Job mehr zu bekommen, hatten wir ebenfalls auf der Quantenebene bereinigt.

166

Viele Monate, nachdem er in seiner neuen Verantwortlichkeit ist, antwortet er auf meine Frage: „Und, wie groß ist er denn nun – der Aktionsradius Ihres Herzens? Können Sie ihn in Ihrer Funktion beim neuen Arbeitgeber, wie gewünscht, voll ausschöpfen?"

„Oh, der ist viel größer als ich ihn damals (im Rahmen des Coachings) in dem Tagungsraum abgeschritten hatte! Viel größer!"

> Auf dem Boden der wirtschaftlichen Tatsachen
> erleben wir die Weisheit der Seele als neue Form der Vernunft.

Wir leben in spannenden Zeiten: Wir können beobachten, um es im Anklang an Martin Suter vielleicht etwas ungewohnt auszudrücken[32], wie sich die erogene Zone des Managers verschiebt. Lag sie einst im Gehalt und im alljährlichen saftigen Bonus – so ist die erogene Zone der integralen Führungskraft in dessen Seele gerutscht. Hier durchfährt sie ein Schauer, hier vibriert die volle Lebendigkeit – dann nämlich, wenn wir berührt sind angesichts dessen, was unsere Seele auszulösen und in Bewegung zu bringen vermag in der Welt.

Das Ergebnis jenes Kunden ging auch mir unter die Haut. Ich freue mich sehr für ihn, für seinen neuen Arbeitgeber, das weltweit agierende IT-Unternehmen, und für sein Team – da sie von seiner allintelligenten Führung profitieren.

> „What we need is an integrative approach.
> I think this is the most pressing task of the modern age."
>
> RUPERT SHELDRAKE[33]

Die Entscheidung von Wolfgang Grupp, Inhaber und Geschäftsführer der Trigema GmbH, seine T-Shirts, Tennis- und Freizeitbekleidung ausschließlich in Deutschland zu produzieren und damit 1.200 Arbeitsplätze zu sichern, kann als allintelligent gelten.

Und sie beweist: Ökonomisch tun wir gut daran, die Überzeugungen, welche in der betriebs- und volkswirtschaftlichen Lehre en vogue sind oder in der breiten Managementpraxis kursieren, – wie die Verlagerung von Teilen der Wertschöpfungskette ins billiger produzierende Ausland – nicht automatisch mitzumachen.

Seit über 30 Jahren gab es bei Trigema nach eigenen Angaben weder Kurzarbeit noch Entlassungen aufgrund von Arbeitsmangel. Den Kindern seiner MitarbeiterInnen garantiert Grupp einen Arbeits- oder Ausbildungsplatz nach deren Schulabschluss.

Gleichzeitig gelang es Wolfgang Grupp, sein Unternehmen wirtschaftlich zu sanieren, seine Firma ist heute schuldenfrei und hat eine Eigenkapitalquote von 100%.[34]

All das muss nach meinem Empfinden nicht bedeuten, dass der Führungsstil durchweg allintelligent ist und Würde und Achtung im Umgang miteinander sich nicht noch verbessern ließen. Kein Unternehmen ist perfekt. Und dennoch möchte ich solche Beispiele einzelner allintelligenter Entscheidungen erwähnen. Denn sie liefern den Beweis:

> Wir kennen allintelligente Lösungen.
> Wir müssen nur danach fragen.

Stagnation ist kein wirtschaftliches Problem.

Von Stagnation sprechen wir immer nur im volkswirtschaftlichen Zusammenhang. Dabei ist Stagnation gar kein wirtschaftliches Problem. Stagnation findet in uns selbst, in der (freiwillig) reduzierten Nutzung unserer Intelligenzen statt. Eine Belebung der Wirtschaft kann also durch eine Wiederbelebung unserer selbst, eine neue Lebendigkeit unserer Seele ausgelöst werden.

In der heutigen Epoche, einem Wirtschaftszeitalter, in dem Wissen per Mouseclick in Sekundenschnelle rund um den Erdball verfügbar ist, gilt: Allein durch die Summe unseres Fachwissens kann weder eine Differenzierung im Wettbewerb noch langfristiger Unternehmenserfolg gelingen. Fortschrittliche, zukunftsgestaltende Innovationen basieren auf dem weisheitsgetriebenem Voranschreiten und der Dynamik unserer Seele.

> „Es kommt alles auf den Wärmecharakter im Denken an.
> Das ist die neue Qualität des Willens."
>
> JOSEPH BEUYS[35]

„Auf die inneren Impulse hören, auf das Herz – das hilft auch durch schwierige Zeiten.", empfiehlt Prof. Anton Gunzinger, CEO der Supercomputing Systems AG als eines seiner Erfolgsgeheimnisse[36]. Er ist mit seinem Unternehmen durch Höhen und Tiefen gegangen und ein Pionier des Integralen Erfolges. In seinem Unternehmen haben rationale und spirituelle Intelligenz gleichermaßen Raum.

> „Der Erfolg einer Intervention hängt von dem inneren Ort ab,
> aus dem heraus der Intervenierende handelt."
>
> BILLY O'BRIEN,
> EX-VORSTANDSVORSITZENDER DER HANOVER INSURANCE COMPANY[37]

Wir stehen am Beginn eines neuen Management-Paradigmas, welches die Seele als Navigationssystem in der Ökonomie zu nutzen beginnt.

In der Aufklärung, wie auch in den vergangenen Wirtschaftsepochen, galt es, das damals jeweils Fehlende zu ergänzen. Heute gilt es, das heute Fehlende zu ergänzen. Und laut Leo Nefiodow ist die psychosoziale Kompetenz die Ressource, die heute geeignet ist, einen neuen Aufschwung im kondratieffschen Sinne[38] auszulösen. Hier, im Herz-Seele-Bereich, liegen derzeit die größten Produktivitätsreserven.

> „Kopfschmerzen sind kein Aspirinmangel."
>
> PROF. DR. MATTHIAS VARGA VON KIBÉD

Glauben Sie, dass eklatante Fortschritte in der Volkswirtschaft, dass eine neue Dynamik, ein neuer Aufschwung ausgelöst werden könnte, wenn wir noch mehr Excel- oder SAP-Kurse besuchten, wenn wir noch mehr Zahlen und Daten zum Gegenstand unserer Meetings machten, wenn wir selbst beim Mittagessen mit Kollegen ausschließlich über Rankings, Statistiken, Analysen sprächen? Wenn wir also ein „Mehr desgleichen" täten? In unserer technischen, rationalen, betriebswirtschaftlichen Fachkompetenz sind wir schon längst Meister.

Heute geht es darum, uns weiterzuentwickeln und zu erkennen, dass das Herz das Ökonomischste ist, was es gibt. An Leistungsstärke ist das Herz kaum zu überbieten: Das produktivste Organ schlägt etwa 3 Milliarden Mal in einem Menschen-Leben.[39] Nur die Seele kann als noch länger währendes (und somit effektivstes) „Organ" verstanden werden. Sie ist Sitz der Weisheit und Träger der Bedeutung, die wir haben in dieser Welt – eine Bedeutung, die über uns als Person hinausgeht.

Wir erleben tagtäglich, dass eine Ökonomie ohne Herz und Seele nicht ökonomisch ist. So ist die Zahl der Herz-Kreislauf-Erkrankungen im Management um ein Vielfaches höher als im Durchschnitt der Bundes-Bevölkerung. 20% der Manager leiden unter berufsbedingten Krankheiten an Herz und Magen, weit häufiger als die restliche Bevölkerung, berichtet das Karlsruher Institut für Arbeits- und Sozialhygiene. Und Depressionen sind im Begriff, sich zur Volkskrankheit Nummer 1 zu entwickeln. Sollen diese Krankheitshäufungen Ausdruck dafür gewesen sein, dass wir in den vergangenen Jahren glaubten, im Business dürfen wir uns nicht erlauben, aus dem Herzen, aus der Seele heraus zu denken und zu handeln?

Bereits im frühen 20. Jahrhundert diagnostizierte der russische Wissenschaftler und Wirtschaftsforscher Nikolai Kondratieff bezüglich der Wirtschaftsentwicklung der westlichen Industrieländer: „Und die moderne Zivilisation ist krank. Fortschritte im kognitiven Bereich reichen nicht mehr aus, es muss auch zu signifikanten Fortschritten im Seelischen, Sozialen und Spirituellen kommen."[40]

In jedem ausklingenden Wirtschaftszyklus liegen die Ressourcen, die geeignet sind, in der Zukunft eine neue wirtschaftliche Dynamik auszulösen, schon verborgen.[41] Diese Ressourcen wollen ent-deckt, entfaltet werden. Das war in jedem wirtschaftlichen Langzyklus seit der frühen Industrialisierung so: In jedem Kondratieff-Zyklus sind wir auf etwas fokussiert und blenden etwas anderes aus. Und in „diesem jeweils Anderen", in dem noch Ausgeblendeten, liegen die Geheimnisse verborgen, aus denen heraus Innovationen im nächsten Wirtschaftszyklus geboren werden.

Integrales Management bedeutet:

Nicht gegen den Fehler im Unternehmen kämpfen,
sondern das Fehlende ergänzen.

Heute gehören Banken, die Sinn-Unternehmen und Sinn-Projekte finanzieren und dabei gesellschaftlich und ökologisch verantwortlich handeln, zu den Gewinnern der Finanzkrise. Sie verzeichnen deutliche Wachstumsraten: „Die Bilanzsumme der GLS Gemeinschaftsbank stieg im ersten Halbjahr 2009 um 12 %. (...) Bei der Ethikbank wuchsen die Kundeneinlagen „(...) in den ersten beiden Monaten des Jahres so stark wie im gesamten Jahr 2008. Auf Rendite müssen die Anleger nicht verzichten."[42]

Jede Wirtschaftsepoche – von der frühen Industrialisierung bis zum heutigen Informationszeitalter – macht Sinn, auf ihre ganz spezielle Weise. Jeder Wirtschaftszyklus bringt etwas Neues hervor und legt damit den Samen für das dann wiederum Neue der folgenden Epoche. In 2007 berichtete die Wirtschaftswoche: „Die Suche nach Spiritualität hat sich zum Milliardenmarkt entwickelt, prägt Entscheidungen in Unternehmen und Privatleben."[43] Die Suche nach Spiritualität, Lebenssinn und geistigem Obdach habe selbst bei hartgesottenen Top-Managern Konjunktur. Diese wollten sich nicht mehr alleine auf harte Fakten verlassen, sondern suchten auch Liebe und Herzensbildung.[44]

Der Manager der Zukunft – sein Zauberwort ist: „UND"

Wenn uns Ökonomie und Menschlichkeit getrennt erscheinen, dann nur deshalb, weil wir sie in unserem Kopf trennen. Der erfolgreiche Manager von heute ist ein allintelligenter, interdisziplinärer Denker. Die Essenz seiner Erkenntnis, das Wort seiner EIN-sicht ist „UND". Und dieses „UND" ist gleichermaßen sein Anspruch.

41 Milliarden Euro jährlich verlieren nach einer Umfrage von Celerant[45] die 100 im DAX notierten Unternehmen infolge abgebrochener oder nicht termingerecht abgeschlossener Projekte. Dabei liegen die Gründe für diesen monetären Misserfolg jedoch keineswegs in der schlechten Steuerung der harten Faktoren begründet. „Vielmehr hängt der Projekterfolg wesentlich von „weichen" Faktoren ab: Wie gut kann der Projektleiter motivieren? Wie kompetent begleiten Vorgesetzte (… den Veränderungsprozess)?"[46]

„Wichtiger als alles andere sind die Führungsqualitäten (…), so Markus Diederich, Deutschland-Geschäftsführer von Clerent (..)."[47] Die offensichtlich häufig überschätzten harten Faktoren, wie finanzielle Anreize, Beförderungen u.ä. hatten einen sehr viel geringeren Einfluss auf den Projekterfolg als vielfach angenommen.

Die Studie bestätigt es abermals: Die Führungskraft der Zukunft muss Menschen berühren und motivieren; sie ist glaub-würdig, integer, echt und authentisch.

Der integrale Denker zeichnet sich aus durch eine zusammenschauende (synoptische) Wahrnehmung der Wirklichkeit und integrale Gestaltung der Wirtschaft. Er ist nicht bescheiden. Mit Eingleisigkeit, monokultureller Intelligenz und allein wirtschaftlichem Erfolg gibt er sich nicht zufrieden. Sein Zauberwort lautet „UND".

Wie können die Menschen in unserem Unternehmens-Organismus

- effizient, effektiv, höchst produktiv arbeiten *und* mit Freude und Humor dabei sein?
- Spitzenleistung erbringen *und* dabei dauerhaft gesund bleiben?
- aktiv, zielstrebig und dynamisch *und* ruhig, klar und entspannt sein?
- das Bewährte würdigen *und* als innovative Sinn-Pioniere neue Standards im Markt setzen?
- sich selbst *und* die Kunden begeistern?
- eine Kultur pflegen, die wirtschaftlich *und* menschlich gesund ist?
- ökonomisch, ökologisch *und* sozial erfolgreich sein?
- *…und …?*

Ich mache mir bewusst:

⇨ Alle Intelligenzen zu nutzen, ist die Basis, um ein Unternehmen integral erfolgreich wirtschaftlich, menschlich und gesellschaftlich gesund – zu führen.

VIb: Sinn-Visionen –
In der Wirtschaft geht es nicht um Wirtschaft!

„Wenn ich Visionen hätte, würde ich zum Arzt gehen."

HELMUT SCHMIDT, EHEM. DEUTSCHER BUNDESKANZLER[1]

Manager des klassischen Typs sehen bis zum Horizont. Genauer gesagt: bis zu dessen Linie. Sie nennen sich Realisten. Integrale Manager blicken über den Horizont hinaus. Solche Menschen nennen wir Visionäre.[2]

Bin ich froh! Gott sei Dank sind jene Unternehmen, die ich begleiten durfte und hier darstellen möchte, (entgegen Herrn Schmidts Anraten) nicht zum Arzt gegangen! Es sind allesamt Sinn-Pioniere mit faszinierenden Visionen.

Schließlich wurden bedeutende Entwicklungen der Menschheit – ob auf politischer, gesellschaftlich-kultureller oder wirtschaftlicher Ebene – immer von Visionären initiiert. Denken wir an Gorbatschow, Nelson Mandela, Henry Ford u.v.a. …. sie beweisen, dass die Visionäre die eigentlichen Realisten sind!

Visionäre sind die eigentlichen Realisten!

Visionäre Unternehmen sind die erfolgreicheren. Sie machen Sinn für den Menschen. Und sind wirtschaftlich top! Eindrucksvoll vergleichen James Collins und Jerry Porras „(…) das Investitionspotenzial eines Dollars, der über den Zeitraum von 64 Jahren (…) in herkömmlichen Aktienfonds oder den Fonds eines visionären Unternehmens angelegt wird. In dieser Zeitspanne wuchs der Dollar, der auf herkömmliche Weise investiert wurde, auf 955 Dollar an, während der gleiche Dollar bei der Investition in ein visionäres Unternehmen 6.356 Dollar einbrachte. Das ist ein Zuwachs von 665 Prozent."[3]

Paradox – und doch gerade der springende Punkt – ist, dass sich diese Unternehmen eben nicht die Wirtschaftlichkeit als oberstes Ziel gesetzt hatten.[4]

Sie agierten aus einem tieferen, umfassenderen Motiv heraus und folgten einer Vision, die Menschen bewegt – und in Bewegung bringt.

Wie finden Sie nun die Sinn-Vision fürs Unternehmen?

Angenommen, wir begreifen ein Unternehmen wie ein eigenständiges Lebewesen, dann können wir fragen: Was ist die Lebensbestimmung dieses Unternehmens? Wozu ist es auf der Welt? Wodurch wird die Welt zu einem lebenswerteren Ort – für den Menschen, für das Leben – dadurch, dass es dieses Unternehmen gibt? Inwiefern wird das Leben lebendiger, dadurch, dass es diese Firma gibt?

Gelebte Unternehmenspraxis:
Sinn-Vision: Bio-Seehotel Zeulenroda[5]

Die Lebensbestimmung des Seehotels Zeulenroda, die wir in einer Zukunftswerkstatt fanden, lautete:

> „Wir machen Wertschöpfung durch Wertschätzung."
> „Wir sind Inspirationsquelle für sinnvolle Lebenswelten."

Eine besonders große Freude war es, als die Geschäftsleitung wenige Monate später berichtete, dass eine gute zweistellige Umsatzsteigerung erreicht worden war. Auch in den Folgejahren blieb es dabei.

Und das in einem Ort in Ostthüringen, der von vielen Menschen als „Niemandsland" bezeichnen wird, in einem Unternehmen, in dem einst drei Geschäftsführer innerhalb von einem Jahr das Handtuch geworfen hatten, weil jeder von ihnen schon nach kürzester Zeit überzeugt war: Hier, also hier ist nun wirklich nichts zu holen! Bei der Lage, bei den strukturellen Voraussetzungen – da ist nichts zu machen. Nie wird sich ein Tagungsgast hierher verirren!

Das Bio-Seehotel gewann unter neuer Führung nicht nur viele nationale, sondern auch mehrere internationale Kunden, wie die weltbekannte Autorin und Trainerin Brandon Bays aus den USA, die zum Stammgast geworden ist und jährlich für mehrere Wochen das komplette Hotel für sich und ihre Seminarteilnehmer bucht. Folgendes Feedback schrieb sie an die Belegschaft:

We feel so graced to bring our delegates to your beautiful See-Hotel Zeulenroda. It means the world to us that we can bring our participants to a place that so consciously contributes to our world. There are very few truly carbon neutral, sustainable fully organic venues on the whole of our planet and it is a rare gift come here.

Your staff are so welcoming – nothing is ever too much; your food delicious, healthy, vibrant and the venue itself pristine and supportive.

In every way, we feel blessed to come back year after year and can only say, that others who come will be gifted indeed.

Brandon Bays, 2009

Übersetzung:

„Wir fühlen uns sehr geehrt, dass wir unsere Vertreter in Ihrem wunderschönen Bio-Seehotel Zeulenroda unterbringen können. Es bedeutet uns unglaublich viel, dass wir unsere Seminarteilnehmer an einen Ort bringen dürfen, der so bewusst einen Beitrag zu unserer Welt leistet. Es gibt wenige wirklich CO_2-neutrale, nachhaltige und vollständig ökologische Orte auf unserem Planeten und es ist ein außergewöhnliches Geschenk hierherzukommen.

Ihre Mitarbeiter sind so herzlich – nichts ist ihnen jemals zu viel. Das Essen ist vorzüglich, gesund, lebendig- kraftvoll und der Ort selber unverdorben, klar und unterstützend.

In jeder Hinsicht fühlen wir uns gesegnet, wenn wir Jahr für Jahr zurückkommen, und können nur sagen, dass jeder, der hierher kommt, in der Tat beschenkt wird.“

Brandon Bays, 2009

176

Was können wir daraus lernen? Sinn ist überall möglich. Sinn überwindet sogar Standortnachteile (die es offensichtlich nur in unseren Köpfen gibt). Und: Sinn zahlt sich aus.

Durch die Umstellung auf „Bio" wurde das Seehotel zum Vorreiter in der Branche und als „Erstes Bio-Kongress-Hotel Deutschlands" ausgezeichnet. Welche Entwicklung, wenn man die Lebensgeschichte dieses Hauses bedenkt: ehemaliges FDGB-Heim[6], Plattenbau, grau, nüchtern, enger Geist usw. In nur sechs (!) Monaten schaffte es der Küchenchef, Marko Lange, mit seinem Team die Speisekarte komplett biologisch umzustellen. Ein Prozess, für den andere doppelt so lange brauchen. „Dabei war es gar nicht so einfach – das Prinzip „Bio" fußt ja u.a. auf dem Prinzip der regionalen Frische – in der Region genügend Zulieferer zu verpflichten, um den Bedarf des Hotels zu decken. Zudem bedeutete es ein komplettes Umdenken in der Planung und Zubereitung: biologische Rezepte zu (er)finden, einen exzellenten Geschmack in die Speisen zu zaubern und zudem (bei den Mehrkosten) eine gescheite Kalkulation aufzustellen, so dass sich der Restaurantbetrieb rechnet", berichtet Marko Lange. Inzwischen zaubert er exquisite Bioküche zu fairen Preisen.

> „Bio" ist für die Mannschaft des Seehotels mehr als nur „Bio".
> Es ist der Respekt vor allem, was lebt.

So rief das Hotel auch einen Kongress ins Leben: Die „Arena für Nachhaltigkeit", auf der hochkarätige Experten referieren, ist der erste internationale Fachkongress des deutschen Mittelstands zum Thema Nachhaltigkeit. Der Kongress weckt den sportlichen Ehrgeiz der Unternehmen, Ökonomie, Ökologie und Soziales zu verbinden und den Umbau der Wirtschaft mit klaren, nachhaltigen Visionen voranzutreiben.[7]

Von der Initiative „Deutschland – Land der Ideen" wurde das Hotel als einer der „ausgewählten 365 Orte" in 2010 ausgezeichnet. Kriterien, nach denen die Preisträger ausgewählt werden, sind folgende: Sie sind zukunftsorientiert, dem Gemeinwohl verpflichtet und der „Ausgewählte Ort" vermittelt neue, unerwartete Aspekte von Deutschland, ist einzigartig und richtungsweisend tätig.

Das mit mehrfachen nationalen und internationalen Preisen ausgezeichnete Hotel – wie dem „Spirit at Work-Award", dem Preis „Bestes Tagungshotel im Bereich Event" u.v.a. – konnte seinen Weg auch deshalb so erfolgreich gehen, weil im (geistigen) Hintergrund eben eine solch kraftvolle Vision stand, aus der heraus faszinierende Produkte entstehen konnten.

> Die Sinn-Vision des Unternehmens entspringt unserer Seele.

Einmal mehr werden wir das an einem weiteren Praxisbeispiel sehen.

Gelebte Unternehmenspraxis:
Sinn-Vision: Andechser Molkerei Scheitz

> „Wir sind frei.
> Wir sind frei, zu dienen."

Dies sagt ein Industrieunternehmen, genauer: Es ist die Vision der Andechser Molkerei Scheitz, der größten Bio-Molkerei Europas. Die „Freiheit zur Dienst-Leistung" bedeutet für das Team:

„Wir sind frei, zu dienen – dem Verbraucher durch hochwertige, veredelte Produkte und, indem wir Natürliches natürlich belassen. Dadurch dienen wir auch dem Landwirt, der Mitwelt und den Tieren, und wir sind frei, uns selbst zu dienen, indem wir uns selbst entwickeln."

Wir sind frei. Wir sind frei, zu dienen. Auf dem Weg, diese Vision zu verwirklichen, liegen viele strategische und operative Schritte, die das konsequent fortsetzen, was seit vier Generationen grundsätzlich im Organismus der Molkerei Scheitz angelegt ist. Sich treu bleiben, indem sie das würdigen, was 1908 begann, und gleichermaßen das achten, was heute werden will – das taten wir gemeinsam in einer Zukunftswerkstatt.

Schon damals, 1908, galt der Großvater der heutigen Geschäftsführerin als „Spinner". Er hatte auf der Alm einen Bergkäse gegessen, von dessen Qualität er so begeistert war, dass er alles daran setzte, ihn zu verbreiten. Selbst als die Umgebung abfällig über ihn redete: *„Wer will denn so einen Käse? Völliger Humbug!"* Sich treu bleiben, der eigenen Intuition folgen – dieses Merkmal zieht sich durch die gesamte Familien- und Unternehmensgeschichte. Viele Branchen-Innovationen, wie die Glaspfandflasche, sind auf diese Weise aus der Andechser Molkerei Scheitz heraus entstanden. Als erstes Unternehmen in Deutschland setzte die Andechser Molkerei Scheitz 1981 gegen alle Widerstände des Marktes die pfandfreie, braune Mehrwegglasflasche für Milch durch – und damit einen branchenübergreifenden Trend.[8]

Doch damals, als er vor 40 Jahren in der Molkerei begann, musste sich der heutige Betriebsleiter von Einheimischen am Stammtisch anhören: *„Oh weia! Du gehst zum Scheitz? Da wirst nicht lange bleiben. Das ist ein Spinner!"* Nun, heute ist er immer noch gerne dabei. Weil hier so viel Sinnvolles und Solides passiert.

> „Lass dich ziehen von dem leisen Sog dessen, was du wirklich liebst."
>
> RUMI, SUFI-MYSTIKER[9]

Dazu gehören heute weitere globale Kooperationen und strategische Partnerschaften, damit die gute Qualität der Produkte noch breiter in Europa und den USA verfügbar ist. Dazu gehört auch der Neubau des Verwaltungsgebäudes mit Schaukäserei im Hundertwasserstil, als Kulturzentrum eingerichtet, das allen offensteht. „Schließlich haben wir einen gesellschaftlichen, einen kulturellen Auftrag. Zum Genuss, zur Nachhaltigkeit, zur Gesundheitsförderung…"

Die Führungskräfte der Molkerei sehen das so: „Wir sind ein Unternehmen, das inspiriert, das etwas entstehen lässt, das Leben weckt. …und alle tun mit. Heute schon. Christen, Atheisten, Muslime und Hindus arbeiten in unserem bayrischen Betrieb miteinander." Durch das Kulturzentrum und weitere globale Partnerschaften werden zukünftig auch Buddhisten und Juden hinzukommen. Das ist der Geist des Hauses: „Wir brauchen eine gemeinsame Kultur, in der sich jeder aufgehoben fühlt", sind die Führungskräfte der Molkerei überzeugt. Einzigartigkeit, Verschiedenheit und Verbundenheit zu achten, gehört zur integralen Wirtschaftspraxis.

In einem Visions-Workshop stellte ich den Führungskräften die Frage: „Angenommen, Ihre Vision der Andechser Molkerei (die Freiheit zur Dienst-Leistung) ist erfüllt – was erleben Sie dann?" Die einzelnen Führungskräfte blickten 7 Jahre voraus und nahmen wahr: „Die Molkerei ist eine Kraftquelle für alle"; „Die Verbraucher fordern und erwarten von uns auch dann und weiterhin eine gesundheitsdienliche Leistung, Genuss und Innovation"; „Das ist vitaler, das geht wie von selbst"; „Da hab´ ich ein freudiges Herz, weil es gut ist und Sinn macht"; „Die Molkerei ist noch schöner; da könnte ich wohnen; „Den Besuchern geht das Herz auf; das ist eine Inspirationsquelle"; „Das ist aufregend,... das gibt mir Energie und Motivation, Verantwortung zu übernehmen, ich bin begeistert"; „Ich kann mich identifizieren, die Vision tut allen gut, da wird man jedem gerecht, das gibt Sinn fürs Leben,"...

Um solche Sinn-Visionen zu er-sinn-en, brauchen wir natürlich (auch) unsere spirituelle Intelligenz. Wir müssen mit unserer Seele denken. Weil sie größere Zusammenhänge sieht und dabei ganz präzise auf den Punkt, auf das Wesentliche kommt – was wiederum mit unserem Wesen resoniert (in Resonanz ist) und uns dann dynamisch werden und nahtlos zur Umsetzung schreiten lässt. Sinn-Visionen haben eine Geradlinigkeit und Durchgängigkeit. Eine Logik. Eine Dynamik, die sich mit der Ratio alleine nicht erreichen lässt. Und dabei ist eine Sinn-Vision im höchsten Maße rational. Und mehr als das: Sie macht auf allen Ebenen Sinn, zahlt sich ökonomisch aus und berührt die Tiefe unseres authentischen Selbst. Haben wir sie gefunden, wie die Kollegen der Andechser Molkerei Scheitz, so spüren wir ein „inneres großes Ja!"

Sogar der einst sehr kritische Betriebsratsvorsitzende der Molkerei stimmte der Vision und den Umsetzungsmaßnahmen zu: „Ich könnte mir vorstellen, dass so die Welt funktioniert!", so seine Worte. Sinn motiviert, bewegt, verbindet und baut Grenzen ab.

> In der Vision geht es ums große Ganz(heitlich)e.

Warum sollten wir genau hier, wo es doch ums Ganze geht, im Kleinen und damit unter unseren Möglichkeiten bleiben? Warum sollten wir in unserer Unternehmensvision nicht das zum Ausdruck bringen, was uns aus tiefster Seele bewegt? Aufgrund der Vision können wir schließlich die Qualitäten wecken und gestalten, die wir erleben wollen. Qualitäten, die wir für unsere Kunden erlebbar machen wollen. Und für uns selbst. Intern. Und für alle, die am Herstellungsprozess beteiligt sind. Für alle, die mittun.

Wichtig ist es, einen Zweck, einen Sinn des Unternehmens zu erkennen, der größer ist als seine Produkte. Produkte sind nur ein Transportmittel, ein Vehikel, um einen gesunden, sinnvollen Geist auf der physisch-materiellen Ebene erlebbar zu machen.

> „Die größte Gestaltungsmacht für Sinn
> liegt heute in der Ökonomie."
>
> SO

Was heute gilt, war nicht zu allen Zeiten so: Das Terrain, in dem heute unsere größte Gestaltungsmacht für Sinn liegt, ist die Ökonomie. Hier können wir fragen nach „der Freiheit wozu?" und nicht nach „der Freiheit wovon?". Das war nicht immer so in der Geschichte. Lange mussten wir fragen, „Wovon wollen wir frei sein?" Heute leben wir in einem freien Land. Wir sind frei –*wozu*?

Freiheit ist der Kern ihrer Vision. Natürlich hat auch die Molkerei Verbindlichkeiten zu erfüllen, natürlich muss auch sie die Erwartungen von Banken und Teilhabern erfüllen. Und dennoch: „Wir sind frei", heißt es in der Vision. Und das ist der Schlüssel für jeden Sinn-Schaffenden.

Mit Ralf Dahrendorf können wir diese Freiheit als „tätige Freiheit" verstehen. Die Freiheit, (unsere Realität) zu wählen und zu gestalten.[10]

Der Sinn des Unternehmens ist größer als seine Produkte.

Um mit Viktor Frankl[11] zu sprechen: Nicht, was du vom Leben erwartest, sondern was das Leben von dir erwartet – das ist das Entscheidende. Das ist es, was deinem Leben Sinn zu geben vermag.

Auf den Management-Kontext übertragen, heißt das:

Nicht, was Sie von Ihrem Unternehmen erwarten, sondern was das Leben von Ihrem Unternehmen erwartet – das ist das Entscheidende!

Reflexion:

Was ist es, was *das Leben* von Ihrem Unternehmen *erwartet*?

Im Fall der Andechser Molkerei geht es auch um Frieden. Danach befragt, was sie erleben, wenn alles, was sie mit ihrer Vision verbinden, erfüllt ist, antworteten die Führungskräfte, die ganz still geworden waren: „Dann... ja, dann ist Frieden!" Es war ein bewegender Moment für das Team, als ihnen diese tiefere Bedeutung ihrer Vision bewusst wurde. Verbundenheit wurde spürbar. Und ohne Worte wurde klar: Eine Vision ist mehr als eine Vision. Es gibt ein Ziel hinter der Vision (ein Ziel hinter dem Ziel), und das ist die Essenz, auf die es ankommt – die uns bei aller Verschiedenheit verbindet und bewegt. In diesem Falle war es die Qualität von Frieden, die hinter der Vision fühlbar wurde.

Diese Qualität scheint auch im größeren, globalen Wirtschaftskontext gar nicht so absurd, sondern irgendwie logisch. Denn wie sollte schließlich globales Wirtschaften gelingen, wenn nicht in Frieden und Achtung gegenüber allem Leben in seiner Vielheit?

Wie soll Frieden in der Welt(wirtschaft) sein, wenn in mir kein Frieden ist?

Zugegeben: Frieden ist keine leichte Angelegenheit, sondern eher eine Qualität, die jeden Tag eingeübt werden will. Schließlich ist die Molkerei Scheitz kein konfliktfreier Ort. Ganz und gar nicht. Hier knirscht und reibt es schon mal. Wie in jeder Firma. Wie können wir also eine Qualität von Frieden in unserem lokalen Kontext, auf unserem Betriebsgelände einüben und damit eine neue Wirtschaftspraxis im Kleinen gestalten, welche die Würde aller Beteiligten integriert und ihre Interessen und Bedürfnisse achtet?

Geschäftsführerin Barbara Scheitz sorgt dafür, indem sie z.B.

- die Nachbarn und Anwohner, welche dem Hundertwasser-Projekt skeptisch und ablehnend gegenüberstanden, ernst nimmt, ihre Bedürfnisse und Wünsche aufnimmt und sie zum aktiven Mitgestalten einlädt. Sie stellt sicher, dass die Interessen der Anwohner integriert sind.

- wenn es Probleme gibt (in der Gemeinde und anderswso), sie dann immer wieder zum Gespräch einlädt, auf die kontrahierenden Parteien zugeht und, ohne sich von ihrem Ziel (ihrer Vision) abbringen zu lassen, im Interesse aller Betroffenen friedliche Lösungen sucht.

- alle Führungskräfte in der Wertschätzenden Kommunikation schult, die auf der Haltung der Gleich-Würdigkeit aller Beteiligten fußt.

Offenheit, Echtheit, Transparenz, Beteiligung, Integration – sind im Täglichen geeignete Mittel, um ganz pragmatisch für die Qualität mit „F" zu sorgen. Frieden – wohl eher ein Prozess als ein Zustand…

> Seien Sie ein Futurist, der seine Visionen in der Gegenwart stattfinden lässt!

> „Nur, wer die Herzen bewegt,
> bewegt auch die Welt."
>
> ERNST WICHERT[12]

Gelebte Unternehmenspraxis:
Sinn-Vision: Toyota

„Mein Traum ist, ein Auto zu bauen, das von London bis Istanbul mit einer einzigen Tankfüllung fährt, das die Luft beim Fahren sauberer macht, das keine Unfälle verursacht und Menschen in keiner Weise schadet, sondern, im Gegenteil, sogar die Gesundheit fördert." So lautete die Vision von Herrn Katsuaki Watanabe, Chef des Weltkonzerns Toyota.

> „Human Beings are the Ultimate End of all Means"[13]
>
> FRED KOFMAN

Wer Leistung fordert, muss Sinn bieten. Sinn für den Menschen. Sinn für das Leben. Das muss ein visionäres Unternehmen bieten. Und konsequent umsetzen. Für verschiedene Modelle erhielt Toyota den „Sustainability Award" und den Preis „Auto der Vernunft 2007".[14] Seit mehr als 10 Jahren fertigt Toyota ein Hybrid-Fahrzeug in Serie. Darin wird das Pionierhafte deutlich. Und das Lexus-Modellprogramm umfasst heute die umfangreichste Hybridmodellpalette aller Autobauer.[15] Fondsmanager und Analysten würdigten die „bedeutende nachhaltige technische Innovation" des Hybridantriebs als Meilenstein in ein Umwelt schonendes Verkehrszeitalter.

„Was wären wir ohne unsere Fähigkeit, Sinn zu schaffen?"

ERNST BERGEMANN[16]

Auch wenn Toyota in 2010 umfangreiche Rückrufaktionen durchführen musste,[17] wie BMW[18] und andere Automarken auch, so ist der weltgrößte Automobilhersteller gerade auch deshalb zum weltgrößten und, im Sinne der Nachhaltigkeit, einem der innovativsten Anbieter geworden, eben *weil* das Unternehmen eine solch tragende und weitreichende Sinn-Vision hatte. Toyota setzt alles daran, die Fehler zu korrigieren, und geht weiter auf seinem Sinn-Weg. Integrales Management heißt nicht, fehlerlos zu sein. Sondern – eben – integral.

> Die Evolution des Lebendigen einen deutlichen Schritt voranbringen.
> Das ist die Essenz jeder erfolgreichen Unternehmensvision.

Sinn ist magnetisch – er steigert die Anziehungskraft einer Firma als Arbeitgeber und auch als Produkt-Anbieter. Wenn Sie eine Sinn-Vision haben, dann wirkt Ihr Unternehmen wie ein Magnet auf Mitarbeiter und auf Kunden. Als Organismus werden Sie magnetisch. Und so *macht* Sinn wirtschaftlich – auch und insbesondere Unternehmen, die derzeit wirtschaftlich angeschlagen sind. Sinn wirkt ökonomisch.

> SINN wirkt magnetisch auf Mitarbeiter und auf Kunden.
> Deshalb macht Sinn auch wirtschaftlich Sinn.

Gelebte Unternehmenspraxis:
Sinn-Vision: Mount Carmel Krankenhaus

Noch vor wenigen Jahren befand sich das Mount Carmel Krankenhaus in Michigan, USA, in einer äußerst kritischen Lage, in der sich viele Krankenhäuser rund um den Globus befinden: Das Mount Carmel Krankenhaus arbeitete höchst defizitär und stand kurz vor dem Konkurs. Zudem war das Personal aufgrund reduzierter Stellen stark überlastet. In dieser Krisensituation reflektierte das Management die ureigenste Aufgabe des Krankenhauses. Es kam zu dem Schluss, dass es nicht die Lebensbestimmung des Krankenhauses sein konnte, kostendeckend zu arbeiten bzw. einen bestimmten Deckungsbeitrag zu erwirtschaften, ein Ziel, auf welches sie in der Vergangenheit fixiert gewesen waren, und zwar umso verzweifelter und ausschließlicher, je prekärer die Finanzlage geworden war. Auch chirurgische Glanzleistungen zu vollbringen, konnte nicht der erste Unternehmenszweck sein. Obwohl sie ja ein Haus mit bester chirurgischer Fachkompetenz waren. Das „innere große Ja! verspürte das Team erst dann, als es folgende Vision für ihr Krankenhaus fand:

„We honour the sacredness of every human soul!"
(„Wir ehren die Heiligkeit jeder menschlichen Seele!")

Und dazu nutzen wir auch unsere chirurgische Kompetenz. Selbstverständlich! Logisch! Aber nun aus einer veränderten Haltung heraus. Aus der Weisheit der Seele heraus. Wir erinnern uns an Einstein, der sagte: „Aber das allerletzte Ziel (…) muss aus einer anderen Region stammen." Das führte zur wirtschaftlichen Gesundung der Klinik. Achtung und Mitgefühl wurden nun intensiver im Umgang mit den Patienten erlebt. Führungskräfte, Ärzte und Pflegepersonal nahmen immer mehr eine Haltung ein, die den Patienten ehrt und würdigt; ja, eine Haltung, in der Menschen sich als Menschen erkennen. Das macht den Unterschied. Heute rangiert das Mount Carmel Krankenhaus auf Rang 3 der wirtschaftlich erfolgreichsten Krankenhäuser! Was war geschehen? Ein Facharzt aus einem ganz anderen, entfernten US-Bundesstaat, der von der neuen Visionsausrichtung des Krankenhauses gehört hatte, rief bei der Krankenhausleitung in Michigan an und fragte, ob er mitarbeiten könne. Ja, das könne man sich vorstellen, er solle seine Unterlagen einreichen, hörte er. Aber da sei noch etwas, fügte der Facharzt an: „Das ganze Team meiner Facharztpraxis will mitkommen!" Sinn begeistert. Und wirkt magnetisch. Studenten arbeiten seitdem freiwillig in der Betreuung der Patienten mit – und entlasten so das vormals überlastete Pflegepersonal in einfachen Dingen: Patienten füttern, das Blumenwasser am Bett der Kranken wechseln, Gespräche mit den Kranken führen, ihnen Zuwendung schenken, usw.

Wir haben an mehreren Beispielen gesehen:

> Sinn macht wirtschaftlich.
> Das gilt global und branchenunabhängig.

Steckt Ihr Unternehmen in der Krise, so gesundet es am besten durch Sinn. Spätestens jetzt sollten Sie nach dem „Wozu?" fragen – nach dem „Sinnvondetjanze".

Visionäre Unternehmen wirken magnetisch. Die Geschäftsführerin der Andechser Molkerei, Barbara Scheitz, berichtet, dass, nachdem sie einen Vortrag in Luzern gehalten hatte, eine Zuhörerin im Plenum mit den Worten aufgestanden sei: „Jetzt überlege ich nur: Wie schaffe ich es, dass ich nach Andechs komme?!" Ein anderer Teilnehmer sagte: „Wir müssen das Andechser Modell auf die Schweiz übertragen!"

Mitarbeiter in visionären Firmen spekulieren nicht auf die Frührente. „Hoffentlich bin ich noch bis zum Ende dabei, wenn wir diese Vision umgesetzt haben", sagt der erfahrene Vertriebsmann, er ist Anfang 60 und seit über 20 Jahren bei der Andechser Molkerei.

Durch Sinn-Visionen erschaffen wir Organisationen, denen Menschen zugehörig sein wollen.

Ökonomische Kraft entsteht nur auf dem Boden einer Sinn-Vision. Entsinnlichte Visionen dagegen sind sinn-los. Auch wirtschaftlich. Sie sind so verlockend wie eingeschlafene Füße und lauten etwa

„Wir wollen die Nr. 1 in unserer Branche werden!"

Eine solche Vision lockt keinen hinter dem Ofen vor, sie entstammt dem alten, überholten, meist auf rein wirtschaftliche Ziele ausgerichteten Management-Paradigma und ist, obwohl sie groß tönt, so insgesamt doch recht bescheiden und allenfalls geeignet, Ellenbogeneinsatz und Konkurrenz*kampf* zu entfachen. Kein Wunder, dass dann die Arbeit mühsam und anstrengend wird. Beide, sowohl Motivations- wie auch Differenzierungsfaktor, sind hier annähernd null – denn man kann davon ausgehen, dass viele Mitbewerber eine ähnlich einfalls- und geistlose Vision in der Schublade liegen haben.

„Die Lauen werden durch den Rost fallen."[19]

Vielleicht spüren Sie bei den u.g. Beispielen den Unterschied zwischen Visionen des klassischen, schmalspurigen Typs, welche die Frage nach dem „Wozu?" offen lassen, und Sinn-Visionen integral geführter Unternehmen. Vermutlich können Sie bei den einen wahrnehmen, wie die dröge, graue Anstrengung durchschimmert; bei letzteren dagegen werden Sie die dynamische Schaffenskraft deutlich spüren können.

Unternehmensvisionen des klassischen Typs	Unternehmensvisionen, die Sinn bieten und Lebendigkeit wecken
als Hotel: „Wir erreichen dauerhaft eine Bettenauslastung von mindestens 65% im Jahr."	**Bio-Seehotel Zeulenroda:** „Wir erreichen Wertschöpfung durch Wertschätzung." und: „Wir sind Inspirationsquelle für sinnvolle Lebenswelten."
als Bank: „Wir wollen Nr. x unter den Global Playern werden und eine Eigenkapitalrendite von mindestens 25% erreichen."	**GLS-Bank, Bochum:** Wir verbinden Sinn, Gewinn und Sicherheit. Wir finanzieren zukunftsweisende Projekte und nachhaltig wirtschaftende Unternehmen und Initiativen. Als erste sozial-ökologische Universalbank der Welt investieren Sie mit uns in menschliche Bedürfnisse, bewahren und entwickeln die natürlichen Lebensgrundlagen und erzielen eine ökonomische Rendite sowie Entwicklungschancen für die Zukunft – ein dreifacher Gewinn.[20]

Unternehmensvisionen des klassischen Typs	Unternehmensvisionen, die Sinn bieten und Lebendigkeit wecken
als Unternehmen der Verpackungsindustrie: „Wir fertigen auf dem neuesten Stand der Technik n1.000 Umverpackungen und n1.000 Innenverpackungen pro Jahr."	**PACK 2000 GmbH, Landshut:** „Wir sind ein Unternehmen der Menschlichkeit, das wirtschaftlich, innovativ und erfolgreich bleibt, eine hohe Attraktivität für Menschen bietet und in dem die Menschen ihre Talente mit Freude leben, entfalten und entwickeln können."
als Krankenhaus: „Wir machen x1.000 chirurgische Eingriffe pro Jahr und haben eine durchschnittliche Liegezeit der Patienten von n Tagen."	**Mount Carmel Krankenhaus, Michigan:** „We honour the sacredness of every human soul!" „Wir ehren die Heiligkeit jeder menschlichen Seele!"
als Autobauer Renault: "Management driven by profit and focused on customers. Three strong commitments: Quality, Profitability, Growth. Renault's ambition? Become the most profitable European volume car company."[21]	**Vision von Herrn Katsuaki Watanabe, Chef des Weltkonzerns Toyota:** „Mein Traum ist, ein Auto zu bauen, das von London bis Istanbul mit einer einzigen Tankfüllung fährt, das die Luft beim Fahren sauberer macht, das keine Unfälle verursacht und Menschen in keiner Weise schadet, sondern im Gegenteil, sogar die Gesundheit fördert."
als Möbelhersteller: „Wir sind einer der führenden Hersteller von Office-Möbeln. Wir nutzen neueste Produktionsverfahren, die mit einem hochtechnologischen Maschinenpark die hohen Anforderungen unserer Qualität erfüllen."	**blaha büromöbel, Korneuburg bei Wien:** „Denken in neuen Dimensionen" „Räume und ihre Einrichtung haben einen entscheidenden Einfluss auf die Motivation, Leistung und Gesundheit der Menschen. Wir lassen die inspirierende, motivierende und Effizienz steigernde Kraft von Räumen und Arbeitsplätzen entstehen."[22]
als Molkerei: „Wir wollen die größte Molkerei Europas werden."	**Andechser Molkerei Scheitz, Andechs:** „Wir sind frei zur Dienst-Leistung."

Ich mache mir bewusst:

⇨ Sinn-Visionen sind anspruchsvoll, unbescheiden, fordern uns als ganzen Menschen heraus – mit all unseren Intelligenzen.

⇨ Sinn weckt Lebendigkeit. Da werden wir in den Teams richtiggehend aufgeregt… dann sind wir quasi nicht zu bremsen. Da wollen wir dabei sein!

⇨ Sinn-Visionen beflügeln. Sinn berührt unsere Seele. Weil er dort entsteht.

VIc: Integraler Erfolg & Integrales Bilanzieren

Was ist Integraler Erfolg?

> „Rein wirtschaftlich erfolgreiche Unternehmen
> sind viel zu bescheiden."
>
> SO

Der Integrale Manager ist nicht bescheiden. Rein wirtschaftlich erfolgreich zu sein, ist nicht seine Motivation. Sein Anspruch ist „ErVOLLg". Und dazu bedient er sich der Form und Aktivität eines Unternehmens. Schließlich weiß er: In der Wirtschaft geht es nicht um Wirtschaft. Er kennt die Verwechslung von wirtschaftlichem mit ökonomischem Erfolg.

Klassische Bewertungskennzahlen reichen nicht mehr aus, um unseren Anspruch an Integralen Erfolg zu messen. Wir brauchen neue Bewertungsmuster.
Die Formel für integralen, ökonomischen Erfolg lautet:

Abb. 16: Integraler Erfolg

Lesen wir z.B. in der Bilanz eines Unternehmens, dass es eine Eigenkapitalrendite von 25% erzielte, eine EBIT-Marge von 9%, ein Binnen-Umsatzwachstum von 5% und ein Exportwachstum von 17% – was sagen uns dann diese Kennzahlen? Es mag als Organisation im DAX, im M-DAX oder im Euro Stoxx 50 notiert sein – aber ist jenes Unternehmen tatsächlich integral erfolgreich? Ist es strategisch und visionär gut positioniert? Ist es ein insgesamt brillantes Unternehmen? Würden wir dort arbeiten wollen? Sind die Angestellten mit Schwung und Freude dabei und dauerhaft leistungsfähig? Sind alle geistig beweglich, körperlich gesund, fachlich und seelisch wach und klar? Bringen sie clevere Innovationen hervor, die ihre Kunden begeistern? Leisten sie exzellenten Service? Gestalten sie ihre Produktionsprozesse inspirierend, effizient, in Respekt vor dem Leben? Betreten die Führungskräfte und Mitarbeitenden dort jeden Morgen (und auch nach dem Urlaub!) mit Freude das Betriebsgelände? Sagen sie: „Ich bin froh, hier dabei zu sein und diesen Organismus mitzugestalten"? Macht das, was hinter den dortigen Bürofassaden vor sich geht, Sinn? Ganzheitlich?

Wissen wir all das, können wir all das beurteilen, wenn wir die herkömmlichen Kennzahlen des wirtschaftlichen Erfolges lesen? Wenn nicht, dann müssen wir die Bilanz erweitern und weitere Bewertungskriterien einführen.

„Wer in den nächsten Jahren am eigenen Standort für Wachstum, Aufbruch und Gründergeist sorgen möchte, muss eine Bewusstseinserweiterung vollziehen. Standort-Qualität und Zukunftsfähigkeit wird künftig aufgrund anderer Indikatoren bewertet als dem Tunnelblick auf nackte Wachstumszahlen", so der Zukunftsforscher Matthias Horx.[1]

Was bedeutet das nun genau? Bilanzieren wir doch einmal integral an einem konkreten Fall, wie er sich in einem Unternehmen in Deutschland jüngst zutrug – dann erschließt sich der Begriff des Integralen Erfolgs noch besser.

Jenes Unternehmen aus der IT-Branche, eine weltbekannte AG, verzeichnete in den letzten Jahren ein sehr starkes wirtschaftliches Wachstum. Die Umsätze waren um 30% per annum gestiegen. Eine wirklich bemerkenswerte Leistung in der Sparte „monetärer Erfolg"! Und dies in einer Zeit, in der viele Unternehmen unter starken konjunkturellen Einbrüchen zu leiden hatten. Und so waren alle in jenem Unternehmen, Führungskräfte wie Mitarbeiter, sehr stolz auf ihre Dynamik und Tatkraft. Diese Qualitäten waren so stark ausgeprägt, dass es eine Qualität wie Ruhe in der Firmenkultur überhaupt nicht zu geben schien. Die Kultur war eher sogar von etwas gekennzeichnet, das man als Hyperaktivität bezeichnen könnte. Ständig griffen die Manager zum Handy, unentwegt wanderte die Hand nervös zur Hemdtasche an der Brust (dort, wo das Handy vibriert oder vibrieren könnte), immer wieder wurden Sitzungen unterbrochen und wurden Aufgaben gestellt, welche die Führungskräfte bearbeiten sollten, dann hörten sie gar nicht richtig zu, schon liefen sie los, nur um es schnellstmöglich abgearbeitet zu haben. Erledigt. Fertig. Nächste Task. Für Reflexion „Wozu genau?" und „Inwiefern ist es sinnvoll?" – dafür war keine Zeit.

> „Als Manager sind wir hyperaktiv –
> und unseren Kindern geben wir Ritalin."
>
> SO

Bilanzieren wir integral, dann stellen wir fest: Ein beachtlicher wirtschaftlicher Erfolg lag vor; doch der menschliche Erfolg blieb teilweise auf der Strecke. Irgendwann wagte es jemand, leise Zweifel anzumelden, ob eine solch ausgeprägte Tatkraft in dem Maße gesund sein könnte. Es war die Human Ressource-Managerin, der bereits aufgefallen war, wie sie nun berichtete, dass die Anzahl der Krebskranken in der Belegschaft in den letzten Monaten sehr stark angestiegen war. Und sie bedauerte, dass es für die marktverantwortlichen Abteilungen schwierig geworden war, die Zufriedenheit der Kunden sicherzustellen, dadurch, dass es durch die Krankheitsausfälle nun zu Brüchen und Problemen in der Kundenbetreuung gekommen war.

> „Wenn unendliches Wachstum vorliegt, jubeln die Wirtschaftler,
> und die Biologen sprechen von Krebs."
>
> SONJA RADDATZ

Früh in meiner Karriere hörte ich den Spruch „Beurteile deinen Erfolg nach dem Preis, den du dafür zahlst", und konnte damals überhaupt nichts damit anfangen, war ich damals doch selbst noch sehr gehetzt und hyperventilierend unterwegs. So arbeitete ich einst in einem renommierten Beratungshaus, welches sehr hohe Wachstumsraten verzeichnete und im Begriff war, durch den Börsengang (IPO), den Zukauf von Unternehmen und Spin-offs noch schneller und weiter zu wachsen. Als die Blase am Neuen Markt platzte, sank der Aktienkurs um weit über 50%. Damals fiel mir auf, wie immer mehr Kollegen krank wurden und eine Chemotherapie begannen.[2]

Heute, aus integraler Sicht, ist klar: Ein hohes Umsatzwachstum ist ja per se kein Problem – im Gegenteil: Es kann kraftvoller Teil eines gesunden, integralen Erfolges sein. Dass Unternehmen durchaus ein Umsatzwachstum von 30% erzielen und dabei sogar begeisterte und gesunde Mitarbeiter haben können, zeigen ja die in diesem Buch genannten Beispiele aus der Praxis. Es sind Firmen, die in jeder „Sparte" einen Gewinn machen.

> Wie können wir also als Firma wirtschaftlich prosperieren
> *und* ein Gewinn für den Menschen und das Leben sein?

Integrales Bilanzieren heißt Zusammenhänge schauen.

Die Forscher des Gallup-Instituts[3] schätzen den Potenzialverlust auf bis zu 121 Milliarden Euro p.a., der den deutschen Firmen dadurch entsteht, dass 66 % der Arbeitnehmer Dienst nach Vorschrift machen, sich nur wenig an ihr Unternehmen gebunden fühlen und die Stunden bis zu den nächsten Feier- und Urlaubstagen zählen! Jeder Vierte etwa (23 %) hat innerlich gekündigt, ist aber noch da. Das schwächt die Leistungs- und Wettbewerbsfähigkeit der Firmen. Lediglich 11% der Deutschen sind voll engagiert und motiviert, jeden Tag Spitzenleistung zu bringen.

Erosionen der Seele kosten Geld.

„Circa 30 % der Bevölkerung leiden innerhalb eines Jahres an einer diagnostizierbaren psychischen Störung. Am häufigsten sind Depressionen, Angststörungen, psychosomatische Erkrankungen und Suchterkrankungen. Der Anteil psychischer Erkrankungen an der Arbeitsunfähigkeit nimmt seit 1980 kontinuierlich zu und beträgt inzwischen 15 – 20 %. Der Anteil psychischer Erkrankungen an vorzeitigen Berentungen nimmt kontinuierlich zu. Sie sind inzwischen sogar die häufigste Ursache für eine vorzeitige Berentung."[4]

„Wirtschaftlicher Erfolg ist nicht immer ökonomisch."

SO

Es stellt sich also die Frage: Wie ökonomisch ist unser wirtschaftlicher Erfolg? Kranke Mitarbeiter sind nicht ökonomisch. Kranke Mitarbeiter kosten Geld. Das Geld des Unternehmens und das Geld der Gesellschaft. Ein Geist in der Unternehmensführung, ein Klima am Arbeitsplatz, das die Mitarbeiter krank werden lässt, ist nicht ökonomisch.

> Integrales Bilanzieren ist äußerst rational.

Wir brauchen diesen neuen, integralen Erfolgsbegriff, der auf synoptischem Bilanzieren basiert. Indem wir das Ergebnis für die „weichen" Faktoren (Mensch, Gesellschaft, Leben, Umwelt, Schöpfung,) mit hineinnehmen, leisten wir keine Verweichlichung im Bilanzieren, sondern eine konsequent fortgeführte, erweiterte Rationalität.

In der integralen Bilanz (in der integrierten Summe) schneiden „lediglich" monetär erfolgreiche Unternehmen oft sehr viel schlechter ab als jene Unternehmen, die mehr zu bieten haben und von denen in diesem Buch die Rede ist. Monetärer Erfolg ist oft nur ein Schmalspur-Erfolg – auch wenn dieser riesig ist.

Rein auf wirtschaftlichen Erfolg fixierte Unternehmen sind die Dinosaurier der Postmoderne. Ihre Zeit ist abgelaufen. Während sie den Wert des Menschen und den Erfolg ihres Unternehmens noch am eindimensionalen Lineal der Wirtschaftlichkeit messen, merken sie nicht, dass die wahren, „unbescheidenen" Pioniere unserer Zeit längst ihren Erfolg integral planen und bilanzieren.

> Der Wechsel vom Klassischen zum Integralen Management beginnt, sobald wir bereit sind, Zusammenhänge zu schauen.

Ausgelöst wird der Wandel durch Fragen: Wie ökonomisch war unser wirtschaftlicher Erfolg? Wie sehr waren wir integral – auf allen Ebenen – erfolgreich? Der Integrale Manager hat keinen „Knick", sondern ein „Syn" in der Optik. Will sagen: Der Integrale Manager hat einen synoptischen Blick. Ein solch zusammenschauender Rückblick auf den Integralen Erfolg in der Volkswirtschaft Deutschland zeigt:

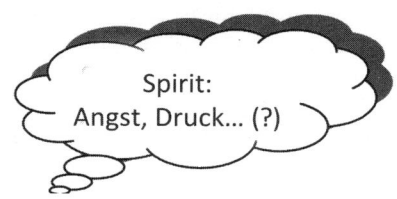

Spirit:
Angst, Druck... (?)

Wirtschaftlicher Erfolg	Erfolg für den Menschen (?)	Erfolg für das Leben und die Gesellschaft (?)
Das BIP[5]-Wachstum lag in den Jahren von 2005 bis 2008 zwischen 0,8 und 3,2 % p.a.[6]	66% aller Arbeitnehmer engagieren sich nicht (mehr) in ihrem Job.[7] 20% der Manager leiden unter berufsbedingten Krankheiten an Herz und Magen (weit häufiger als die restliche Bevölkerung).[8] Jeder 5. Mensch fühlt sich „niedergeschlagen, hat an nichts Interesse, schläft schlecht, kann sich schwer konzentrieren…" 20% der Berufstätigen finden sich im Krankheitsmodell des Burn-out-Syndroms wieder. Die Zahl der von Medizinern verschriebenen Psychopharmaka hat sich in den letzten fünf Jahren um 30% erhöht.	In der EU sterben mehr Menschen an Selbstmord als durch Verkehrsunfälle. Krankenstände aufgrund psychischer Ursachen verdoppeln sich in 15-Jahres-Schritten. Psychische Erkrankungen sind inzwischen primär ausschlaggebend für Frühpensionierungen. Erhöhte Krankheitskosten und Frühpensionierungen belasten die sozialen Sicherungssysteme.

Quelle: vgl.: Dr. Manfred Greisinger[9]

Machen wir – ausgehend vom wirtschaftlichen Wachstum – diese Zusammenschau, dann müssen wir uns fragen: War das tatsächlich ein Wachstum? Und wenn ja, was ist da gewachsen? Rechneten wir die Kosten, entstanden in den Erfolgskriterien „Mensch" und „Leben / Gesellschaft" gegen das BIP-Wachstum von 08, bis 3,2 % in der Kategorie des „wirtschaftlicher Erfolgs", kämen wir dann in Summe in die roten Zahlen? Wäre der (zusammengeschaute) wirtschaftliche Erfolg dann noch ein ökonomischer? Oder gar ein ökonomischer Misserfolg?

Wie ökonomisch war der wirtschaftliche Erfolg?

Heute wächst unser BIP auch deshalb, weil der Verkauf von Psycho-Pharmaka, von ärztlichen bzw. medizinischen Dienstleistungen, die Bereitstellung von Therapien und Krankenhausaufenthalten zunehmen. Müllgebühren steigen an und die Energiekosten nehmen zu. Und damit die Umsätze. Die Frage mit Blick auf das BIP ist also: Inwiefern ist das, wodurch jene Dienstleistungen und Produkte ausgelöst wurden (ein geistloses oder wenig innovatives Management etwa), dazu geeignet, die Evolution des Lebendigen einen deutlichen Schritt voranzubringen? Was wächst da genau? Und wie segensreich ist das? Inwiefern ist das auch ein Erfolg für den Menschen? Und für das Leben? Wie ökonomisch ist der Erfolg? Inwiefern dient das, was da wächst, dazu, das Leben lebenswerter zu gestalten?

Auch auf nationaler, volkswirtschaftlicher Ebene sucht man nach neuen Beurteilungsmustern, die unserem heutigen Anspruch an integral erfolgreiches Wirtschaften gerecht werden. Der Indikator des Brutto-Inlands-Produktes (BIP) scheint nicht mehr auszureichen:

„Vorbei die Vorstellung, dass mit Wirtschaftswachstum ein Anstieg des Lebensstandards und damit eben auch eine Steigerung des Wohlergehens der Bevölkerung einhergeht. Wo die Moderne passé ist, schwinden auch ökonomische Gewissheiten von einst: Post-BIP lautet deshalb das Stichwort – seit neuestem favorisiert auch die Volkswirtschaft dieses Präfix. War das Bruttoinlandsprodukt bisher zentraler Indikator für Wohl oder Wehe einer Gesellschaft, so ist man derzeit dabei, sich umzuorientieren. Das BIP sei schlicht nicht mehr geeignet, um den Wohlstand einer Nation aufzuzeigen, monieren Politiker, Ökonomen und solche, die ein bisschen von beidem sind. Weil aber die Wirtschaft vor allem der Lebensqualität zu dienen hat, wird das wichtigste ökonomische Maß jetzt überdacht. Das Ziel: ein allgemeiner Wohlstandsindikator, der (…) nicht nur häusliche und ehrenamtliche Tätigkeiten miteinberechnet, sondern auch ökologische Folgen und soziale Konsequenzen des Wirtschaftens einer Nation sichtbar machen kann."[10]

Ich bin überzeugt: In einer neuen Qualität des Wachstums könnten wir unserer inneren Reife und unserem Wissen noch sehr viel besser Ausdruck verleihen! Würde das unserer rationalen Cleverness und spirituellen Intelligenz nicht sehr viel gerechter?

Stellen wir integralen Anspruch an den Erfolg, dann müsste doch unser allintelligentes Selbst ungestüm und voller Tatendrang vibrieren, um alternative, wirklich clevere Lösungen zu erdenken. Und das tut es auch. Wir wissen, wie wir auf allen Ebenen erfolgreich sein können – wir müssen nur danach fragen. Die Messlatte hoch zu hängen und sich mit nichts Geringerem als Integralem Erfolg zufrieden zu geben, ist eine Einladung an unsere Weisheit.

Hier – und vor allem hier, wo es um *tatsächlichen* ökonomischen Erfolg geht – begegnet uns erneut das Zauberwort „UND" – das magische Wort im Integralen Management, das Ihnen inzwischen ja vertraut ist.

In der Integralen Unternehmensführung gestalten und steuern wir ökonomischen Erfolg. So stellen wir uns z.B. die folgenden Fragen (sie erheben keinen Anspruch auf Vollständigkeit):

Fragen zur Steuerung des wirtschaftlichen Erfolgs

* Was ist unsere kraftvolle Sinn-Vision? Welche entsprechenden Strategien entwickeln wir?
* Welche relevanten Trends erkennen wir? Wie nutzen wir sie clever und innovativ?
* Was ist der einzigartige Geist unseres Unternehmens? Wie halten wir ihn lebendig?
* Wie würdigen wir unsere Unternehmensgeschichte und achten das, was werden will?

- Wodurch sind wir ein Vorreiter-Unternehmen, das neue Impulse in der Branche setzt?
- Welche Innovationen bringen wir auf den Weg? Was will das Leben von uns?
- Wie können wir unser Geschäftsmodell integral weiterentwickeln?
- Wie stärken wir unsere Markenidentität?
- Macht eine Internationalisierung bzw. was macht als nächster Schritt in der Internationalisierung Sinn?
- Wodurch können wir die Produkt- und Prozessqualität weiter verbessern?
- Wie können wir effizienter werden? Was empfiehlt der „Mann am Band"?
- Wie ist der Automatisierungsgrad optimal?
- Wo und wie können wir Kosten sparen? Indem wir clevere Lösungen wofür finden?
- Was ist die optimale Fertigungstiefe? Welche Teile der Wertschöpfungskette lagern wir ggf. aus?
- Welche Unternehmensteile gehören zu uns, entsprechen unserer Kernkompetenz? Welche Sparten nicht? Sollten wir diese ggf. verkaufen?
- Wie können wir die Eigenkapitalquote erhöhen? Welche Möglichkeiten gibt es, die Mitarbeitenden ggf. daran zu beteiligen?
- Mit welchem System controllen wir unseren integralen Erfolg(sanspruch)? Welche Reflexions- und Reporting-Prozesse sind aktiv, um unseren wirtschaftlichen, menschlichen, ökologischen und gesellschaftlichen Erfolg regelmäßig zu überprüfen und zu steuern?
- Wie steuern wir die Liquidität optimal?
- Wie nutzen wir das Quantenfeld im operativen Management (zur Realitätsgestaltung, zur Umsetzung unserer Vision und Ziele, zur Lösung von Erfolgsblockaden.)?
- ...

Fragen zur Steuerung des Erfolgs für den Menschen

- Wie können wir die Einzigartigkeit des Menschen erkennen und das unverwechselbare Talent des Mitarbeitenden gewinnbringend einsetzen? Wo ist jeder an seinem richtigen Platz (rightplacement)?
- Welche konstruktiven, innovativen Lösungen gestalten wir, die unsere Kunden faszinieren?
- Was lässt uns schwungvoll, effizient und innovativ sein? Welche Organisationsform unterstützt uns dabei?
- Was ist das in unserem Organismus Fehlende? Wie können wir es ergänzen?
- Wie berücksichtigen wir in Meetings und strategischen Entscheidungen alle Intelligenzen?
- Wie können wir die Impulse unserer Seele hören und ihre Gestaltungskraft nutzen?
- Wie können wir eine Haltung der Wertschätzung und unsere Fähigkeit, mit Respekt zu kommunizieren, zu unserer selbstverständlichen Kultur werden lassen?
- Wie können wir uns bei der Suche nach den besten Lösungen reiben (streiten) und dabei Frieden in den Teams erleben? Wie können wir Konflikte echt, aufrecht und direkt klären?
- Wie hören und achten wir die Ideen aller Mitarbeitenden? Wie können wir den natürlichen Willen zum Sinn und die Kreativität der Menschen nutzen?
- Wie können wir Kollegialität, Echtheit, Aufrichtigkeit, Authentizität, Wertschätzung, echte Verständigung und Verbundenheit erleben?
- Wie gestalten wir Produktionsprozesse bestmöglich ergonomisch, ökologisch und kosteneffizient?
- Wie können wir in unserer Mitte bleiben – auch in besonderen Herausforderungen?
- Wie können wir auftanken? Welche Rituale des Innehaltens sind für uns passend?
- Wie würdigen und feiern wir unsere Erfolge und Fortschritte?
- Wodurch bleiben wir dauerhaft gesund und leistungsfähig?
- Was lässt uns Spaß und Freude im Team haben?
- Wenn wir entlassen, wie tun wir das dann mit der Würde und Achtung, die jedem gebührt?
- ...

Fragen zur Steuerung des Erfolgs für die Natur und die Gesellschaft

- Wie können wir ressourcenschonend produzieren und durch unser Unternehmertum die Umwelt sogar sanieren?
- Wie produzieren wir ökologisch so sinnvoll, dass wir darin sogar ein Vorreiter sind, der inspirierende Impulse in den Markt gibt?
- Wie können wir den Standort Deutschland wahren und die Gleichwürdigkeit aller Beteiligten achten: mit Geschäftspartnern, Zulieferern, Mitarbeitenden und Kunden im In- und Ausland gleich würdig umgehen?
- Wie achten wir auch global die Einzigartigkeit, Verschiedenheit und Verbundenheit der Menschen?
- Wie können wir alles, was von unserem Unternehmen ausgeht, im Blick haben; die Folgen unseres Wirkens beachten?
- Wie nutzen wir (nicht nur in der Personalpolitik) die Verschiedenheit von Menschen?
- Wie können wir das – im gesellschaftlichen Kontext – Fehlende ergänzen? Das, was ausgeblendet ist, integrieren?
- ...

Ein geweitetes Bewusstsein führt zu neuen Steuerungs- und Bewertungsmustern.

Wenn Sie Integralen Erfolg in Ihrem Firmen-Organismus planen und gestalten, dann wird er sich einstellen und Sie werden ihn z.B. an u.g. Indikatoren erkennen und ablesen.

**wirtschaftlicher Erfolg**	**Erfolg für den Menschen** 	**Erfolg für die Natur und die Gesellschaft**

• Grad der Kundenzufriedenheit steigt
• Kundenloyalität (-bindung) steigt
• Rate der Kundenempfehlungen für Sie als Sinnpionier-Unternehmen steigt; dadurch:
• relative Akquisekosten sinken
• Liquidität ersten, zweiten und dritten Grades verbessert sich
• Umsätze, Erträge und EBIT steigen, stabilisieren sich
• Kosten sinken
• Ausschussquoten sinken
• Qualitätsziele werden erreicht und stabilisiert
• langfristig: Erhöhung der Eigenkapitalquote
• …
	• höhere Zufriedenheit, Loyalität und Verbundenheit der Mitarbeitenden mit dem Unternehmen
	• niedrige(re) Fluktuationsrate
	• Personalverwaltungs- und Rekrutierungskosten sinken
	• bessere Ergebnisse in 360°- Feedbacks und anderen Beurteilungen
	• geringer(er) Krankenstand und reduzierte Personalausfallkosten
	• Prozesseffizienz und Produktivität steigen
	• …
		• der gesellschaftliche Integrationsgrad steigt (Themen bzw. Gruppen, die ausgeblendet waren, werden eingeblendet; d.h. integriert)
		• Würde, Selbstbestimmtheit und Eigenständigkeit der Menschen im eigenen und in den Zulieferländern steigen
		• Kinderarbeitsquote = null
		• bessere Werte der Kennzahlen für ökologischen Erfolg:
		  - CO_2-Verbrauch sinkt,
		  - Ressourcenverbrauch sinkt;
		  - die durch mein Unternehmen verursachte Umweltverschmutzung sinkt,
		  - Energiekosten sinken und Anteil der verwendeten erneuerbaren Energien steigt;
		  - Anteil der biologisch erzeugten Zulieferprodukte bzw. Produktionsmittel und Produkte steigt
		  - …

Die Wirtschaft ist es wert, bilanziert zu werden. Das Leben ist es wert, bilanziert zu werden. Wie es dem Leben in der Wirtschaft geht, ist es wert, bilanziert zu werden.

Natürlich stellt sich in der Essenz die Frage: Brauchen wir unbedingt Wachstum? Müssen wir zwangsläufig am Wachstumspostulat festhalten, das sich in der Freien Sozialen Marktwirtschaft verselbständigt hat, wie einige Kritiker meinen?

Nun, vielleicht haben Sie Kinder, kennen ein Kind oder erinnern sich daran, selbst eines gewesen zu sein. Würden Sie einem dreijährigen Kind einen Stein auf den Kopf legen und ihm sagen, es dürfe ab sofort nicht mehr wachsen? Wachstum scheint ein natürlicher Lebensprozess zu sein. Wie das Sterben auch. Schließlich sterben wir vielmals in unserem Leben, immer wieder lassen wir tote Äste von unserem Baum abfallen, lassen wir Dinge hinter uns, trennen und verabschieden wir uns.

> „Wachstum kann auch Sterben und Stagnation bedeuten.
> All das ist Entwicklung.“
>
> SO

Wachstum, Absterben wie auch scheinbare Stagnation gehören gleichermaßen zu unserem natürlichen Lebensrhythmus– wobei es mir wichtig ist, genauer bzw. dahinter zu schauen, denn auch wenn im Äußeren augenscheinlich nichts passiert – wie im Baum, der im Herbst die Blätter abgeworfen hat und im Winter innehält und kein Wachstumszeichen nach außen gibt, so reifen doch in seinem Inneren die Knospen heran, die im Frühjahr wie ein Wunder aus „dem Nichts“ aufspringen werden.

Auch wenn wir als Erwachsene nicht mehr an Körpergröße wachsen, so wachsen und reifen wir doch innerlich. Wenn unser Unternehmen in einer Stagnation oder gar in einer Krise ist, so ist doch darin bereits die Chance angelegt, dass innerlich etwas reift, was aufbrechen und Raum greifen will.

> Eine Krise ist gut, um eine neue Qualität
> in der Wirtschaft wachsen zu lassen.

In Stagnation oder Rezession ist immer die Einladung enthalten, über die Qualität des zukünftigen Wachstums nachzudenken. Quasi darüber, welche Früchte wir im nächsten Herbst ernten wollen. Welche *Qualität* des Wirtschafts- bzw. Unternehmenswachstums wir erleben wollen.

Wachstum ist Erweiterung des Bewusstseins. Das ist Evolution.

Ich mache mir bewusst:

⇨ Am ökonomischsten ist ein wirtschaftliches Wachstum, das auch ein Gewinn für den Menschen und das Leben ist!

⇨ Ich weiß, wie das geht.

VId: Quantensprung im Sinn-Wachstum

Was ist ein Quantensprung?

Zunächst sollten wir klarstellen: Der Begriff „Quantensprung" ist größenmäßig im Grunde gar nicht passend für das, wofür wir ihn gemeinhin und eben auch hier verwenden: nämlich für einen deutlichen Entwicklungsschritt, eine bemerkenswerte Verbesserung. Schließlich ist ein Quantensprung nichts Großes, sondern etwas sehr Kleines – denn wir haben es in der Quantenmechanik mit atomaren oder subatomaren Systemen zu tun.

Der Begriff „Quantensprung" bezeichnet in der Physik den Vorgang, in dem ein Elektron von einem Aufenthaltsbereich im Atom (Orbital) zum nächsten springt und damit ein anderes, mögliches Energieniveau einnimmt. Das lässt sich anhand einer Leiter gut veranschaulichen, denn Quantensprünge finden nicht kontinuierlich, sondern in diskreten Schritten statt und dazwischen gibt es nichts: Besteigen Sie eine Leiter und treten zwischen die Sprossen, so fällt Ihr Fuß herunter. Dazwischen gibt es nichts. Elektronen können Quantensprünge nur von einer Sprosse zur nächsten vollziehen. Das sind die Bereiche, in denen sie sich aufhalten können", erläutert Dr. Medinger.

Der Quantensprung kann auf zweierlei Weise geschehen: Ein Elektron, welchem Energie zugeführt wird, springt in einen Zustand höherer Energie („angeregten Zustand"). Oder: Ein Elektron, welches sich in einem angeregten Zustand befindet, macht umgekehrt einen Quantensprung zu einem Zustand von niedrigerer Energie.[1]

Wir halten fest: Ein Quantensprung findet augenblicklich und nicht kontinuierlich statt und er ist auch nicht stabil. Hinzu kommt, dass spontan (also von selbst, ohne äußere Energiezufuhr) eine solche Zustandsänderung eines Elektrons energetisch gesehen immer „bergab" stattfindet.

Dennoch – auch wenn der Begriff Quantensprung in der umgangssprachlichen Verwendung völlig auf den Kopf gestellt wird und als ‚deutlicher Entwicklungsschritt' in aller Munde ist – so können wir ihn hier in diesem Sinne weiterhin gebrauchen. Und Dr. Medinger stimmt zu: „Es geht um den qualitativen Aspekt: einen Sprung, der durch keine kontinuierliche Entwicklung zu ersetzen ist."

Auf den Management-Kontext übertragen, heißt das: Durch uns selbst herbeigeführt, können wir in unserer Organisation einen Quantensprung vollziehen und befinden uns dadurch auf einem höheren Niveau. Durch einen Quantensprung haben wir eine komfortablere, erleichterndere, effizientere, gesündere, effektivere oder ähnlich vorteilhafte Situation geschaffen. Wir haben uns bzw. unsere Kunden in einen besseren Zustand versetzt und fühlen uns wohler, gesünder, leichter, wirkungsvoller usw. Wir haben also mehr erreicht für den Menschen und das Leben. Das nennt man gemeinhin Fortschritt.

Und genau um diesen Fortschritt, um dieses Sinn-Wachstum geht es.

Die 3 Sinn-Richtungen im Integralen Strategie-Portfolio

Quantensprünge können im Unternehmen in 3 Richtungen geschehen:

- im Sinn für den Menschen, der in Ihrem Produkt enthalten ist
- im Sinn für den Menschen, der durch Ihre Unternehmensführung erlebbar wird, sowie
- im Sinn, der in der Gesellschaft erfahrbar wird – dadurch, dass es Ihre Firma gibt.

Das folgende Sinn-Portfolio ist eines der wichtigsten strategischen Steuerungsinstrumente im Integralen Management.

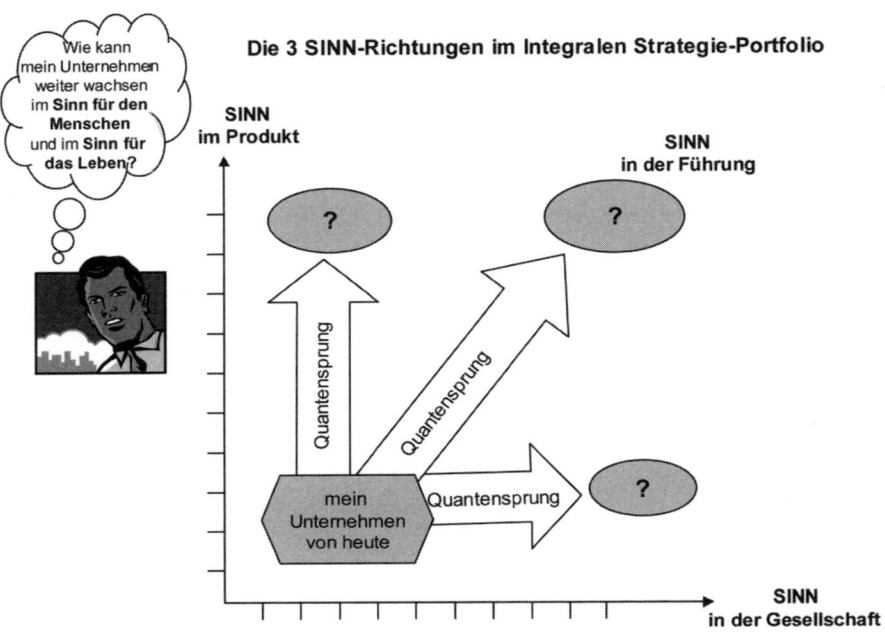

Abb.17: Das Strategische Sinn-Portfolio

> Ein Quantensprung ist ein deutlicher Zuwachs an
> Sinn für den Menschen und Sinn für das Leben.

Wie Firmen Quantensprünge im Sinn-Wachstum konkret vollziehen, dazu mögen Ihnen die folgenden Beispiele aus verschiedensten Branchen Anregung geben:

Quantensprung im Produkt

„Menschen kaufen keine Produkte. Menschen kaufen Sinn."

SO

206

Plus-Energie-Haus

„Wir haben die historische Chance zu einer Energieversorgung ohne weitere Klimaschäden", meinte der Vordenker, Wirtschafts- und Sozialwissenschaftler, wissenschaftliche Publizist, Träger des alternativen Nobelpreises und Mitglied des Bundestages Hermann Scheer.[2] Umgesetzt wurde diese Überzeugung in einem Plusenergiehaus.[3] Selbst Niedrigenergie- und Passivhäuser verbrauchen noch zu viel Energie bzw. emittieren CO_2 in die Atmosphäre. Mit dem Plus-Energie-Haus ist ein architektonisches Konzept gelungen, das 100% regenerative Energienutzung und emissionsfreien Betrieb ermöglicht und darüber hinaus das Haus als Kraftwerk funktionieren lässt, indem es ein Plus an sauberem Solarstrom in das öffentliche Netz einspeist.

Wertschätzende Kultur und Kommunikation

Eine Haltung der Wertschätzung bringt einen deutlichen Quantensprung. Er zeigt sich in höherer Effizienz und Effektivität. Und nicht nur das: Wertschätzend in der Firma zu kommunizieren[4] bewirkt, dass Probleme und Konflikte leichter und konstruktiver geklärt werden, dass echte Verständigung stattfindet und Meetings effizienter, aufrichtiger und friedlicher ablaufen. Und nicht nur das: Den Nutzen, den meine Kunden erleben, seit sie wertschätzend kommunizieren, beschreiben sie so:

„Das war die Geburtsstunde einer neuen Kommunikationskultur.", „mehr Effizienz", „wir sind schneller und effektiver", „mehr Kundenzufriedenheit", „das Verständnis für Kollegen ist besser", „motivierte Mitarbeiter", besseres Arbeitsklima", „Bewusstseinsarbeit", „ich fresse die Dinge nicht mehr in mich hinein", „man ist ausgeglichener", „Probleme nehme ich nicht mehr mit nach Hause", „positiver, friedlicher Gemütszustand", „es gibt 'ne Möglichkeit, Gefühle und Bedürfnisse unaufgeregt zu benennen und die Sache zu klären", „Befreiung von Schuld und Fehlern", „innere Gelassenheit", „mehr mit sich selbst im Reinen, ruhiger, konzentrierter auf die Arbeit."

Schule / Management-Ausbildung

Die Wirklichkeit ist nicht linear. Warum lehren wir sie dann so?

Quantensprünge im Produkt „Bildung" werden von all jenen Schulen geboten, welche von ihren Lehrmethoden her integral, systemisch unterrichten und damit den ganzen Menschen fördern und ihn in seinem gesamten Intelligenzpotenzial stärken.

Nicht nur in privaten, auch in staatlichen Schulen gibt es inzwischen Ansätze, in eine integrale Richtung zu gehen; (z.B. Grundschule…).

Und ein Quantensprung im Produkt Bildung für Manager wird von solchen Instituten geboten, die fachkompetente, emotional reife und seelisch klare Führungskräfte hervorbringen. (z.B. Lassalle-Institut, CH; European School of Economics, London; waldzell schule des lebens, u.v.a.)

Quantensprung im Produkt bedeutet: Wir entwickeln Innovationen, die einen hohen Sinn für das Leben bieten, oder wir erhöhen den (aktuellen) Sinn-Anteil in bestehenden Produkten. Es muss also nicht immer eine spektakuläre Erfindung sein, wie die Glühbirne oder der zukünftige Quantencomputer – aber ab und zu eben schon. Kontinuierlich dran bleiben und „in Sinn denken" – das ist entscheidend.

> „… jeden zehnten Tag eine kleine Erfindung,
> und eine große Sache alle sechs Monate."
>
> THOMAS ALVA EDISON[5]

Die großen Quantensprünge, da bin ich überzeugt, werden uns zukünftig gelingen dank unserer geistig-mentalen Kraft. Schließlich haben wir gerade erst begonnen, die enorme Kraft insbesondere des kollektiven Geistes zu erforschen. Wie wir sie konkret nutzbar machen – dazu lesen Sie erstaunliche Projekterfahrungsberichte im Kapitel 8.

Quantensprung in der Führung

„Mitarbeiter kommen wegen Sinn.
Und nur deshalb engagieren sie sich auch."

SO

Wodurch schaffen Unternehmen ‚eine Einheit' mehr Sinn – in der Unternehmens- und Mitarbeiterführung?

In schlechten Zeiten:
Investieren und entwickeln statt Personalkosten senken

Kurzarbeit in schlechten Zeiten? Gehälter kürzen und Mitarbeiter nach Hause schicken, damit sie dort mehr Zeit haben, auf den Fingernägeln zu kauen? – nein, das ist nicht die Strategie von Dr. Matthias Hocks, Geschäftsführer der ta.ts GmbH. Sein Credo und gleichermaßen seine Erfahrung ist, dass auch im konjunkturellen Abschwung etwas anderes als Sparen möglich ist: Investieren – in kreative Entwicklung.

Auch in solchen Zeiten traut er seiner Mitarbeiterschaft zu, ihr Potenzial umzusetzen und ihre kollektive Intelligenz, also die „PS auf die Straße" zu bringen. Statt Kurzarbeit anzuordnen, wurde die Arbeitszeit von 38,5 auf 40 Stunden pro Woche erhöht. „Die Erhöhung erfolgte ohne Lohnausgleich und war auf 1,5 Jahre befristet. Unser Ziel war, diese zusätzlichen Arbeitsstunden in erlöswirksame Auftragsarbeiten, Verkaufsaktivitäten sowie zukunftsweisende Entwicklungsprojekte zu stecken, statt z.B. durch Kurzarbeit nur die reinen Personalkosten zu senken. Die Mitarbeiter mussten so nicht auf einen Teil ihres regelmäßigen Einkommens verzichten – allerdings auf etwas Freizeit (ca. 20 Minuten/Tag)."[6] So entstand ein innovatives Backoffice-System, von dessen Effizienz die gesamte Branche profitiert. „Das Experiment war erfolgreich, da wir Zusatzerlöse realisieren konnten und unserem Entwicklungsprojekt ein erfolgreicher Marktstart gelungen ist. Als Ausgleich für die unentgeltliche Zusatzarbeit in 2010 konnte die Geschäftsführung nachträglich gar eine Sonderzahlung an die Mitarbeitenden leisten, da das Jahresergebnis den Plan überstieg."[7]

Sinn-Wachstum in den Unternehmen entsteht nicht von allein. Es hängt von den Menschen ab, die dort arbeiten. Und von deren Vielfältigkeit. „Denn Vielfalt erzeugt – bei den richtigen Rahmenbedingungen – Kreativität, die wichtig ist, um Wettbewerbsvorteile zu realisieren", erinnert uns Prof. Dr. Burkhard Schwenker.[8] Selbst in der Automobilzulieferbranche ist dies möglich.

Kollektive Intelligenz im Innovations- und Kreativitätsprozess

Personalabbau ist schließlich nur *eine* Möglichkeit, in der Krise zu agieren. Sich von der Vorstellung zu lösen, alleine das Management müsse geeignete, markige Rezepte vorgeben, kann eine *andere* sein. Das macht Platz für die Möglichkeit, die Kraft der Gruppe und damit das gesamte, in der Firma vorhandene Intelligenzpotenzial zu nutzen – wie das Beispiel der redi Group zeigt: „Entgegen dem Trend in seiner Branche der Autozulieferer entließ seine redi-Group trotz dramatischem Auftragsrückgang ab Oktober 2008 keine Mitarbeiter, sondern suchte gemeinsam mit diesen neue Betätigungsfelder – und wurde elf Monate später, nach einer harten Durststrecke, belohnt: Die redi-Group hat von ehemals 40 Mitbewerbern als eines von einer Handvoll Unternehmen überlebt und ist bereits wieder auf Wachstumskurs."

Vereinbarkeit von Familie & Beruf

Sinn in der Produktion wird auch deutlich erhöht, indem Betriebe die Vereinbarkeit von Familien- und Berufsleben fördern. Warum? Weil sie dadurch *nicht* auf Vielfalt verzichten. Nochmals erinnert uns der Aufsichtsratsvorsitzende der Roland Berger Strategy Consultants, Prof. Dr. Burkhard Schwenker: „(…) Vielfalt erzeugt (…) Kreativität, die wichtig ist, um Wettbewerbsvorteile zu realisieren. Unternehmen müssen deshalb alles tun, um die größten Talente für sich zu gewinnen und dauerhaft zu halten. (…) Familienbewusstes Engagement zahlt sich also nicht nur ideell, sondern auch betriebswirtschaftlich aus."[9]

Bekannte Unternehmen wissen das und sind hier ganz weit vorne: Familienteilzeit für Kindererziehung bzw. die Pflege von Angehörigen, Elternteilzeit für Männer und Führungskräfte (Merz, Bosch, Braun, Daimler, u.a.); flexible, lebensphasenorientierte Arbeitszeiten ermöglichen längere Pausen ohne Know-how-Verlust (Ergo Versicherungsgruppe, Techniker Krankenkasse, Windwärts Energie GmbH).

Quantensprung im gesellschaftlichen Engagement

„Gesellschaften, die Sinn machen, überleben nicht nur.
Sie leben ihre Vitalkraft."

SO

Den Erfolg einer Gesellschaft misst man vor allem auch daran, wie sie mit dem bzw. den Ausgegrenzten, den sozialen und ökologischen Schwachstellen umgeht. Ein Unternehmen zu betreiben ist eine gesellschaftliche Aktivität.

Wie Firmen, den Sinn erhöhen und zu einer Gesellschaft beitragen, in der Menschen gerne leben möchten, auch dazu gibt es unzählige Möglichkeiten. Welche Sie präferieren, hängt ganz von Ihrer individuellen Unternehmensgeschichte, -kultur und -intelligenz ab.

„Der beste Weg ist nicht der, den wir gewohnt sind."

WOLF LOTTER, JOURNALIST[10]

Integration von über 50-jährigen Arbeitslosen

Das Möbelhaus Segmüller stellte bewusst etwa 190 Arbeitslose ein, die über 50 Jahre alt waren – Menschen, die „in diesem Alter" bei der Agentur für Arbeit als suchend gemeldet, kaum noch eine Chance haben, jemals vermittelt zu werden.[11] Segmüller war schlauer und wusste: „Junge Besen kehren gut, aber alte kennen die Ecken besser." Die Firma wurde mit dieser Personalpolitik der Erfahrung und Produktivkraft jener Menschen gerecht. „38% der über 500 Beschäftigten sind über 50 Jahre alt – damit waren wir sehr erfolgreich."[12]

> „Denklogistik sozusagen.
> Wenn das Bewusstsein sich bewegt, dann ist das schon mal gut."
>
> WOLF LOTTER[13]

Aus Urlaub wird Ausbildungsplatz!

Durch freiwilligen Verzicht auf eigene Urlaubstage schufen die 55 Mitarbeitenden der ta.ts GmbH, eines IT-Unternehmens im Lufthansa-Konzern, eine neue Azubi-Stelle. Kein leichtes Unterfangen, nicht jeder Mitarbeitende war anfangs dafür zu haben; doch die gesamte Belegschaft rang darum, und schließlich trug die Auseinandersetzung Früchte. Angeregt wurde das Vorhaben von einigen Kollegen, die sich von der ausweglosen Situation vieler Jugendlicher berühren ließen, die aufgrund der Knappheit auf dem Arbeitsmarkt keinen Ausbildungsplatz bekommen und nach dem Sommer auf der Straße stehen würden. In ihrer eigenen Firma war jedoch kein Budget für weitere Azubistellen verfügbar – und so entstand die Idee. Aus dem anfänglichen Impuls „da müssen wir doch etwas tun" wurde eine Erfolgsstory.

„Dass es uns als eigenständiger Einheit eines großen Konzerns gelungen ist, eine solche Initiative in die Tat umzusetzen und so zwei jungen Menschen den Start in das Berufsleben zu ermöglichen, ist ein starker Beweis für den Teamgeist und das soziale Verantwortungsbewusstsein im Unternehmen", freut sich der Geschäftsführer Dr. Matthias Hocks. Und der Betriebsratsvorsitzende Franz Drewniok kommentiert: „In Zeiten, in denen auch in unserer Branche überall von Personalabbau und Kürzungen die Rede ist, ist diese Vereinbarung ein echter Lichtblick".[14]

Im Integralen Management entwickeln wir einen Blick für das bislang Ausgegrenzte. Vorreiter-Unternehmen erhöhen beständig den gesellschaftlichen Integrationsgrad, um wirklich immer mehr die *eine* Welt zu schaffen, in der soziale Trennung, so wie wir es heute kennen, gar nicht mehr existiert. Gelingt es, sich selbst im anderen zu erkennen, fällt die Erhöhung des Integrationsgrades leicht.

Nachhaltige, umweltschonende Produktion

Sinn-Pionier in der Hotelbranche ist auch hier Bio-Seehotel Zeulenroda[15], welches Tagungen, Firmen-Events oder gar den Wellnessurlaub als CO_2-neutrale Green Events umsetzt. Die entstehenden CO_2-Emissionen gleicht das Hotel ohne Zusatzaufwand und Aufpreis für seine Kunden aus. Im Empfangsbereich steht ein Klimarechner, an dem jeder Hotelgast die CO_2-Belastung seiner Anreise neutralisieren kann. Das könnte im Grunde jedes Unternehmen für seine Kunden und Besucher bereitstellen.

Was das Unternehmen unternimmt, reicht in die Region und Gesellschaft hinein: Es animiert die umliegenden Bauern von konventioneller auf Bio-Produktion umzustellen und dabei garantierter Zulieferbetrieb zu werden. Darüber hinaus arbeitet das Hotel in Zusammenarbeit mit den benachbarten Unternehmen Waikiki, Bauerfeind AG, u.a. daran, zur energie-autarken Region zu werden.

> Quantensprünge finden im Denken und Bewusstsein statt –
> nirgendwo sonst.

Quantensprünge finden im Denken und Bewusstsein statt. Mit diesen Quantensprüngen gestalten wir die Zukunft. Und der Zukunftsforscher Matthias Horx stellt fest:

„Man kann die Zukunft „von oben nach unten" erzählen – also von den Megatrends aus die Details deklinieren. Man kann aber auch umgekehrt den Wandel der Welt aus dem Kleinen, dem Detail heraus erklären. Mikrotrends sind die Produkte eines neuen, vernetzten Weltzustandes. Aus schöpferischen Impulsen entsteht eine Evolution. Wenn all diese Ideen sich vernetzen, dann werden darin auch die größeren Strukturen sichtbar, die längeren Trendwellen. Mikrotrends sind die „Basisagenten" dieser Trendwelt. Die „little mover", die fleißigen Bienen der Veränderung. Feiern wir sie!"[16]

Es sind die Quantensprünge in eine neue Zeit.

Ich mache mir bewusst:

⇨ Quantensprünge im Sinn-Wachstum kann jeder vollziehen , auch – und vor allem – Sie!

⇨ So stärken Sie Ihre Unternehmensmarke, schaffen klare Wettbewerbsvorteile und

⇨ Ihr Unternehmen wird zu einem Ort, dem Menschen zugehörig sein wollen.

VII

Navigationssystem Seele

VIIa: Wirtschaftsmotor Seele

Wenn wir Quantensprünge im Sinn-Wachstum erreichen, somit den Wirtschaftsmotor neu in Schwung bringen und eine verlässliche Stabilität in der Wirtschaft
entstehen lassen wollen, dann ist eine Ressource von entscheidender Bedeutung:
die Seele – oder das, was wir das Selbst nennen.

„In Selbsthilfebüchern steht oft: „Sei einfach du selbst", was denken Sie darüber?

A) Das kann man doch nicht jedem wünschen.
B) Von wegen „einfach".
C) Wer bin ich, und wenn ja, wie viele?
D) Alles muss man selber machen."[1]

David, Pollini und das Original – oder:
Warum wir nicht als Stuhl geboren wurden.

Darf ich Sie einladen? Begleiten Sie mich auf eine Zeitreise in die Vergangenheit? Dann stellen Sie sich bitte vor: Jetzt an dem Ort, an dem Sie sich gerade befinden, neigt sich der Tag und die Dämmerung bricht an. Sie besteigen
ein Flugzeug und fliegen in den Sonnenuntergang hinein, in Richtung Süden.

Sie überqueren die Alpen, fliegen über Südtirol weiter den italienischen Stiefel hinunter, bis Sie in Florenz mitten auf dem Marktplatz landen. Und mit der räumlichen Distanz haben Sie auch die Zeit überwunden und befinden sich nun, über 500 Jahre zurück, im Jahre 1504. Viele Florentiner Bürger, gemeines Volk und Adelige sind auf dem wichtigsten Platz der Stadt zusammengelaufen, eine aufregende Spannung liegt in der Luft, weil sie wissen, dass heute Abend etwas Besonderes geschehen soll. In den vergangenen vier Jahren hatten sie lediglich als Ohrenzeuge vermuten können, dass sich hinter einem mehrere Meter hohen Bretterverschlag auf dem Platz etwas Bedeutendes vollzog. Der Bildhauer Michelangelo hatte dort im Verborgenen an einem Kunstwerk gearbeitet.

Heute Abend soll das Geheimnis gelüftet werden: Was der Künstler all die Jahre geschaffen hat, wird endlich enthüllt. Die Bretter werden weggenommen. Ein Raunen und Staunen und Ausrufe der Bewunderung gehen durch die Menge, als die Statue des David sichtbar wird. Und immer wieder ist die Frage zu hören: „Michelangelo, wie hast du das nur gemacht? Wie konntest du etwas von solcher Vollkommenheit schaffen?" Der Künstler antwortet darauf: „Das war gar nicht schwierig. David war bereits in dem Marmorblock enthalten. *Ich musste nur das wegnehmen, was nicht David war.*"

So führte uns der Bildhauer Michelangelo sehr eindrücklich die Kraft und Authentizität unseres Originals vor Augen.

Reflexion zur „Originalerfrischung"

Nehmen Sie sich drei bis fünf Minuten Zeit: atmen Sie ein paarmal tief ein und aus und schließen Sie die Augen.

Wenden Sie Ihre Aufmerksamkeit nach innen:

- Spüren Sie hin zu Ihrem Original, zu Ihrem Wesenskern!
  Was nehmen Sie dort – in Ihrer inneren Mitte – wahr?
  Welchen Raum, welche Weite, welche Freiheit und Tiefe … spüren Sie in sich?

Welche Qualitäten sind hier spürbar?

- Bleiben Sie in Ihrer Mitte fokussiert und hören Sie auf die inneren Impulse:

Was empfiehlt Ihr Original? Welche Richtung schlägt es vor?
Welche Qualitäten werden dann erlebbar? Für Sie? In Ihrem Business? Für Ihre Mitarbeitenden?

- Welche Marmorbrocken möchten Sie weglassen, die nicht Ihrem Original entsprechen?
  Was tun Sie dann – ab sofort? Was tun Sie dann nicht mehr?

Jeder von uns spürt ganz klar den Unterschied, wenn wir uns in einem Rollenspiel verlieren oder authentisch in unserem Original, in der eigenen Mitte und aus dieser inneren Wahrhaftigkeit heraus unterwegs sind.

„Ich möchte, dass er das Besondere, das er ist, genau kennen lernt, denn andernfalls wird er nicht merken, wenn dieses Etwas anfängt zu verschwinden. Ich möchte, dass er den subtilen, hinterhältigen und wichtigen Grund kennen lernt, weshalb er als Mensch und nicht als Stuhl geboren worden ist"[2], lässt der Drehbuchautor Herb Gardner den Hauptdarsteller in einem seiner Theaterstücke sagen.

Umkehrschwung in meinem frühen Berufsleben:

„Gehe nicht auf ausgetretenen Pfaden,
sondern bahne dir selbst einen Weg und hinterlasse eine Spur."

RALPH WALDO EMERSON

Nachdem ich etwa 5 Jahre als Projektmanagerin in einem Unternehmen beschäftigt und dort sehr gerne tätig gewesen war, erlebte ich in mir immer wieder das Folgende: Während ich den Flur entlangging auf dem Weg in die wöchentliche Besprechung mit der Geschäftsführung, sah ich mir selbst zu und fühlte, wie nur meine äußere Hülle zum Geschäftsführungsmeeting weiterging, meine innere Mitte, mein Wesenskern, sich aber in mir selbst umdrehte und genau in die entgegengesetzte Richtung fortging. Wie ein zweites inneres Ich. Heute würde ich sagen: Mein Selbst wollte eine andere Richtung einschlagen, denn das, was ich dort in jenem Unternehmen zum Ende hin tat, hatte nicht mehr viel mit meinem Original zu tun. Und tatsächlich: Bald darauf verließ ich das Unternehmen. Das war ein wichtiger Schritt auf dem Weg, die zu werden (sein), die ich bin. Doch sollte ich es noch mit einigen Marmorbrocken zu tun haben…!

„Meine Seele weiß exakt,
wenn ich von meinem inneren Weg abkomme."[3]

CLEMENS KUBY

Hochrot und höllisch juckend die Haut beider Beine und mein Kopf nur mit einer einzigen Frage beschäftigt: Wie viele Sekunden kann ich es hinauszögern, bevor ich mich schon wieder kratze? So ging es mir, als ich in einem Spin-off eines namhaften global agierenden DAX-Unternehmen beschäftigt war. Nach 6 Monaten, am letzten Tag der Probezeit, kündigte ich. Zweifellos zum Segen jenes Unternehmens – und meiner selbst. Ich bin sicher: Mein Engagement in jenem System war rückblickend betrachtet eine Nullnummer – ohne Effekt für die Firma. Für mich durchaus verbunden mit einem Lerneffekt: war ich doch meiner Monointelligenz auf den Leim gegangen, als ich den alleinigen Verlockungen meiner Ratio gefolgt war: „Ja, entscheide dich für den namhaften DAX-Konzern, der ist weltweit bekannt, das macht sich gut in deinem Lebenslauf…!"

Wäre ich damals auch mit meinen spirituellen, emotionalen und intuitiven Intelligenzen online gewesen, hätte ich gemerkt, dass ich mit meinem Talent dort überhaupt nichts auszurichten vermochte. Dass jenes Unternehmen und ich, zu jenem Zeitpunkt zumindest, quasi zwei inkompatible Systeme waren.

> „Ich kenne Menschen, in denen steckt ein ganzes Universum,
> unermesslich.
> Aber herauskriegen tut man es nicht."
>
> PATRICK SÜSKIND, IN: DER KONTRABASS[4]

Und so war mein Berufsalltag damals unendlich nüchtern und grau; ich funktionierte nur noch und hatte das Gefühl, mehr tot als lebendig zu sein. Niemals zuvor glaubte ich auf so viel Lebendigkeit im Beruf verzichtet zu haben. Meine Haut zeigte es mir allzu deutlich: Ich fühlte mich nicht wohl in ihr. Die neuesten internen Informationen erfuhr ich immer als Letzte; auch verstand ich die unsichtbaren, informellen Hierarchien nicht, wer mit wem überhaupt reden durfte; ich ging immer direkt auf die Betreffenden zu. Das entsprach nicht der gewünschten Kultur. Wie man dort Innenpolitik betrieb, das Misstrauen und Taktieren in strategischen Geschäftspartnerschaften und das manchmal ineffiziente interne Geschäftsgebahren blieben mir ein Rätsel.

Bald nachdem ich jene Firma verlassen hatte, wurde sie zerschlagen – wegen Ineffektivität. Und dennoch: Damals hatte ich das Gefühl, dort versagt zu haben. Ich verließ das Unternehmen, ohne einen nennenswerten Beitrag geleistet zu haben. Am unangenehmsten empfand ich jedoch meine Verabschiedung. Vor versammelter Mannschaft bekundete der Geschäftsführer, wie sehr er meine Kündigung bedaure, schließlich sei ich die ideale Besetzung für jene wichtige Stelle gewesen. Wir beide wussten, dass dem nicht so war. Und alle Kollegen, die sich zum Abschied versammelt hatten, wussten es auch. Diese Nicht-Echtheit lag wie Blei in der Luft.

> „Eine unvergleichliche Gnade,
> sich selbst zu gehören."
>
> SO

Im Kündigungsgespräch hatte mich der Geschäftsführer jenes Unternehmens nach meinen beruflichen Plänen gefragt und auf meine Antwort hin halb bedauernd und halb besorgt ausgerufen: „Oh je, Sie sind doch keine Beraterin!" Er ließ keinen Zweifel daran, dass das nicht gut gehen und sich als die dümmste

Entscheidung meines Lebens erweisen würde. Und er mag Recht gehabt haben: Möglicherweise war, bin und werde ich niemals eine Beraterin sein, die seinen Vorstellungen von „Beraterin" entsprach. Das etablierte Rollenklischee erfülle ich vermutlich nicht.

> „Nur wer seinen eigenen Weg geht,
> kann von niemandem überholt werden."
>
> MARLON BRANDO

Heute bin ich als Beraterin und Coach für Integrales Management im In- und Ausland gefragt. Es ist erfüllend, diese Arbeit zu tun. Ich erlebe tiefe Verbundenheit und Vertrauen sowie echte Wertschätzung für und von meinen Kunden. Mein Umsatz hat sich stetig und gerade in den letzten Jahren um mehr als 50% erhöht. Mir treu sein. Mein Original leben. Nicht nur in meinem, auch in den Unternehmen, die ich berate, stelle ich fest: Die Seele kann und will uns als Seismograph für nachhaltig ökonomisches Wirtschaften dienen.

> Seele ist ökonomische Ordnung.
> Seele stellt geordnete Ökonomie her.

Über Maurizio Pollini, dem Weltklasse-Pianisten, der auf den großen Bühnen wie der Carnegie Hall oder der Met zu hören ist, geht die Legende, dass er sich regelmäßig vor seinen großen Auftritten in der Toilette einschließt. Voller Zweifel und Sorge, er könnte nicht gut genug sein. Sein Manager, diesseits der Toilettentüre, bekniet ihn jedes Mal, doch herauszukommen, da der Saal schließlich voll besetzt sei und das Publikum schon warte.

Bisher ist er immer noch herausgekommen – um wieder einmal ein erstklassiges Konzert zu spielen.

Obwohl wir alle – jeder Mensch, jede Firma – potenziell, von unseren Anlagen her Weltklasse sind, haben wir manchmal das Problem, mit unserem Original selbst-bewusst (aus der Toilette herauszukommen und) hinaus auf die Bühne zu treten. Das ist immer dann der Fall, wenn wir uns als Firma zu sehr an etablierten Standards im Markt, an Rankings und Benchmarks orientieren und darüber die unverwechselbare Einzigartigkeit von uns als Unternehmensorganismus vergessen. Diese Besonderheit – die Seelenweisheit des Originales – gilt es, freizulegen, sichtbar werden und wachsen zu lassen.

Gelebte Unternehmenspraxis:
Sich treu bleiben und neue Marktbedingungen schaffen
(Sonnentor GmbH)

„Aus dem Empfinden mit bewegter Seele
leitet sich das Denken mit klarem Verstand ab.“

DR. W. MEDINGER, QUANTENPHYSIKER[5]

Johannes Gutmann, Chef der Sonnentor GmbH, war überzeugt: Diese Region braucht etwas Besonderes. Den Hof der Eltern im österreichischen Waldviertel wollte er nicht einfach übernehmen. Bio-Kräuter, -Tee und -Gewürze anzubauen – das schwebte ihm vor – und dafür wurde er von seiner Umwelt geradezu ausgelacht. Denn ausgerechnet hier im Waldviertel! Mit den mageren, dürftigen Böden. Das konnte nichts werden. Ein Spinner! Zudem waren die Regale der großen Supermarktketten prall gefüllt mit verschiedensten Teesorten renommierter Großkonzerne, bekannt für ihre starke Marktposition. Dort war kein Platz mehr und niemand wartete auf einen Kleinstanbieter, der sagt: Ich hätte da einen Tee. Einen guten. Einen biologischen.“ Der Markt war verteilt.

> Sich nicht an Marktgegebenheiten und etablierten Standards aufzuhalten, sondern selbst Brancheninnovationen zu schaffen – das ist das ökonomische Potenzial der Seele.

In den Werbeanzeigen von Sonnentor sehen Sie heute die Gesichter von Bauern, die ihn einst belächelten; er zeigt sie authentisch und schafft so Identität. Gutmann achtet den Beitrag der Bauern – er spricht nie „von „seinem" Erfolg, sondern stets von „unseren Leistungen und Möglichkeiten".[6] Und Gutmann wertschätzt sich selbst, indem er der Idee seiner Seele treu blieb – und bleibt.

Inzwischen ist Sonnentor zum Global Player geworden, der in weltweit über 40 Länder exportiert. Und in 2010 wurde das Unternehmen als hervorragender „Franchise-Geber Newcomer" ausgezeichnet.

Es berührt mich, wenn ich meine Kunden in dem Freilegungsprozess ihres Originals begleiten und die überwältigenden ökonomischen Ergebnisse beobachten darf.

600 Menschen sitzen im Hörsaal der Goethe-Universität in Frankfurt am Main. Heiko Rittweger eröffnet den von ihm nun schon zum zweiten Mal veranstalteten Bleep-Kongress. Hochkarätige Quantenphysiker, Naturwissenschaftler, Ökonome und Spirituelle Meister aus aller Welt referieren an zweieinhalb Tagen über Wissenschaft und Bewusstsein und darüber, wie wir als Menschen unsere Realität konstruktiv gestalten können. Neben den weltweit renommierten Experten sind 600 Teilnehmer aus Deutschland und anderen Ländern zusammengekommen. Der Kongress ist bereits zur Institution geworden, zum beliebten Treffpunkt, auf den *Hunderte* von Menschen jedes Jahr warten, um mehr von dieser Welt zu verstehen. Und das alles geschieht nur, weil *einer* sich aufmachte, sein Original freizulegen und der Stimme seiner Seele zu folgen: Heiko Rittweger. Seine Marketingagentur betreibt er weiterhin.[7]

> „(...) odd, wintry flowers upon the whithered stem.
> Yet new, strange flowers.
> Such as my life has not brought forth before. New blossoms of me.(...)"[8]
>
> D.H. LAWRENCE

Öffnen wir unsere Seele, machen wir sie immer weiter auf, so lassen wir alle etablierten Rollenklischées und bisherigen Konzepte über unsere Identität los. Dann lassen wir uns überraschen von der Urkraft und dem Gestaltungswillen unseres Originals. Wir öffnen uns dem und tun das, was durch uns werden will in dieser Welt.

Wir sind eine Veröffentlichung des Unsagbaren. Jeder von uns. Bei aller Verschiedenheit ist jeder Mensch Ausdruck der einen Ur-Wirklichkeit, die im Hintergrund da ist und alles verbindet.

> „Wir sind durchdrungen von dieser Ur-Wirklichkeit,
> die hinter allem ist."
>
> WILLIGIS JÄGER, MYSTIKER DER GEGENWART

Es lebt etwas in uns, das wir zutiefst sind und das über uns hinausgeht. Im Wesen unserer Seele sind wir durchtönt von der Ur-Wirklichkeit, die alles durchdringt. Durch unsere unsterbliche Seele sind wir verbunden mit der Ur-Wirklichkeit. „So wird im Weltbild der neuen Physik (...) eine immaterielle, nicht auftrennbare, fließende Verbundenheit der Welt zum eigentlichen Fundament. Lieben und kreatives Leben (…) wird zum Urgefüge der Wirklichkeit"[9], so der Quantenphysiker Prof. Dürr.

ein Allganzes ist Es[10]

das Unendliche
ungeboren
und nie gestorben
das ES
unseres Selbst
unwandelbar und groß
im
ICH BIN.

Dem eigenen Original treu sein. Der werden, der wir sind.

Was braucht es dazu? Zum einen: das Vertrauen in sich selbst. Dadurch erleben wir Verbundenheit und, dass wir eingebunden sind in einen größeren Sinn-Zusammenhang. Persönliche Seele – Unternehmensseele – Weltseele sind schließlich verbunden und in Resonanz miteinander.

Das kann nur dann geschehen, wenn, … ja, wenn wir die innere Stimme überhaupt hören und nicht mit dem lärmenden Getöse des Alltags übertönen. Vorausgesetzt wir hören die innere Stimme *und* entscheiden uns auch, ihr zu folgen: Dann kann unsere Seele ökonomische Ordnung wieder herstellen. Das haben wir bereits an vielen Beispielen gesehen und das sollte auch ich einmal mehr erfahren:

Gelebte Unternehmenspraxis:
„Schreib´ endlich dieses Buch!" (SO)

Völlig frustriert kehrte ich von einem Akquisetermin in Frankfurt zurück. Mein Gefühl war: Das wird eh´ nichts. Dabei brauchte ich doch so dringend neue Aufträge. Aber die Unternehmen schienen in diesen „konjunkturell schwierigen Zeiten" den Hahn für Weiterbildung und Beratung zuzudrehen. Die Budgets wurden gestrichen. Müde und verzweifelt ging ich in die Tiefgarage, wo ich mein Auto geparkt hatte. Auf dem Weg dorthin hörte ich wieder diese leise Stimme: „Jetzt schreib´ dieses Buch!" Schon mehrmals hatte ich – ohne etwas damit anfangen zu können – diesen Satz in mir gehört. Nun wurde die Stimme immer eindringlicher. Wenn auch leise, so wiederholte sie permanent: „Jetzt schreib´ endlich dieses Buch!" Ich erinnere noch gut, wie ich mich erschöpft auf den Fahrersitz fallen ließ und laut sagte: „Okay, ich ergebe mich!" Ohne zu wissen, worauf ich mich da einließ.

Nach sehr vielen fruchtlosen Bemühungen, Kunden zu gewinnen, war ich endlich bereit, auf- und nachzugeben Und der Alleingang der Ratio – merken Sie es? – fand schließlich ein Ende. Lange genug hatte ich mit der Überzeugung „ich muss doch etwas tun, mich bemühen und neue Aufträge generieren" unbewusst nach Einsteins Bonmots gehandelt: „Verrückt ist, immer wieder das Gleiche zu tun und jedes Mal ein anderes Ergebnis zu erwarten."

> „Die eigene Bestimmung zu erfüllen,
> ist die einzige Verpflichtung des Menschen."
>
> KENZABURO OE[11]

Ich schrieb das Buch. Um das tun zu können, meldete ich mich sogar arbeitslos. Keine leichte Entscheidung. Doch hielten mir diese geringen Einkünfte den Rücken frei, um monatelang konzentriert das Buch fertig zu erstellen. Bald nachdem „Management für die Zukunft: Spirit in Business – anders denken und führen" erschienen war, wurde ich als Vortragsreferentin von vielen Wirtschaftskongressen und von Firmen für Beratungen gebucht … der Erfolgsweg ging bergauf. In einer neuen Qualität.

Im Coaching, meiner Arbeit mit Menschen, gehe ich von einer Annahme aus:

> Jeder Mensch hat etwas Einzigartiges zu geben.
> Und diese Gabe wird auf dieser Erde, genau heute und hier, benötigt.

Jeder Mensch (jedes „Original") ist mit einer einzigartigen Gabe ‚begabt'. Sie tatsächlich auch zu geben macht Sinn. Das eigene Original erkennen und leben und sich überraschen lassen von dem, was auch Ich ist – bedeutet auch: sich führen zu lassen. Auch wenn unser Verstand sich manchmal etwas ganz anderes ausgedacht hat, so scheint es wichtig, im Vertrauen zu bleiben und offen zu sein für das, was die Welt von uns will.

Sich führen lassen

Selbstführung. Mitarbeiterführung. Unternehmensführung – alles bekannt. Da haben wir viele Seminare besucht. In allen drei Disziplinen sind wir in der Regel fit und kompetent. Doch „Sich – von der inneren Weisheit – führen *lassen*" ist die 4. Führungsdisziplin. Neben der Selbst-, Mitarbeiter- und Unternehmensführung ist sie eine entscheidende Fähigkeit für den Erfolg.

Merkmal der Seele ist ein deutlich schemenhaftes Ahnen. Aber in diesem Ahnen ist Gewissheit. Ein Wissen, das tiefer ist als unser Fachwissen. Wir können nicht alles vorausplanen, es gilt, uns durchlässig und offen zu halten für die Inspiration. Für die überraschende Gewissheit – dass da mehr ist als das bisher Bekannte und Kategorisierte.

> „Der kühle Verstand
> geht aus einer bewegten Seele hervor."
>
> SPINOZA

Gelebte Unternehmenspraxis:
Das Kompetenzzentrum für biologische Krebstherapie
in Deutschland
(Klinik im Leben)

In einer Zukunftswerkstatt, die ich mit den Ärzten, den Führungskräften und Mitarbeitenden der „Klinik im Leben"[12] durchführte, würdigten diese ihre eigene Unternehmensgeschichte und die Hochs und Tiefs, die sie gemeinsam durchlebt hatten. Einige Ärzte, Pflegerinnen und Therapeuten berichteten: „Anfangs hatte ich noch ein ganz anders Welt- und Selbstbild. Ich kam aus der Schulmedizin und im Grunde bin ich damals nur einer Ahnung gefolgt, dass da noch etwas mehr ist, dass es da noch eine andere, eine weitere Wahrheit gibt. Einen ganzheitlichen Ansatz neben der Sichtweise der herkömmlichen Medizin. Auch erzählten sie von ihren anfänglichen Zweifeln: „Als wir einem Rheumapatienten eine Darmspülung verordneten – na ja, da dachte ich schon: Ist das seriös? Kann das wirklich helfen? Aber wir haben immer mehr gelernt und aus der Erfahrung gesehen, dass das wirkt."

> „Wenn eine Idee am Anfang nicht absurd klingt,
> hat sie keine Hoffnung."
>
> ALBERT EINSTEIN

Heute ist die „Klinik im Leben" *das* Kompetenzzentrum für biologische Krebstherapie in Deutschland. Die Heilerfolge der Klinik sind überdurchschnittlich hoch. Was ihren Gesundheitsverlauf angeht, so geben über 2/3 der Patienten an, von der Therapie profitiert zu haben.[13] Und die Ärzte, Schwestern und Therapeuten sind nur deshalb zu diesen hochkarätigen Experten geworden, weil sie der Ahnung ihrer Seele auf der Spur geblieben sind. Die Seele lenkte die Aktivitäten in eine Richtung, welche sich inzwischen als erprobtes Wissen und kompetente Erfahrung herausgestellt hat.

Eine jüngst hinzugekommene Mitarbeiterin reflektiert über ihre ersten Wochen in der Klinik: „Ich habe noch nie derart hoch qualifiziertes Wissen in der Alternativmedizin kennen gelernt. Das hat mich sehr beeindruckt. Deshalb arbeite ich gerne hier."

Viele Teammitglieder äußern, dass sich ihr Verständnis von Zusammenhängen erweitert und dies ihr Welt- und Selbstbild im Laufe der Jahre, in denen sie in der Klinik arbeiten, verändert hat. Wenn der Quantenphysiker Prof. H.-P. Dürr sagt: „Wir erleben mehr, als wir begreifen", dann können wir angesichts der Mitarbeitenden der Klinik sagen: Sie begreifen heute mehr von dem, was sie erleben. Die Wirklichkeit mit ihren Wirk-Zusammenhängen hat sich ihnen ein wenig mehr enthüllt, indem sie sich auf ihren eigenen Weg machten.

> „Die Seele ist ein Feld – ein naturwissenschaftliches Modell
> der spirituellen Erfahrung."
>
> RUPERT SHELDRAKE, WISSENSCHAFTLER[14]

Wieder einmal sahen wir: Die Gewissheit der ursprünglichen Ahnung unserer Seele zahlt sich ökonomisch aus. Es ist an der Zeit, uns von der Idee zu verabschieden, Seele hätte nichts mit ökonomischer Vernunft zu tun. Der Übergang vom trennenden ins integrale Paradigma steht an. Er vollzieht sich gerade. Viele Firmen gehen diesen Schritt bereits. Es sind die erfolgreicheren.

Im Integralen Management gestalten wir
mehr von dem, was die Wirklichkeit uns an Möglichkeiten bietet.

> „Aus dem Schein der Seele steigt oft
> ein voller heller Schein und Klang, das heißt eine Erkenntnis,
> in der der Mensch oft mehr weiß und erkennt,
> als ihn irgend jemand lehren kann."
>
> JOHANN ARNDT[15]

Das Wissen und die Fachkompetenz mit anderen Ärzten zu teilen, dazu wurde die „Akademie im Leben" in 2009 von der „Klinik im Leben" neu gegründet. Inzwischen wurde das Personal der Klinik mit ihren Praxen und Therapieeinrichtungen also selbst zu Lehrenden. Die Akademie bietet für Ärzte aus dem In- und Ausland sowie für mittleres medizinisches Personal verschiedene Studiengänge in Biologischer Medizin und ganzheitlichem Heilen an. Neben dem Master und Bachelor in Biologischer Medizin werden weitere Zusatzmodule angeboten.

227

„Reife heißt", nach Dag Hammarskjöld, „seine Stärke nicht zu verbergen und sie nicht aus Schüchternheit unter ihrer vollen Größe zu leben."

„Die gesamte gegenwärtige Zivilisation ist lebensnotwendig angewiesen auf Dinge, deren bloße Idee der vorangegangenen Generation als Hirngespinst gegolten hat."

ANDREAS ESCHBACH[16]

„It always seems impossible until it is done."

NELSON MANDELA[17]

Therapeutische Maßnahmen werden von den Krankenkassen nur dann bezahlt, wenn diese nachweislich wirksam und wirtschaftlich sind. In der Schweiz wurde in 2009 per Volksabstimmung die Komplementärmedizin in der Schweizer Verfassung verankert. Seither hat jeder Schweizer Bürger ein Anrecht auf die Behandlung mit Naturheilverfahren (Homöopathie). Eine Frage der Zeit also, wann weitere europäische Länder nachziehen. Die „Klinik im Leben" ist fest entschlossen, die deutsche Gesellschaftspolitik in diesem Sinne mit zu prägen. Der Bedarf und das Bedürfnis der Menschen ist da. Auch hier in der breiten Masse gibt es ein Ahnen, dass da noch mehr ist, was wirkt.

Wirtschaftsmotor Seele?

Wir haben gesehen, dass die Berücksichtigung der Seele im wirtschaftlichen Handeln eine Tür zu neuen Möglichkeiten öffnen kann. „Na ja", mögen Sie sagen, „in inhaber-geführten Unternehmen mag das gehen. Doch wie soll seelenbasierte Unternehmensführung in einem Konzern oder management-geführten Unternehmen funktionieren? Das geht ja wohl kaum – selbst wenn da ein Bereichsleiter ist, der diese Haltung haben mag – im gesamten Konzernsystem wird er wohl kaum durchdringen, wenn z.B. die Vorstände anderer Auffassung sind."

Ja, so ähnlich erging es mir auch einmal. Als ich Bereichsleiterin war, hatten wir in unserem Team diesen Selbstrespekt (diese Achtung der Seelen). Wir hatten Freude, stritten konstruktiv und hatten gute Umsätze und Gewinne.

Und dennoch fühlte ich mich damals mit meinem Bereich wie in einer Glaskugel. Sie kennen sicher diese mit Schnee gefüllten Glaskugeln? Nichts von

unserem Ansatz schien, trotz vieler Bemühungen, zu den Vorständen durch-
zudringen; die tickten ganz anders. Inneren Frieden fand ich erst – nach einer
Zeit des Kämpfens und Haderns[18] – als mir bewusst wurde: *Dass andere anders
drauf sind, ist vollkommen legitim.*

Ich lernte: Immerhin, in meinem Verantwortungsbereich funktioniert es. Und
auch später lernte ich durch meine Kunden: Ein guter Geist wirkt und zahlt sich
überall aus, in jeder Betriebsgröße und jeder Branche. Es funktioniert, egal, wo
wir tätig sind. So wie die Schwerkraft – sie wirkt ja auch nicht nur in bestimmten
Regionen Deutschlands, sondern überall.

Das konnten wir sehen: Im rauen Klima des Waldviertels der Sonnentor GmbH,
welche die Existenz von 150 Bauern so grundlegend sichert, dass sie heute sogar von staatlichen Förderungen unabhängig sind. In über 40 Ländern der Welt
sind die Sonnentor-Produkte inzwischen erhältlich. Es funktioniert in der „1-Z-
Lage" von Zeulenroda, wie der Direktor die strukturell nicht gerade brillante
Ausgangslage des Bio-Seehotels[19] schmunzelnd nannte, genauso wie in der Tief-
bauingenieursbranche, wie wir am Beispiel des Ingenieurbüros Osterhammel[20]
sehen konnten. All diese Manager folgten einem ökonomischen Geist und der
Weisheit (dem Potenzial) ihrer Seele.

> Die Seele ist Wirtschaftsmotor.

Die Achtung der Seele hat etwas mit Selbstrespekt und Würde zu tun. Sie weckt
die Lust an der persönlichen Verantwortung und der eigenen Gestaltungsmacht.

Wo beginnt Erfolg?

In Coachings von Top-Führungskräften erfahre ich immer wieder: Nicht der
12-Stunden-Tag ist es, der uns Kraft kostet und zum Burn-out führt. 12 Stunden
zu arbeiten, ist an sich kein Problem. Ausgebrannt sind wir dann, wenn das,
was wir tun, keinen Sinn mehr für uns macht. Wenn das, was wir tun, nichts
mehr mit unserem Selbst, der eigenen Seelen-Fähigkeit und Weisheit zu tun hat
und mit dem Besonderen, das wir zu geben haben, noch mit unseren Werten
und inneren Wahrhaftigkeit. Dann wird die ganze Sache freudlos. Die Kraft

unserer Seele zurückzuhalten, ihr richtungsweisendes Drängen, ihre Dynamik, ihre Lebendigkeit zu unterdrücken, das ist es, was uns Kraft kostet, worüber wir uns verschleißen.

Ein Burn-out ist quasi ein Kolbenfresser unserer Seele. Sehr unökonomisch.

> „Dem gestressten Menschen verordne man ihn bzw. sie selbst.
> Schließlich vermisst er sich selbst ja am meisten.
> In der Stille findet er sich selbst wieder."
>
> DIE DREI ÖSTERREICHISCHEN ERFOLGSUNTERNEHMER ZOTTER, ROGNER UND GUTMANN[21]

Stille: Ihr Zugang zum Quantenfeld

Den Angestellten seines IT-Unternehmens möchte CEO Martin Bachmann einmal am Tag ¼ Stunde Nichtstun verordnen, um genau diesen Raum der Rückverbindung, der Entspanntheit und des Bewusstseins zu bieten. Im Nichtstun bleibt nichts ungemacht. Ist es tatsächlich so, dass uns dann die besseren Ideen, die ökonomischeren Lösungen ein-fallen? Nicht nur Einstein erging es so mit seiner Relativitätstheorie – sondern vielen Wissenschaftlern und allen kreativen Menschen, die etwas (er-)finden und sichtbar machen, was in der Potenzialität angelegt ist.[22] Und haben Sie nicht selbst schon erfahren, dass die besten Lösungen dann kommen, wenn Sie sich nicht mit dem Problem beschäftigen?

> „Die Kunst des Ausruhens ist ein Teil der Kunst des Arbeitens."
>
> JOHN STEINBECK[23]

Es scheint, als ob die Stille jede Antwort bereithält. Das Nichts, welches alles enthält, ist eine allwährende Weisheit, die nur darauf wartet, von uns entdeckt zu werden.

Wenn ich pausiere, innehalte, – absichtslos – bekomme ich meist ganz nebenbei konstruktive Ideen und neue Perspektiven auf vormals schwierige, festgefahrene Situationen. Neue Lösungen zeichnen sich in den Projekten ab, die Dinge kommen wie von alleine ins Fließen…

> „In diesem Moment erscheint alles, was ist, aus dem Nichts – wie ein Klang, der aus der Stille kommt. (...) Jeder Moment, jede Situation, alles, was ist, kommt aus dieser Stille."

DR. JOHANNES TOEGEL[24]

Im Lassalle-Haus, einer Weiterbildungseinrichtung in der Schweiz, ertönt an jedem Tag um 12:00 Uhr ein Gong. Er ist das Signal an alle Mitarbeitenden, 1 Minute innezuhalten, sich der eigenen Mitte bewusstzuwerden. Egal, wie gestresst, angespannt, fokussiert, ruhig oder zuversichtlich der Einzelne gerade sein mag, er hat die Gelegenheit, einen Moment innezuhalten und still für sich zu reflektieren. *Wie bin ich gerade drauf? Was ist sinnvoll?...*

> „Wer innehält, hat innen Halt."

SO

Einen ZEITraum, einen Ort der Stille, der in jedem Unternehmen eingerichtet werden kann, hat Dr. Heinz-Georg Rupp entwickelt.[25] Er besteht aus Rückzugshöhlen, die rund um einen Kegel ausgerichtet sind. Ein zarter Wasserfilm strömt von oben nach unten und Farben wechseln langsam. Einer der ersten ZEITräume wurde in der Züricher Zentrale der Beratungsfirma PriceWaterHouseCoopers eingerichtet – zur Erholung (re-creatio) – damit die gestressten Berater erneut ihre Mitte und Fokussierung finden. „Kontemplative Orte und „spirituelle Tankstellen" gehören zur neuen Erfahrungskultur – und schaffen einen neuen Zukunftsmarkt", weiß der Zukunftsforscher Dr. Matthias Horx zu berichten.[26]

Die Zahl der Manager, die meditieren, steigt stetig an. Zen-Meditation sei heute sogar „lifestylemäßig in", auch in Managementkreisen, belegen Studien von Marktforschungsinstituten.[27] Erwiesen ist, dass Führungskräfte, die regelmäßig innehalten, zu besseren Entscheidungen kommen. Nicht nur auf die Hirnleistung (die synaptischen Verbindungen) hat regelmäßiges Meditieren eine positive Wirkung. Der Havard-Kardiologe Herbert Benson wies nach, dass wenige Minuten Meditation pro Tag „(...) genügen, um Angst und Depressionen zu verringern, Freude und Vitalität zu steigern und stressbedingte Krankheiten zu mindern."[28]

Von der ordnenden Kraft der Stille

„Die größte Offenbarung ist die Stille."

LAO TSE

Die Meister der Kontemplation sprechen von der „concentratio". Sie meinen damit, man solle sich aus seiner Orientierungslosigkeit „(…) einsammeln aus allen den vielen Himmelsrichtungen, in die der innere und äußere Mensch verstreut sei. Sie sagen: Bring den ganzen Menschen, der du bist, in eine neue Richtung. (…) Sei wach und ganz."[29]

Lass das Geschwätz hinter dir, von dem du herkommst. Auch das Geschwätz, das in dir selbst hin und her lärmt. Genieße die Stille. Sei so leer, wie ein Mensch nur sein kann. Nimm einen Moment lang diese Freiheit in Anspruch.[30]

Die Bedrängnis der Alltagsprobleme löst sich, wenn wir uns nicht mit ihnen identifizieren. Je stiller wir werden, je tiefer wir in uns hineingehen, desto mehr werden wir gewahr, dass wir mehr sind als unsere Gedanken und Gefühle. Etwas in uns ist unberührt von den täglichen Dramen. Ich bin mehr als die Sorge um die Liquidität angesichts der rückläufigen Konjunktur, mehr als der Streit mit dem Kollegen, mehr als das Gelingen des Mergers, mehr als die hoffentlich fristgerechte Bereitstellung des Mezzanine-Kapitals, ich bin mehr als die Anspannung… In der Stille erleben wir unser Selbst. Wir lassen ab von begrenzenden Identifikationen.

„Die Stille ist die Quelle, aus der wir trinken,
um unseren Durst zu stillen.
Sie ist das Licht, um aus dem Dunkel herauszufinden."

PETER MAFFAY[31]

Kurze Meditationen führen uns (über die begrenzende Raum-Zeit-Dimension hinaus) in die Bewusstheit des Selbst und des Gewahrwerdens: Ich bin eins. Und alles. Gönnen Sie sich die wohltuende Dissoziierung von dem, was wir vordergründig für unsere Identität halten. Meditation hilft uns, diesen bedeutenden Perspektivenwechsel zu vollziehen.

Die Seele ist das, was übrigbleibt, wenn der Job weg ist.

Mark Twain sagte einst: „Bildung ist das, was übrigbleibt, wenn der letzte Dollar weg ist."[32] Gerne ergänze ich: Die Seele ist das, was übrigbleibt, wenn der Job weg ist. Die Seele ist das, was übrigbleibt, wenn der letzte Euro weg ist. Von diesem Startpunkt, der Ihnen ewig sicher und gewiss ist, ja, der sogar bleibt, wenn Sie (körperlich) längst nicht mehr da sind, können Sie immer wieder neu anfangen. Es ist der Startpunkt Ihrer fachkompetenten Seele.

Hier – genau hier beginnt Erfolg.

Das habe auch ich erfahren. Seinerzeit meldete ich mich arbeitslos, um finanziell versorgt zu sein, während ich das erste Buch schrieb. Heute, im Rückblick, bin ich froh, dass ich mir durch die mageren Zeiten hindurch treu geblieben bin, dass ich die skeptischen Blicke (der Entscheider in den Unternehmen) ausgehalten habe, die mir anfangs begegneten, wenn ich über Spirit in Business sprach. Trotz allem bin ich dem Wissen meiner Seele nachgegangen. Heute werde ich als Expertin zu diesem Thema gefragt. Die Sehnsucht der Seele ist nicht stillbar, solange wir ihr nicht beherzten Mutes folgen. Nur so können wir alles aus eigener Kraft schaffen. Und dass wir diese Kraft haben, das scheint ja wohl so zu sein. Mit unserer Seele sind wir vollständig ausgestattete Wesen. Dass es uns mangelt – ich bin immer mehr davon überzeugt – das kann nur eine Verwechslung, ein Irrglaube sein!

> „Jeder Mensch wird mit einer unendlichen Macht geboren,
> gegen die keine irdische Macht auch nur im Geringsten ankommt."
>
> NEVILLE GODDARD, PHILOSOPH

Der eigenen inneren Wahrhaftigkeit, der eigenen Botschaft vertrauen – das musste ich immer wieder auf meinem Karriere- und Lebensweg, so auch damals, als ich das Manuskript meines ersten Buches bei 30 Verlagen eingereicht hatte und alle 30 absagten, mit Begründungen, wie:

„Nettes Thema, aber wissen Sie: Dieter Bohlen verkauft sich hunderttausendmal – das ist quasi eine Garantie." So manchen Programmleiter schüttelte und schimpfte ich durchs Telefon: „Aber Sie haben doch einen Auftrag als

Verlag – Sie müssen doch neue Impulse setzen in der Gesellschaft, Visionen in die Wirtschaft bringen, Inspiration bieten...!"

Frustriert und voller Zweifel war ich oftmals auf dieser langen Durststrecke. Doch irgendwie schaffte ich es, hartnäckig dranzubleiben. Und hatte am Ende Angebote von zwei Verlagen.

„Es gibt nichts auf der Welt, das einen Menschen so sehr befähigte, äußere Schwierigkeiten oder innere Beschwerden zu überwinden, als das Bewusstsein, eine Aufgabe im Leben zu haben", sagt Viktor Frankl.

Ein Bewusstsein, das mir in den letzten Jahren sehr geholfen hat, ist:

Ich achte meine Seele. Ich achte das Leuchten meiner Seele.

Immer wieder habe ich, zwischendurch im Tagesablauf innehaltend, dieser Wahrheit nachgespürt. Vielleicht kann es auch für Sie hilfreich sein, wenn Sie sich diese Bestätigung bereits morgens, wenn Sie gerade wach geworden sind, vergegenwärtigen und sie immer wieder einmal zwischendurch am Tag wiederholen. Seelenbildung.

„Der Rohstoff der Zukunft? Seele."

so

Prof. William Mc Lennon von der Harvard Business School berichtet: „Wir sehen ein wachsendes Bedürfnis der Führungskräfte danach, die spirituelle Dimension ihres Lebens in Einklang zu bringen mit ihrer Arbeitswelt."[33]

Ein Management ohne Seele ist möglich – aber sinnlos.

Allezeit ist alles möglich[34]

Zwei Leben sind es,
welche die meisten Menschen führen:

eines, in dem sie ihren Lebensunterhalt verdienen
und eines, welches sie nicht zu leben wagen.

– das Leben ihres sehnsüchtigen Herzens.

Warten bis alles vorbei?

Sich unterstellen?
„Was will man denn machen?
Man kann doch eh nichts machen!!

Und:
Sicher.
Ja, sicher muss es sein.
Wo habe ich denn sonst so eine Sicherheit??"

Das vertraute Elend – das ist mir mal sicher.

Und am Ende:
Müde von einem Leben,
das ich vielleicht nie gelebt.

Warten,
bis es vorbei?

Wie eine milde Krankheit – eine Erkältung etwa –
...in drei, vier Tagen wird´s schon besser gehen...

oder sich beherzten Mutes überraschen lassen,
von dem,
was auch Ich IST.

VIIb: G-Welle – Neueres aus der Quantenphysik

„Als Unternehmen, als Person – der werden, der wir sind,
…damit werden kann, was angelegt ist."

…und jetzt das!

Voller Engagement hatte er in 7 Jahren mit seinem Team die Solrays GmbH[1] zu dem entfaltet, was sie heute ist; hatte sie ganz nach vorne gebracht, zur Nummer 1 in der High-Tech-Energy-Branche gemacht, zu einem Ort, dem Mitarbeitende wie Kunden, zugehörig sein wollen. …und jetzt das! Herr Marko Antern[2], Chef des Hauses, kündigt. Dabei war er, aufs Engste mit dem Hause verbunden, die Integrationsfigur, *der* Vordenker und Kristallisationspunkt gewesen, an dem sich das gesamte Team als Organismus ausrichtete und orientierte. Doch: Was auf den ersten Blick wie ein Bruch scheinen mag, ist eine logische Entwicklung.

Wenn der Spirit des Mitarbeiters auf einer anderen Frequenz liegt als der Spirit des Unternehmens (Mutterkonzerns), dann sind beide Systeme nicht (mehr) in Resonanz. Sie sind nicht auf der gleichen Wellenlänge. In der Folge wird sich jedes System (als Person oder Unternehmen) nach solchen Organismen umsehen, mit denen es auf einer ähnlichen Welle liegt. Das ist normal – der kohärente Fluss des Lebens. Er bedeutet Entwicklung. Und auch hier können uns die Erkenntnisse der Quantenphysik zu einem tieferen Verständnis verhelfen.

G-Wellen und ihre Existenz in der Ökonomie

Die Physik zeigt uns, dass solche Brüche in der eigenen Biographie bereits angelegt sind. Der renommierte Physiker und Mathematiker Dr. Hartmut Müller erforschte das Phänomen der Gravitationswelle, auch kosmische Hintergrundwelle genannt (kurz: G-Welle). Diese G-Welle beschreibt die Grundschwingung von Protonen, d.h. die Grundschwingung des Lebens.

> „Alles Leben ist aus dieser kosmischen Hintergrundwelle hervorgegangen.
> Jeder Mensch ist ein individueller Ableger der Gravitationswelle",

erläutert Dr. Medinger weiter. Jeder Mensch hat, als ein Abzweig dieser Ur-Welle, eine Grundfrequenz – eine ihm eigene Schwingung. Auch durch unsere Sprache wird dies deutlich, wenn wir uns die etymologische Herkunft des Wortes „Person" vergegenwärtigen: „personare" (lat.) = hindurchklingen (laut erschallen, widerhallen). Wenn ich also sage: „diese Person", dann meine ich im Grunde: „dieses Etwas, durch das etwas hindurchtönt" (auch wenn der- oder diejenige in dem Moment gar nichts sagt; der Geist teilt sich, wie wir ja schon gesehen haben – auch – lautlos mit). Der Ursprung des Wortes „Person" stimmt auch mit dem überein, was der wissenschaftliche Forscher Thomas Chochola herausfand: dass jeder Mensch einen bestimmten Grundton hat, den man messen kann. „Jeder Mensch schwingt auf einem ihm eigenen Grundton, welcher die (grundlegenden) Qualitäten der Persönlichkeit enthält."[3]

> „Eigenschwingungen der Materie
> sind der wahrscheinlich wichtigste strukturbildende Faktor
> im Universum.",

erklärt Dr. Hartmut Müller.[4] Jede Schwingung hat Wellenberge und Wellentäler und Wellenberge und Wellentäler…. . Kompression (Verdichtung) und Dekompression (Zerfall) wechseln ab. Wir müssen etwas lassen, um etwas anderes bzw. Neues zu tun. Wir sterben nicht nur einmal im Leben. Immer wieder stirbt etwas, wodurch etwas anderes entsteht.

Der Quantenphysiker Dr. Medinger erläutert uns, dass, sobald der einzelne Mensch als ein individueller Ableger der Gravitations- bzw. kosmischen Hintergrundwelle (G-Welle) geboren wird, Brüche in seiner persönlichen Biographie (Welle) bereits angelegt sind.

„Lange habe ich mich gesträubt,
endlich gab ich nach;
wenn der alte Mensch zerstäubt,
wird der neue wach.
Und so lang du das nicht hast,
dieses: Stirb und Werde!,
bist du nur ein trüber Gast
auf der dunklen Erde."

STIRB UND WERDE, J. W. VON GOETHE

Logische Brüche in der Biographie sind in der eigenen Lebenswelle bereits angelegt. Das lehrt uns die Quantenphysik. [5]

Wenn ein Direktor also das Unternehmen verlässt, dann entspricht das quantenphysikalisch offensichtlich der Eigenheit der Welle, der Frequenz, die in ihm angelegt ist, und er bewegt sich auf etwas Neues zu, das ebenfalls in ihm potenziell angelegt, vorgeformt ist…, etwas, das er ausprobieren und erfahren will.

Übrigens: Die Solrays GmbH läuft in sehr guter Stabilität unter der Leitung eines neuen Geschäftsführers weiter… eine neue Welle… .

Ich mache mir bewusst:

⇨ Ich bin ein individueller Ableger der kosmischen Hintergrund-Welle.

⇨ Logische Brüche in der persönlichen bzw. unternehmerischen Biographie sind bereits angelegt.

VIIc: Unternehmens- und Weltseele

> „Gibt es ein Bewusstsein, und wenn ja,
> wie weit ist es vom Stadtzentrum entfernt?"
>
> WOODY ALLEN

> „Das Wichtigste in einem Betrieb ist die Seele."
>
> EDWIN WAITZ, UNTERNEHMER[1]

„Und wie ist das nun mit der Unternehmensseele?", fragte CEO der Supercomputing Systems AG, Prof. Anton Gunzinger, einen anderen Unternehmer.

„Ja, das ist so eine Sache mit der Unternehmensseele – sie existiert zweifelsohne. Aber was sie ist…? Wenn *Sie* es herausgefunden haben, dann lassen Sie es mich wissen", antwortete jener Unternehmer.

Obwohl wir die Unternehmensseele seit jeher im Geschäftsalltag erfahren – so stehen wir heute erst am Beginn, etwas über das Phänomen der Unternehmensseele zu erforschen und Einblicke in ihre Wirkungsweise sowie ihre kraftvollen wie gleichermaßen subtilen Zusammenhänge zu gewinnen.

Was wir heute über die Unternehmensseele wissen, ist Folgendes:

Wenn sich Menschen zu einem Unternehmen zusammenschließen, bildet sich auch, allerdings nicht vordergründig sichtbar, so etwas wie eine Unternehmensseele. Wie frei und kraftvoll sich die Seele des Unternehmens entfalten kann, hängt auch davon ab, wie frei die oberste Führung in ihrem Geist ist. Entsprechend frei (oder nicht frei) können sich die Seelen der Mitarbeitenden entfalten.

Schließlich wird die Unternehmensseele auch von der Lebendigkeit der Mitarbeiter-Seelen geprägt. Sicher haben Sie schon gehört, wenn von einer Mitarbeiterin gesagt wird: „Ach ja, Frau Müller ist die Seele unserer Firma!" Menschenseele, Unternehmensseele und Weltseele resonieren, sind in Resonanz. Sie stehen in Verbindung.

„Als ich klein war, sagte mir mein Vater, ich solle mit nackten Füßen durch die Weinberge gehen, da würde ich die Seele des Bodens spüren, (…) diese Verbundenheit spüre ich bis heute", sagt die Winzerin und 5-Sterne-Hotel-Chefin Chiara Lungarotti[2] „In jeder Weinflasche ist die Seele der Landschaft zu finden", ist sie überzeugt.

> „Die Seele ist das „Quanten-Selbst".
>
> PROF. AMIT GOSWAMI, QUANTENPHYSIKER[3]

„See the world if you please / As a vale for soulmaking."[4] Wir sollten die Welt als einen Ort zur Seelengestaltung sehen, empfiehlt John Keats. Der Physiker Prof. Amit Goswami nennt die Seele das „Quanten-Selbst".[5] Jedes Unternehmen wird gebildet aus vielen Quanten-Selbsten und ist als Organisation ein Quantenfeld in einem größeren Quantenfeld. Offensichtlich gibt es im Business gar nichts Unbeseeltes.

Die Weltseele wird „Brahman" im Sanskrit genannt, sie ist ein zentraler Begriff der hinduistischen Philosophie. Das Brahman ist in seinem Wesen identisch mit „Atman", dem inneren Kern des Menschen.[6] Physiker sprechen von dem „Nichts", ebenso wie die Mystiker von der „Leere", in der alles ist. Dies entspricht dem Brahman und das wiederum entspricht dem „Numinosen" aus der römischen Tradition, dem Unsagbaren, dem Letztendlichen, dem Göttlichen, dem Wunder des Seins.[7]

In Zukunftswerkstätten und auch in Coachings achten wir die einzigartige Gabe der Menschen in den Unternehmen. Wir machen sichtbar, was da durch den Einzelnen werden will in dieser Welt, damit das Strahlen der Unternehmens-, Mitarbeiter- und Weltseele ungehindert, frei und kraftvoll wirken und sich gegenseitig befruchten und stärken kann.

„Ich habe die Einzigartigkeit unseres Unternehmens und meiner Führungskräfte noch nie so erlebt!", so Gerald Ziegler, der Geschäftsführer der impulswerkstatt in Salzburg, nach einer Zukunftswerkstatt.

Wir stehen am Beginn, den Zusammenhang der Seelen von Mensch, Organisation und Welt zu dechiffrieren. Ich erlebe Menschen-, Unternehmens- und

Weltseele als eine fraktale holisitische Organisation. Sie sind in einer sich selbst ähnlichen Form gestaltet und stehen energetisch und wissens-informatorisch in Verbindung. Wir können uns bewusst einklinken in das Wissensreservoir der Weltseele. Sofern wir mit unserer Seele in Kontakt, also online, sind.

> „Eine einzigartige Seele ist in allen Menschen wesentlich und persön-
> lich vorhanden. Jeder besitzt sie vollständig und ungeteilt, und alle zusam-
> men besitzen doch nur eine Seele."[8]
>
> JAN VAN RUYSBROEK

Die Seele des Menschen – ein lebenseinmaliges Zeichen,
das im Quantenfeld der Weltseele pulsiert.

Wissenschaftler machen sich heute daran, die organismische, physische und mathematische Struktur der Weltseele zu entziffern. „Wir gebrauchen für die Weltseele das Wort „Seele", weil wir eine Analogie zu der Seele des Menschen spüren", so der Wissenschaftler Terence McKenna.[9]

Offensichtlich zeigt sich: Die Wissenschaftler der Neuen Physik sind die Mystiker der Postmoderne. Und Integrale Manager sind die spirituellen Meister des 21. Jahrhunderts.

Früher waren es hauptsächlich die Philosophen, die uns eine Ahnung dessen vermittelten, was die Weltseele sein mag. Bereits in der Antike finden wir, u.a. bei Aristoteles, die Vorstellung einer Weltseele, welche uns bei Plato in der Anima Mundi (lat. etwa ‚Weltseele') als die Bewegerin der Welt begegnet; Agrippa lehrt einen „spiritus mundi" (lat. etwa ‚Weltgeist') und gemäß den Stoikern war die Weltseele gar die einzige Kraft, die das Universum am Leben erhält. In der hinduistischen Philosophie bezeichnet „Brahman", wie wir bereits gesehen haben, die kosmische Weltenseele, die kosmische Kraft.

> „Die Seele (der Welt) enthält nicht nur alles, was es in der Welt gibt,
> sondern auch die Imagination, die alle Dinge in der Welt hat entstehen
> lassen und die unermüdlich weiter neue Formen und Möglichkeiten
> entstehen lässt", so der Biologe Rupert Sheldrake.

Heute widmen sich die Naturwissenschaftler und insbesondere Physiker dem Thema Weltseele. Gregg Braden, Geowissenschaftler[10], spricht von der Matrix, die allem Sein unterliegt, Dr. Müller, Quantenphysiker, von der kosmischen Hintergrundwelle. Lynne McTaggart spricht vom „Nullpunkt-Feld[11] und der Forscher Terence McKenna von der Weltseele als einem Organismus im Universum[12]– und er fügt hinzu:

> „Ich sehe die Weltseele (...) als das größte und intelligenteste Wesen, das man sich vorstellen kann."[13]
>
> TERENCE MCKENNA, WISSENSCHAFTLER

Wir tasten uns allmählich vor, die Weltseele wissenschaftlich, rational-analytisch und auch die ihr innewohnende Mathematik und Geometrie zu erfassen.[14] Während wir den rational-forschenden Zugang zur Weltseele vertiefen, können wir die Qualitäten der Weltseele bereits erleben. Wissenschaft und Erfahrung finden ja schließlich zeitgleich statt. Beide Zugänge zur Welt sind gleichermaßen wichtig. Wobei das Erleben ja stets vor, während und „trotz" der wissenschaftlichen Forschung stattfindet – „wir erleben mehr, als wir begreifen", wie Prof. Dürr so treffend feststellte.

Denken wir an die aktuellen Herausforderungen in der Weltwirtschaft, so wird ein integrales Verstehen für das Handeln in globalen Zusammenhängen immer wichtiger. Die Weltseele, genauer gesagt das Erforschen und Erleben der Weltseele, wird eine entscheidende, tragende Rolle in der Evolution des menschlichen Bewusstseins spielen. Wir sind Mitschöpfer für ein globales Bewusstsein. Je mehr wir unsere eigene Seele öffnen und dieses Zentrum in uns achten, desto mehr werden wir die Resonanz zur Unternehmens- und Weltseele und deren nachhaltige Tragfähigkeit spüren. We are one.
Persönliche, Unternehmens- und Weltseele – hier schließt sich ein Kreis.

„Je mehr wir eintauchen in das Ewige in uns, desto mehr erfahren wir, dass wir Weltseele sind."

„Die Weltseele (...) ist (...) mit uns in Kommunikation."

TERENCE MCKENNA, WISSENSCHAFTLER[15]

Für das Management heißt das nun konkret:

Falls das, was wir unser Selbst, unsere Präsenz oder auch unsere Seele nennen, die wichtigste Essenz von uns sein sollte, eine Essenz, die auch wirtschaftsgestaltende Kraft hat, dann scheint es ökonomisch sinnvoll, wenn wir über unser Selbst forschen und ihm Zeit widmen. Genauso wie wir auch unserem fachlichen Studium Zeit widmen.

Unsere Seele ist unsere Vermögensanlage. Welchen Sinn hätte sie, wenn sie in uns stecken bliebe? Sie strebt nach draußen. Nach Selbstausdruck. In der Wirtschaft.

Übung: Boxenstopp für die Seele

Meditation über die Dynamik und Produktivkraft meiner Seele

Es ist etwas in mir, das unwandelbar ist.

Es ist das Authentische in mir, mit dem ich geboren wurde
und mit dem ich lebe und mit dem ich sterben werde.
Es ist das Wesen-tliche, das in mir west,
meine Größe, mein Selbst, meine Präsenz:
die Einzigartigkeit meiner Seele.

Meine Seele ist unendlich, sie ist grenzenlos…
sie lebt weiter, auch nachdem ich den Tod erlebt haben werde,
mein unverwechselbares Selbst, das präsent war – bereits vor meiner Geburt.

So werde ich gewahr: Ich war nie nicht existent.

Tief im Inneren wissen wir, dass etwas Wesen-tliches in uns west.

Tief im Inneren wissen wir, dass es etwas Einzigartiges in uns gibt,
das wir zum Ausdruck bringen sollen.

Tief im Inneren wissen wir, dass wir unser Original leben sollen.
Wir spüren, wenn wir im Begriff sind, diese Person zu werden.

Und wir spüren auch – mit der gleichen Sicherheit –,
wenn etwas nicht stimmt, wenn wir uns in einem Rollenspiel verlieren,
wenn wir nicht der Mensch sind, als der wir gemeint sind.

Lauschen Sie mit zarter Zugewandtheit:
Was ist die Botschaft meiner Seele – heute?
jetzt?

Ich lausche meiner Seele und versenke mich in ihr.

Welche Qualität will jetzt in mir werden?

Was, wenn ich dieser Qualität jetzt Raum gebe?
Wenn ich diese Qualität atme?
Ein.
Und aus.

Was habe ich dann getan? Wie habe ich dann entschieden?

VIII

Verbundenheit im Quantenfeld

Wir können nicht nicht verbunden sein.

Woraus besteht der Mensch? Nun, die Zutaten sind: Kohlenstoff, Stickstoff, Wasserstoff, Sauerstoff, ein paar Mineralien und Spurenelemente – nichts, was Sie nicht für ein paar Euro in einem Chemielabor kaufen könnten. Keine Ingredienzien, die nicht auch ein Baum oder ein Reh oder eine Blume aufweisen würde. „Der Unterschied zwischen Ihnen und einem Baum ist daher nicht der Kohlenstoff, der Wasserstoff oder der Sauerstoff. Man tauscht vielmehr ständig mit dem Baum Kohlenstoff und Sauerstoff aus. Der wahre Unterschied besteht vielmehr in der Energie und der Information,"[1] so Deepak Chopra.

Der Astrophysiker Prof. Arnold Benz weitet abermals die Einsicht in unsere materielle Verbundenheit: „Der Kohlenstoff und der Sauerstoff in unseren Körpern stammen aus der Heliumbrennzone eines alten Sterns. Zwei Siliziumkerne verschmolzen kurz vor oder während einer Supernova zum Eisen im Hämoglobin unseres Blutes. Das Kalzium unserer Zähne bildete sich während einer Supernova aus Sauerstoff und Silizium. Fluor, mit dem wir die Zähne putzen, wurde in einer seltenen Neutrino-Wechselwirkung mit Neon produziert, und das Jod in unseren Schilddrüsen entstand durch Neutroneneinfang im Kollaps vor einer Supernova. Wir sind direkt mit der Sternenentwicklung verbunden und selbst ein Teil der kosmischen Geschichte."[2] Materie ist etwas Allverbundenes.

> Als Integraler Manager werden Sie gewahr,
> dass in Ihnen die ganze Schöpfung eingezeichnet ist.

Wie entscheidend Verbundenheit für unsere Evolution ist, zeigen uns Wissenschaftler, die uns jüngst darauf aufmerksam machen, dass Kooperation ein dominantes und erfolgsentscheidendes Prinzip in der Entwicklung der Organismen war. Und Hirnforscher Prof. Gerald Hüther fand heraus, dass Verbundenheit für das Lernen des Menschen (und damit für seine Entwicklung) essentiell ist. Lernen findet statt, wenn Menschen eine Verbindung spüren: zu einem Lehrer, oder einem Thema, welches sie interessiert und inspiriert.

> Verbundenheit schafft neue Verbindungen.

Fühlen wir uns verbunden (zu einem Lehrer oder Thema), dann lernen wir, d.h., es wachsen neue Verbindungen – nicht nur, aber vor allem – in unserem Gehirn. Synapsen verschalten sich. Wir brauchen also Beziehung für unsere Entwicklung.

„Verbundenheit ist das natürlich Gegebene,
die Trennung ist das von Menschen Organisierte."

QUANTENPHYSIKER PROF. H.-P. DÜRR

Trennung ist das Illusionäre. Am deutlichsten wird mir diese Wahrheit, wenn ich mir das Bild der Erde – aus dem Weltraum und wie in einem Kurzfilm – von oben betrachte: Wie ein Astronaut nehme ich die Erde als Ganzes und in ihrer vollkommenen Schönheit wahr. Zoome ich mich näher heran, so erkenne ich die Kontinente deutlicher und allmählich, wie Berge, Täler, Flüsse, Senken, Erhebungen, Wälder und Felder und Gewässer verbunden sind und ineinander übergehen. Plötzlich: ein harter Schnitt. Ein Raster aus Linien wird über diese „Einheit" Welt gelegt. Es ist die Abbildung auf Seite 10 aus dem Schulatlas. Sie zeigt die Welt, wie ich sie als Kind kennen lernte. Ländergrenzen, die manchmal wie mit dem Lineal gezogen erscheinen. Alles ist eingekastelt, separiert – nichts ist nicht getrennt – obwohl darunter nur Verbundenheit existiert. Diese gilt es zu erinnern.

„Wir ziehen Grenzen und sagen: Meins!"

Die Trennung erschien mir schon als Schulkind illusionär. Wir können so viel einkasteln, wie wir wollen – Verbundenheit ist das dominante Prinzip. *Das Lebensprinzip.*

Dass die Illusion der Trennung unserer Wirklichkeit nicht standhält, erfahren wir heute mehr denn je: in der globalisierten Wirtschaft, genauso wie in den ökologischen Herausforderungen. Eskimo-Frauen können ihre Kinder nicht mehr stillen, weil wir Frauen in Westeuropa die Pille nehmen. Über unsere Ausscheidungen gelangen Östrogene in die Weltmeere, und Menschen, die wir in unserem Leben vielleicht niemals zu Gesicht bekommen, werden in ihrer Gesundheit eingeschränkt. Die Abgas-Emmissioner., die *eine* Wirtschaftsnation erzeugt, vergrößert das Ozonloch über uns allen und verändert das Klima von *allen* Erdbewohnern in dem einen ‚Wohnzimmer'. Der Genmais bleibt nicht – wie rational gedacht – auf dem abgesteckten Feld. Grenzen sind eine Illusion.

Grenzen – in denen wir uns selbst bespiegeln[3]

border line
line on border

handgemacht

Grenzen – immer wieder nur dazu da,
uns die ewig selbe Frage zu stellen:

Wer ist VOR,
wer ist HINTER
dem Zaun?

Gelebte Unternehmenspraxis:
Cerner Corporation: Wir machen eine Delle ins Quantenfeld und lassen Aktienkurse purzeln

Als eines Abends der CEO der Cerner Corporation[4] seinen Blick über den Firmenparkplatz schweifen ließ und erschrocken feststellte, dass dort kaum noch ein Auto stand, schrieb er wütend eine E-mail an seine Führungskräfte. Daraufhin fiel der Wert der Cerner-Aktien um zunächst 22%, später sogar um ein Drittel. Was war passiert? Die E-mail war im „Yahoo Financial Message Board" erschienen, woraufhin Wall-Street-Analysten besorgte Anrufe der Aktionäre bekamen. Die E-mail hatte gelautet: „Wir bekommen weniger als 40 Stunden pro Woche von vielen unserer Angestellten. Der Parkplatz ist kaum benutzt um 08.00 Uhr morgens, wie auch um 17:00 Uhr abends. Sie als Führungskräfte wissen entweder nicht, was Ihre Mitarbeiter tun, oder es ist Ihnen egal. In beiden Fällen haben Sie ein Problem, das Sie lösen werden, oder ich werde Sie feuern. Ich will die Parkplätze morgens um 07:30 Uhr beinahe voll und am Wochenende halb voll sehen."[5]
Der Vorwurf, dass seine Mitarbeiter faul seien und die drohende Entlassung von Führungskräften irritierte den Markt.[6] Mehrere Wochen war Cerner-Chef Neal Patterson damit beschäftigt, die Investoren zu beruhigen.

Auseinander ist nicht getrennt (separat). Die Trennung ist eine Illusion. Diese Erkenntnis hatten auch die Quantenphysiker in den sogenannten Quantenteleportations-Versuchen, in denen sie Di-Photonen, also zwei einstmals verbundene Lichtquanten (Photonen), trennten und in eine maximale Entfernung von mehr als hundert Kilometern brachten und dann bei einem der Photonen den Drehimpuls („Spin") umkehrten. Instantan führte das zweite, weit entfernte (aber nach wie vor zwillingshaft verbundene!) Photon dieselbe Zustandsänderung aus. D.h. also, ohne dass Raum oder Zeit ein Hindernis darstellten, „wusste" das zweite Photon vom anderen.[7]

> Information breitet sich instantan aus.
> Das Quantenfeld (dessen Teil wir sind) *ist* Information.
> Auf der fundamentalsten Ebene sind wir Information.

Wir *sind* Information. Das Domino-Spiel ist ein globales. Wir können nicht länger nach der Newton´schen Physik, der Physik der getrennten Objekte, so tun, als seien wir – jede Person (jede Firma) alleine für sich genommen – eine abgegrenzte Einheit. Und dazwischen sei nichts. Und dann, irgendwo da draußen, käme das Umfeld. Wir sind nicht separat – sondern *ein* Quantenfeld mit verschiedenen individuellen Ausbuchtungen, das gemeinsam pulsiert. Instantan. Im Jetzt. Jede Bewegung, jeder Ein-druck wirkt sich auf das Ganze aus.

Wenn Banker in den USA die Risiken in der Immobilienfinanzierung falsch einschätzen, dann bricht die deutsche Autoindustrie ein, und mein Nachbar wird Hartz IV-Empfänger, weil er seinen Job bei einem Zulieferer verliert. Das Feld, über welches wir Impulse zur Finanzkrise hineingeben, kennt keine Grenzen (das Quantenfeld hat scheinbar nicht die Seite 10 im Schulatlas gelesen). Was von wenigen ausgeht, betrifft dann viele. Wir sind verbunden.

„We are one".[8] Wir sind eins – etwas, was die Mystiker schon lange wussten, und inzwischen auch die Biologen, Ökologen und Quantenphysiker und andere Wissenschaftler bestätigen. …und clevere, kluge, intelligente Manager allemal und schon immer wissen.

> Wir können nicht nicht verbunden sein.

Lange haben wir in der Evolution gebraucht, bevor wir „ICH" sagen konnten. Insbesondere die letzten Dekaden des 20. Jahrhunderts waren stark auf diese Individualisierung fokussiert – ein sinnvoller Prozess, eine wichtige Phase in der menschlichen Evolution, und manchmal auch bis zum Extrem, zu einem Egozentrismus hin gelebt, der bisweilen nicht mehr gesund erschien, der aber vielleicht doch ein heilsames Potenzial besitzt, weil er uns zu erinnern vermag – an die verbundene ‚Wir-klichkeit'.

„Ein Atom ist einzigartig, ist brillant,
aber Sinn macht es nur im Molekül.
Ein Molekül ist einzigartig, ist brillant,
aber Sinn macht es nur in der Zelle.
Eine Zelle ist einzigartig, ist brillant,
aber Sinn macht sie nur im Organ."

So beschreibt es der heute lebende Mystiker Willigis Jäger. Und genauso verhält es sich auch mit dem einzelnen Menschen und der einzelnen Firma als Individuum. Die Brillanz des Einzelnen erscheint in der Isolation sinnentleert. Ein Unternehmen, herausgelöst aus der Beziehung zum Menschen, zur Mitwelt, zur Schöpfung, ist leer, ist absurd. „Das Ich, diese große Errungenschaft der Evolution, ist gleichzeitig eine Eingrenzung", ergänzt Willigis Jäger.

„Sinn gibt es nur in der Beziehung."

DORIS ZÖLLS

„Die Welt, in der wir leben,
entsteht aus der Qualität unserer Beziehungen."

MARTIN BUBER[9]

„Das Einzige, was nicht kopierbar ist, sind die Beziehungen (…)", sagt Erfolgsunternehmer Klaus Kobjoll, „(…) die Beziehungen eines Unternehmens zu seinen Mitarbeitern und die Beziehungen der Mitarbeiter zu ihren Kunden!" Darin wird der Spirit Ihres Business spürbar. Das ist Ihre „Uniqueness" (Einzigartigkeit).[10]

„Die Quantentheorie ist eine Physik der Beziehungen;
Beziehungsstrukturen sind die Zustände des neuen Objektes."[11]

PROF. THOMAS GÖRNITZ

Bei einer Anzahl von Japanern, welche in die USA ausgewandert waren (jeder von ihnen war Raucher), beobachtete man ein interessantes Phänomen.[12] Nachdem jeder Einzelne nun bereits einige Jahre in den USA gelebt hatte, stieg die Herzinfarktrate jener Japaner auf das Niveau der amerikanischen Raucher an. Man muss wissen: Die Herzinfarktrate von in Japan lebenden japanischen Rauchern liegt deutlich niedriger. Was war geschehen? Ein amerikanischer Arzt wollte dieser Auffälligkeit auf den Grund gehen und reiste zu Forschungszwecken nach Japan. Dort erfuhr er von den Einheimischen: „Ihr Amerikaner lebt so isoliert. Jeder ist für sich. Das sieht man doch: Ihr geht ja sogar alleine die Straße hinunter!" Jene im Ausland einzeln verstreut lebenden Japaner hatten die Kraft ihrer Gruppe verloren! Und waren dadurch anfälliger für Herzinfarkte geworden.

> Beziehungen sind´s, die uns (über)leben lassen.

Für das Leben unserer eigenen Materie (als Person oder Unternehmen) spielt demnach die Qualität, mit der wir mit dem Quantenfeld in Beziehung treten, eine essentielle Rolle. Für das Überleben und (ökonomische) Wohlergehen unseres eigenen Systems ist offensichtlich die Qualität der Verbundenheit mit dem Feld entscheidend. Wie auch das nächste Beispiel aus der Wirtschaft zeigen wird.

Gelebte Unternehmenspraxis:
Auf dem Betriebsgelände: Wie Quantenphysik Produktionsstörungen in der Industrie löst

„Es ist furchtbar. Unentwegt haben wir Produktionsausfälle. Ein Störung jagt die nächste." So berichtet mir der Vorstand eines international tätigen Produktionsunternehmens. „Jeden Morgen, wenn ich in die Firma komme, schlagen mir neue Hiobsbotschaften über Störungen entgegen. In den ersten beiden Monaten dieses Jahres haben wir bereits die Ausfallkosten des gesamten Vorjahres überschritten."

Und das, nachdem wir eine Zukunftswerkstatt durchgeführt hatten, in der die Kraft der Unternehmensvision alle Führungskräfte begeistert hatte. Manche von ihnen, wie die Leiterin „Prozessmanagement" und auch der Betriebsleiter, waren so aufgeregt, dass sie nachts überhaupt nicht schlafen konnten – so anregend, so belebend wirkte die Vision auf sie. Die Vision ist nicht nur die Sinn-Basis eines Unternehmens. In ihr schimmern auch Qualitäten durch, welche durch ihre Umsetzung erst möglich werden. Im Falle jenes Betriebes nahm das Managementteam wahr[13], dass Qualitäten wie Frieden, Mitgefühl und Liebe erlebbar werden würden – quasi als Nebeneffekt der Umsetzung ihrer Vision.

Doch, zurück zu den massiven Produktionsstörungen, welche bald nach der Zukunftswerkstatt aufgetreten waren. Permanent kam es zu Störungen im Betrieb; kaum war ein Problem gelöst, kam es an anderen Stellen erneut zu weiteren, nervlich sehr belastenden Ausfällen. Nicht nur der Betriebsleiter der Firma, ein erfahrener, besonnener Fachmann, war verzweifelt, auch die im Schichtbetrieb arbeitenden Teammitglieder waren zunehmend entnervt. Nie wussten sie, wenn sie ihre Schicht antraten, welche chaotische Situation sie in den nächsten Stunden erwartete.

Jetzt, in dem Moment, in dem ich das zu Papier bringe, zögere ich mehrmals, ob ich die dann gemachte Erfahrung wirklich berichten soll – vielleicht halten Sie mich für verrückt oder Sie sind zumindest ebenso irritiert darüber, wie ich selbst es war. Inzwischen ist mir die Arbeit auf der Quantenebene vertraut – zu viele erstaunliche Erfahrungen durch Korrekturen im Quantenfeld habe ich in unterschiedlichsten Firmen machen können, als dass sie mir noch fremd wären.

Und wir, Sie und ich, wissen ja inzwischen aus der Physik, dass das Quantenfeld ein informatorisches Feld ist, zu dem jeder Mensch Zugang hat – schließlich ist jeder von uns das Feld. Nun, in den letzten Jahren trainierte und vertiefte ich meine Fähigkeit[14], auf der Quantenebene Blockaden zu lösen, welche den Erfolg eines Systems behindern können.

Im Quantenfeld des besagten Unternehmens kamen wir der Ursache der ebenso kostspieligen wie aufreibenden Ausfälle auf die Spur.

Zu sagen, dass mich das, was ich in diesem Falle wahrnahm, doch recht stark irritierte, würde das Wort Untertreibung allerdings in einem ganz neuen Licht erscheinen lassen. Dennoch wagte ich, den Vorstand anzurufen: „Also, ich weiß nicht, ob ich jetzt spinne, aber ich bekomme die Information „Ahnenfeld" auf dem Gebiet des Betriebsparkplatzes. Es scheinen dort einige Leichen in Reih und Glied zu liegen. Können Sie damit etwas anfangen?", fragte ich den Vorstand jener Firma, die europaweit Marktführer in der Branche ist.

„Ach ja, ich weiß", rief er, „dort steht doch noch ein altes, aus Stein gearbeitetes Pestkreuz. Da war mal ein Pestfriedhof." So klärte sich nun auf: Aus Angst vor Ansteckung hatte man im Mittelalter die Pesttoten außerhalb der Ortschaft begraben – dort am Rande des Ortes, wo heute das Betriebsgelände der Firma liegt. Im Quantenfeld zeigte sich, dass die dort begrabenen Pestopfer damals Ausgrenzung erfahren hatten. Das damit verbundene Leid hatte quasi einen Abdruck im Feld hinterlassen, der heute noch störend wirkt. Das Quantenfeld ist ein Informationsfeld. Was brauchten die Pestopfer, um Frieden zu finden und zur Ruhe kommen zu können? Achtung für ihr Schicksal. Gemeinsam vollzogen wir , der Vorstand und ich, ein Ritual, in dem wir das Schicksal der Verstorbenen achteten und sie segneten. Plötzlich zeigte sich ein helles Licht über dem Gelände. Frieden wurde spürbar. Und es kam Ruhe in die Produktion. In den nächsten Tagen lief sie reibungslos.

Auf der Quantenebene können wir Dinge wahrnehmen, die uns vorher (auf der „vergröberten Ebene" unseres gewöhnlichen Alltagsdenkens) nicht bewusst waren. Auf dieser physikalisch „tieferliegenden" Ebene der Quanten haben wir Zugang zu den subtileren Ebenen von materiellen Systemen. Deutlich wird spürbar, wo Kraft ist und wo Schwächen im System sind – und derlei Blockaden können wir auch wiederum (auf der subatomaren Ebene) mit unserer mentalen Kraft auflösen. Zum ökonomischen Wohl der Firma wie im vorliegenden Beispiel. Die Nicht-Linearität von Zeit genauso wie die vermeintliche Getrenntheit von Objekten und Menschen ist eine Illusion, wie uns die Physiker lehren. Verbundenheit ist generationenübergreifend und zeitüberschreitend existent. Vorfahren können quasi Abdrücke im Feld hinterlassen haben, die unser heutiges Wirken schwächen (oder stärken) können. Alles, was in unserer (Unternehmens-)Wirklichkeit abläuft, hat Vergangenheits- und Zukunftsaspekte. Alles wirkt. Und ist verknüpft.[16]

Das erklärt auch, warum sich dieser Unfrieden, der im Feld der Begräbnisstätte der Pestopfer gespeichert war, sich gerade jetzt und nicht irgendwann anders, zeigte: Wenn wir uns – so wie es der Vorstand mit seinem Geschäftsleitungsteam kurz zuvor getan hatte – zu einer Unternehmensvision bekennen, in der es letztendlich (im Ziel hinter dem Ziel) auch um „Frieden, Mitgefühl und Liebe" geht, so ist es logisch, dass sich nun im Folgenden deutlich zeigt, was sich bislang noch im Unfrieden befand.

Das Bekenntnis zu jener Vision bedeutete auch ein Ja! zum Ziel hinter dem Ziel: Jetzt ist die Absicht da, Frieden zu schaffen. Wenn es mit unserer Vision verbunden ist, Frieden zu schaffen, kommt das ans Tageslicht, was noch in Unfrieden ist, dann gehören genau diese „Stolpersteine" (oder besser: Heilungssteine) auf dem Weg dazu.

Quantenphysik hat also sehr viel mit dem täglichen operativen Management zu tun. Unser tägliches Tun ist durchdrungen vom Quantenfeld (dessen Teil wir ja sind). Beispiele haben gezeigt und auch noch weitere Praxisfälle werden deutlich machen, dass wir herankommen an diese Ebene, ja, dass wir Zugang haben zu dieser Ebene, die wir das Quanten-, Informations- oder auch das morphische Feld[17] nennen.

> „Die subtilste Möglichkeit, zu gestalten,
> ist zu beobachten."[18]
>
> DR. WALTER MEDINGER, QUANTENPHYSIKER

Jeder kann das. Jeder ist das Feld. Und somit hat ja auch jeder Zugang zum Quantenfeld. Physiker erforschen nicht „die Natur da draußen" – sondern auch die Wirtschaft und die Menschen darin. Wir sind doch Teil der Natur. Wir *sind* die Natur.[19] Integral führende Unternehmen machen sich die Erkenntnisse der Quantenphysik zunutze. Ganz pragmatisch.

> „Wir sind im Grunde ein Geflecht von Durchgangswegen."
>
> JÖRG ZINK[20]

Ervin Laszlo, der bekannte Physiker und Bewusstseinsforscher, erforscht die Wechselwirkung zwischen Bewusstsein und Materie und damit auch die Wirkung des menschlichen Denkens auf das Quantenfeld: „Durch die subtilen Wellenvorgänge im Quantenfeld vermittelt, fließt die Information zwischen dem Gehirn und dem übrigen Universum in beide Richtungen. Gedanken, Bilder, Gefühle und Intuition, die in unser Bewusstsein treten, finden ihre Entsprechung in den elektrochemischen Aktivitäten unserer neuronalen Netzwerke. Unsere flüchtigsten Gedanken und unbestimmtesten Intuitionen bleiben in verschlüsselter Form im kosmischen Vakuum erhalten. Unter der Voraussetzung des gegenseitigen Austausches von Informationen zwischen menschlichen Gehirnen und der Welt sind die Gedanken und Wahrnehmungen einer Person für ihre Umgebung einschließlich anderer Menschen unmittelbar bedeutsam.

Weil nämlich das Gehirn nicht zu trennen vermag, kann der Gehirnzustand eines Individuums innerhalb einer gewissen Variationsbreite von einem anderen gelesen werden.

Dies bedingt eine neue Dimension der Verantwortlichkeit menschlicher Wesen: Was wir denken und fühlen, kann unsere Mitwesen beeinflussen, und zwar nicht nur diejenigen, die uns hier und jetzt nahestehen, sondern auch diejenigen an entfernten Orten und in kommenden Generationen."[21]

Was wir auf dem Betriebsgelände des Industrieunternehmens erlebten, ist Quantenverschränkung.[22] Schon Albert Einstein wurde der Quantenverschränkung gewahr und nannte das Phänomen „spukhafte Fernwirkung." Emilio del Guidice, Quantenphysiker im heutigen staatlichen italienischen Kernforschungszentrum, kommentiert Einsteins Erkenntnis aktuell so:

> „Einstein was such a genius to imagine that this could happen, but he was so stupid not to believe it."[23]

Und der bereits erwähnte Wissenschaftler Ervin Laszlo ergänzt: „Auf den ersten Blick scheint Fernwirkung etwas sehr Sonderbares zu sein (Einstein nannte es „gespenstisch"), es ist aber nicht sonderbarer als viele andere Aspekte der Quantenwelt."[24] Fernwirkung ist eine Eigenschaft der Quantenverschränkung. Räumlich weit voneinander entfernte Photonen (Lichtquanten) wissen voneinander: Ändert das eine Photon seinen Zustand, so vollzieht das andere instantan diese Änderung mit – scheinbar ohne Raum und Zeit überwinden zu müssen (Phänomen der Nichtlokalität). „Wenn wir (…) den Faktor akzeptieren, der (…) dem Phänomen der Nichtlokalität zugrunde liegt, brauchen wir ein neues Paradigma in den Wissenschaften, denn die Wechselwirkung, die uns in der Nichtlokalität begegnet, ist keine der bekannten Wechselwirkungen: Sie vollzieht sich ohne Energieaustausch und führt uns jenseits der heute bekannten Grenzen von Raum und Zeit. Nichtlokale Wechselwirkung ist eine augenblickliche, „in-formationelle" Wechselwirkung, die man (…) am besten als die Wirkung eines physikalisch realen Informationsfeldes betrachtet, als einen Effekt des (…) Feldes."[25]

> „Die Welt ist weiter und meist auch kurioser, als man denkt, und je offener man sich hält, desto bewusster und –
> sogar das! – realistischer lebt man."
>
> HEINZ OHFF[26]

Wir sind nicht getrennt von unserem Umfeld, sondern Teil eines Feldes, des Nullpunktfeldes. Wir *sind* das Feld. Und darin sind wir in einem konstanten Austausch von Energie und Information. In diesem Feld spielt sich permanent ein Ping-Pong-Spiel ab. Energie und Information gehen unablässig hin und her, erläutert die Wissenschaftsjournalistin Lynne McTaggart.

Wenn man am Klavier bei getretenem Pedal einen einzelnen Ton anschlägt, summt bald die Oktave mit, dann die Quint und schließlich klingt das ganze Klavier. Das ist kein Spezialfall der Musik oder Akustik, es gilt für alle schwingenden Systeme[27]: Atome, Moleküle, Organe, das Gehirn, für die Evolution, für geregeltes organisches Wachstum, das System der Hormone, der Ernährung, für die Wechselwirkungen zwischen Personen und Gesellschaften.[28] Auf diese Weise lässt sich der Kosmos als ein lebendiges Zusammenspiel seiner schwingenden Teile beschreiben, als Weltresonanz, konstatiert Prof. Friedrich Cramer.[29]

Quantenverschränkung in der Gesellschaft und im Business: Wie die geistige Kraft der Gruppe wirkt

Was passiert, wenn Menschen zusammenkommen und ihren Geist auf eine bestimmte Intention ausrichten?

In einem „Intention Experiment"[30] richteten etwa 600 Leute ihre Intention auf das Blatt einer Pflanze. Im Versuch wollten sie feststellen, ob sie die Lichtemissionen des Blattes erhöhen können. Jedes Lebewesen emittiert Licht. Ob Mensch, Tier oder Pflanze – jede unserer Zellen sendet Lichtwellen aus, sogenannte Biophotonen. Dem Biophysiker Dr. Fritz Popp gelang es, diese schwachen Lichtemissionen zu messen und wissenschaftlich nachzuweisen.[31] Die Gruppe der Menschen, welche sich im o.g. Experiment auf die Erhöhung der Lichtemissionen des Pflanzenblattes konzentrierte, war in London, das reale Blatt in Tuscon, Arizona. Die Gruppe kannte also nur ein Photo des Blattes. Doch die gerichtete Aufmerksamkeit so vieler Menschen bewirkte eine deutliche Erhöhung der Lichtemission jenes Blattes in Arizona.

Auch in einem weiteren Intentionsexperiment, in dem Hunderte von Menschen rund um den Globus für wenige Minuten pro Tag ihre Aufmerksamkeit auf Saatgut richteten, wurden signifikante Ergebnisse erreicht: Jene Samen keimten doppelt so schnell wie das verglichene Kontrollsaatgut. Können wir also Nahrungsmittel schneller wachsen lassen, wenn wir die Intelligenz der Gruppe nutzen? Oder Wasser reinigen? Offensichtlich Ja. Versuche haben ergeben, dass die auf verunreinigte Gewässer gerichtete Intention von „Liebe" die molekulare Struktur des Wassers deutlich veränderte.[32]

> Gerichteter Geist = Ordnung.

Gerichteter Geist schafft Ordnung. Ordnung = Heilung. Materieller Wohlstand, physische Gesundung ist Ausdruck geistiger Ordnung. Gerichteter Geist schafft eine neue An-Ordnung der Materie.

> Materielle Gesundung ist ein Prozess, der besagt,
> dass geistige Ordnung stattgefunden hat.

Erlauben Sie mir, ein Praxisbeispiel aus einem anderen, nicht-wirtschaftlichen Bereich anzuführen, das zeigt, was geschieht und welche Ergebnisse erreicht werden, wenn die kollektive Intelligenz vieler Menschen genutzt wird.

Können wir auch Gewalt reduzieren in bestimmten Regionen, sofern wir unsere Intention darauf richten?

Das fragte sich die Wissenschaftsjournalistin Lynne McTaggart. Erforschen wollte sie es ausgerechnet am Beispiel Sri Lankas, das seit 25 Jahren an einem Bürgerkrieg litt und mehr Selbstmordattentäter als irgendwo sonst auf der Welt verzeichnete.

Im Jahr 2009 richteten mehrere hundert, über den Globus verstreute Menschen, die an dem Experiment teilnahmen, 8 Tage lang für 10 Minuten pro Tag ihre Intention des Friedens auf Sri Lanka. In einer Situation, in der die Rebellen, die Tamil Tigers, den Norden in ihre Gewalt gebracht hatten und kurz davor waren, den Sieg davonzutragen. Sorge bereitete der Forscherin allerdings, dass in der Woche vor dem Experiment sich die Todesfälle von 122 auf 461 fast vervierfacht hatten. Doch nach den 8 Tagen der geistig auf Frieden gerichteten Intention der Gruppe sank die Todesrate um 74 % und die der Verletzten um 48%. Und auch im Osten der Insel kam es zu einer Abnahme der Gewalt. Langfristig beobachtete die Forscherin eine Abnahme der Tötungen um 24% und der Verletzungen um 48%. In der Woche des Experiments hatte die Regierung ihren Kurs geändert, die Regierungstruppen gewannen zwei entscheidende Schlachten (in einer wurde der Rebellenführer der Tamilen getötet) und nach 2 Monaten war der 25-jährige Bürgerkrieg vorbei.[33]

Ob dies etwas mit dem geistigen Fokus der Gruppe zu tun hatte? Ich bin nicht so kühn, dies zu behaupten. Ich beobachte einfach nur. Synoptisch. Zusammenschauend. Staunend – wie ein neugieriges Kind – schaue ich Gleichzeitigkeiten, nehme Zusammenhänge und Co-Inzidenzen wahr.

Macht man sich bewusst, dass die Teilnehmer des Versuchs nur 10 Minuten pro Tag aufwendeten, dann ist das Beobachtete erstaunlich.

> „Die Zukunft ist offen, aber sie ist nicht total offen.
> Was in Zukunft passieren kann, ist unendlich vielfältig, doch nicht beliebig.
> (…) Erwartungsfelder schränken die Beliebigkeit dramatisch ein"[35],

erläutert der Quantenphysiker Prof. H.-P. Dürr.

Um das nachzuvollziehen, braucht unser Blick gar nicht so weit zu schweifen: Schließlich haben wir es ja erst jüngst erlebt. In 1989 am Beispiel Maueröffnung der DDR. War hier nicht auch ein kollektiv gerichteter Geist einer genügend großen Gruppe am Werk?

Der Quantenphysiker Dr. Walter Medinger meint: Ja.

„Wenn etwas auf der geistigen Ebene so vorgeformt ist, dass es den Weg in Raum und Zeit sucht, dann reicht nur ein kleiner Impuls aus, um diese Idee in den unteren Dimensionen der Dreidimensionalität gerinnen zu lassen."[36] Diesen kleinen Impuls erkennt er in der Aussage des irritierten SED-Politbüromitglieds Günter Schabowski, der auf die Frage, ab wann das geplante neue Ausreisegesetz der DDR gelten sollte, stammelte: „Das trifft nach meiner Kenntnis … ist das sofort, unverzüglich."[37]

Wenn viele Menschen innerlich ähnlich ausgerichtet sind, auf einer ähnlichen Frequenz unterwegs sind, sich von der gleichen Intention leiten lassen, z.B. von einem Geist der „Freiheit", der Sehnsucht nach Selbstbestimmung, wie es in einer immer größer werdenden Gruppe von Menschen in der DDR der Fall gewesen war, dann sind sie ein resonantes Team. Wie ein Vogelschwarm, der sich blind versteht. Der seine Richtung wählt. Zielstrebig und flexibel.

Aus der Quantenphysik haben wir gelernt: Jeder Mensch ist ein Erwartungsfeld. Und wieder einmal ist es Prof. H.-P. Dürr, der uns entscheidende Hinweise gibt: „Dort, wo die Erwartung, die Intensität des Gesamterwartungsfeldes, groß ist – in Regionen maximaler Interferenz – ist dann die Wahrscheinlichkeit am größten, dass der nächste reale Schritt passiert."[39]

> **Führungskultur ist geistig.**

Führungskultur ist geistig und hat eine Wirkung im Raum – auch auf andere. Aus der wissenschaftlichen Forschung wissen wir, dass Hirnströme sich synchronisieren, wenn eine Person in einem Raum meditiert und daneben eine Person ist, die einfach nur dasitzt (und nicht meditiert). Auch die Frequenz des Herzschlages gleicht sich an, ebenso wie sich der Atem, die Leitfähigkeit der Haut und die Verdauungstätigkeit synchronisieren.[40] Wie nutzbringend kann es also sein, wenn Führungskräfte immer wieder ihre innere Ordnung herstellen, ihren Geist beruhigen, regelmäßig ihre innere Ordnung pflegen? Wie segensreich kann sich das auf das Team, die Teamkultur auswirken?

Das sind Wartungsmaßnahmen. Für den Erfolg. Das ist Führungskultur. Geistige Führungskultur.

> **Messungen zeigen, dass es ein kollektives Bewusstsein gibt und dass es, wenn es gerichtet wird, eine Auswirkung hat.**

Gerichtetes kollektives Bewusstsein ist kohärent. Ungerichtetes dagegen inkohärent. Den Kraftunterschied zwischen beiden können wir uns wie folgt verdeutlichen:

Betrachten wir eine Glühbirne, so nehmen wir wahr, wie sie Licht abstrahlt. Lichtwellen bestehen aus Photonen (Lichtquanten). Eine Glühbirne sendet Strahlen von unterschiedlicher Frequenz aus (nicht kohärente Lichtwellen). Dabei wird viel Energie und Wärme verschwendet. Würden nun 1% der Photonen, welche von der Glühbirne ausgehen, kohärent schwingen, (*eine* Schwingung haben), dann hätte das Licht eine besondere Kraft – die einen Namen hat: Laser.

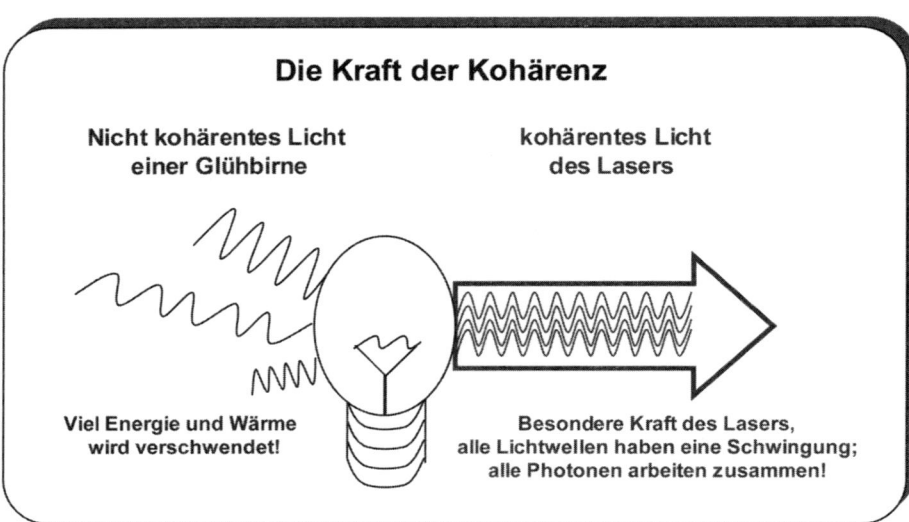

Abb.18: Die Kraft der kohärenten Schwingung[41]

Es ist diese besondere Kraft (welche durch Quantenkohärenz zustande kommt), die den Laser vom normalen Licht unterscheidet. Die gleichschwingenden Lichtwellen des Lasers haben einen besonderen Ordnungseffekt, der etwas Besonderes bewirkt.[42]

„In der Physik definiert man Kohärenz als Übereinstimmung der Phase (d.h. des Schwingungszustandes) der Wellenzüge in jedem Augenblick. Man kann sich das als Musik oder Tanz im gleichen Takt veranschaulichen", so Dr. Medinger.

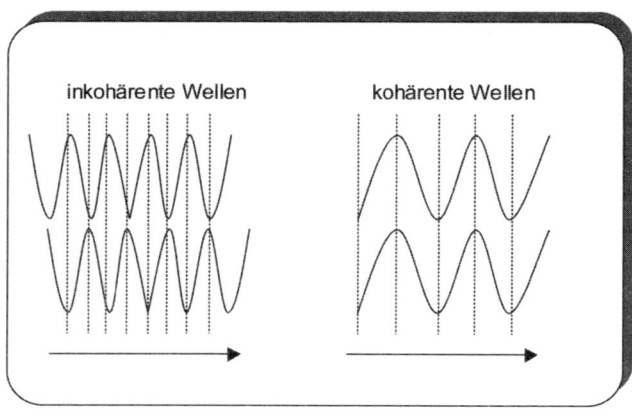

Abb.19: Kohärente Wellen

„Kohärenz führt dazu, dass es bei der Überlagerung der Wellenzüge zu keinen Energieverlusten durch gegenseitige Auslöschung kommt, sondern sich die Energie innerhalb der Welle maximal verstärkt."[43]

Erfolg beginnt mit der inneren Ordnung des Geistes. Machen wir uns bewusst: Wenn nur 1 % in einer Population in der Natur in die gleiche Phase kommt, also gleich zu schwingen beginnt, dann ermutigt das die Übrigen, ebenso zu schwingen. Eine kleine Gruppe von Menschen, die ihren Geist klar ausrichtet, kann somit als „Ordner" für das ganze System wirken.[44] Durch Meditation wird ein höherer Grad an Kohärenz erreicht – wie oben erläutert. Wenige, regelmäßig innehaltende, geistig klar auf konstruktives, ganzheitlich erfolgreiches Wirtschaften ausgerichtete Führungskräfte und Mitarbeitende genügen, um als „Ordner" für das ganze Unternehmenssystem zu wirken. Das ist ein Feldeffekt. Alles ist miteinander verbunden.[45]

„Kohärente Ordnung ist geradezu „ansteckend". In Wasser ordnen sich schwingende Moleküle, wenn sie in genügender Dichte vorhanden sind, von selbst kohärent an, weil sie dann weniger Energieverluste haben und im niedrigsten Energiezustand störungsfrei schwingen können. Die auf diese Weise „eingesparte" Energie ist übrigens so stark wie Röntgenstrahlung (!). Ordnung breitet sich ähnlich wie Wärme aus. Wenn sie an einer Stelle durch ein kohärentes Teilsystem verkörpert wird, kann sie nach und nach das Gesamtsystem erfassen."[46]

Im Foretracing nutzen wir diese Interaktionsfähigkeit des Feldes. Im Team gemeinsam zu visualisieren, ist kein überflüssiger Ringelpiez, kein soziales Gedöns im Unternehmen. Sondern eine glasklare Führungskompetenz. Mit Effekt. Integrale Manager sind sich der geistigen Kraft der Gruppe und der gemeinsamen Intention bewusst.

Nutzen Sie die kollektive Intelligenz der Gruppe, dann sind Sie als Unternehmen ganz weit vorne.

> Sorgen Sie dafür, dass Ihre Fahrtrichtung im Möglichkeitsraum
> keine beliebige wird!

Wir brauchen einen klaren Fokus. Sonst sind wir ein Fähnchen im Wind. Da reicht schon der überraschende Beschluss des Aufsichtsrates, ein eklatant wichtiges Strategie-Projekt zu streichen, oder eine Schreckensnachricht in den Medien, die uns wissen lässt, dass es mit dem DAX oder der globalen Wirtschaft bergab geht. Wie schnell sind wir dann raus aus dem, was wir eigentlich wollen. Unser Bild von einem faszinierenden Unternehmen verschieben wir dann in unsere Phantasie – in unser nicht gelebtes Leben. Und aus der Diskrepanz zum harten Alltag, in dem wir unsere Brötchen verdienen, entsteht unsere Unzufriedenheit, die, wenn wir uns nicht selbst am geistigen Schopfe packen, schleichend, aber unaufhaltsam mit den Jahren zur Resignation werden kann.

> „Wir duschen täglich, und wir reinigen unser Auto in der Waschanlage, genauso wie wir unsere Wohnung regelmäßig putzen – und unseren Geist? Den säubern wir fast nie!"

Vorreiter-Unternehmen wissen, wie wichtig geistige Hygiene ist. Und wie effektiv es ist, die Intention des Teams konstruktiv zu aktivieren.[47] Probieren Sie´s aus: In der Gruppe, im Team, werden Sie nochmals deutlicher erleben können, wie machtvoll unser Geist ist, wenn er sich gemeinsam auf eine positive Absicht richtet.

> „Die Welt um uns herum mag unbeweglich und unnachgiebig erscheinen. Sie ist es nicht.»[48]
>
> MALCOM GLADWELL

Deshalb ist es so wichtig, dass Manager die geistige Führung wahrnehmen und die Kraft des Teams nutzen. Wenn wir schon mit dieser geistigen Kraft ausgestattet sind, dann können wir sie doch auch *kollektiv* nutzen – einzelne Menschen kommen doch ohnehin jeden Tag im Unternehmen zusammen, als Team. Dabei muss es *einen* Kopf geben, der immer wieder an die Vision erinnert, der sein Team immer wieder dazu einlädt, dieses Ideal-Bild im Fühlen und Denken groß und lebendig werden zu lassen, es als (tatsächlich) mögliche Realität vorweg auszukosten – so, als wäre es schon eingetreten. Das gibt ein eindeutiges Signal ins Quantenfeld und begünstigt die Realisierung.

„Unmögliches wird möglich, wenn man den Mut hat, es zu denken", sagt Prof. Dr. Anton Gunzinger, der CEO der IT-Firma Supercomputing Systems AG.

> Im Team, im Foretracing erzeugen wir überlagerte Erwartungsfelder –
> und präjudizieren damit eine neue WIR-klichkeit.

„Das Augenblickliche baut ein wellenartiges Erwartungsfeld auf, was in Zukunft passieren soll. Das bin nicht nur ich, der zur Erwartung beiträgt, sondern
alles, was in der Welt sich manifestiert, das Lebendige und auch das Unbelebte,
die tote Materie. Was dann passiert, sich real manifestiert, ist nicht etwas Bestimmtes, sondern wird durch die Überlagerung aller dieser Erwartungsfelder
präjudiziert"[49], konstatiert Prof. H.-P. Dürr.

Und das, was wir im Kollektiv erwarten (worauf wir gemeinsam unsere Aufmerksamkeit richten), zeigt sich nicht nur ‚da draußen' im Außen.
  Bemerkenswert ist, dass die 600 Teilnehmer, welche an dem o.g. Friedens-
Intentions-Experiment teilgenommen hatten, signifikante Veränderungen auch
in ihrem eigenen Leben beobachteten. Sie berichteten, dass durch die täglich
10-minütige Fokussierung auf Frieden in Sri Lanka *ihr eigenes* Leben friedlicher
geworden war. Sie empfanden mehr Liebe für ihre Familienmitglieder, Freunde
und Verwandten – und vor allem auch mehr Mitgefühl gegenüber Fremden.[50]

> „Die Welt ist ein nichtauftrennbares Ganzes."
>
> PROF. H.-P. DÜRR

Was ich für andere getan habe, habe ich offensichtlich auch für mich getan!
Immer wieder bestätigt sich auf der sichtbaren Oberfläche unserer Realität („der
Ebene unserer vergröberten Wahrnehmung") die Verbundenheit der Quanten-
welt.[51]

> Als Integrale Manager schaffen wir ein neues Bewusstsein
> für die WIRklichkeit.

○

Ich mache mir bewusst:

⇨ Dass ich eingewoben bin in das *eine* Quantenfeld.

⇨ Dass die Information (meine Gedanken und Gefühle), die ich hineingebe, das entscheidende Quentchen Quanten sind, die Ordnung herstellen können.

⇨ Ob ich Verursacher geistiger Umweltverschmutzung oder geistreicher Ökonomie bin.

IX

Die ganze Wirtschaft
liegt stöhnend in den Geburtswehen
einer neuen Ordnung

Der Trend zum Integralen – und worin er sich heute in Wirtschaft und Gesellschaft konkret zeigt

Spazieren Sie wachen Auges durch die westliche Welt, so ist der Trend zum Integralen heute überall zu erkennen. In der Wirtschaft wie auch in der Gesellschaft. Ohne nach statistischen Ansprüchen recherchiert zu haben, nehme ich den Trend zum Integralen quasi im Vorbeigehen – in meinem unmittelbaren Umfeld – allerorten wahr. Und ich vermute: Ihnen wird es ähnlich gehen, wenn Sie Ihren Blick schweifen lassen.

Wirtschaftskongresse

Nie zuvor gab es Wirtschaftskongresse, die sich derlei Themen widmeten:
Wirtschaftskongresse, an denen Tausende von Führungskräften in den letzten Jahren teilnahmen, beschäftigten sich mit integralen Themen, wie: „Der neue Geist in der Wirtschaft" (Akademie Heiligenfeld), „Geist und Leadership" (Lassalle-Institut, CH), „Authentisch führen" (Willigis-Jäger-Stiftung West-Östliche Weisheit), „Spirit + Profit – Gegensätze, die sich anziehen?" (Salzburger Management-Impulse), „Emotionen in der Wirtschaft" (Benediktushof, Würzburg), International Conference on Spirituality in Organizations (International Center

for Spirit at Work) u.v.m. Diese Wirtschaftskongresse waren „Think-Tanks" für Unternehmer, die handfeste Lösungen für wirtschaftlich *und* sozial *und* ökologisch sinnvolles Management suchten und ihre Erfahrungen und Erfolgsberichte aus der Praxis präsentierten. Sie zeigen, dass es geht, und setzen damit wichtige Impulse für eine integrale Wirtschaftskultur.

Wirtschaftspreise – was wir für preiswürdig halten

Auch was wir heutzutage für auszeichnenswert halten, trägt einen integrativen Charakter: Wirtschaftspreise werden nicht für eingleisig monetären Erfolg verliehen, sondern zunehmend für das „UND". Es werden Firmen prämiert, die beweisen, dass Erfolg menschlich ist. Wie z.B. mit dem „Preis der Sozialen Marktwirtschaft", dem „Great-Place-to-Work-Award", dem Preis „Beruf und Familie", dem „Büro und Umwelt"-Preis, dem „Spirit-at-Work-Award", „Ethics in Business", dem „Vision Award", dem Preis der „Top 100 Arbeitgeber" in Deutschland, dem Preis der „Unternehmen mit Weitblick", u.v.a.

Nie zuvor haben wir derlei Qualitäten ausgezeichnet.

Der Trend zur Integration in den Wissenschaften

Nie zuvor rückten Wissenschaftsdisziplinen so nah zusammen.

Konventionelle, separatistische Blicke auf die Welt sowie Methoden, welche das Trennende betonen, werden immer mehr abgelöst von dem Streben nach einem integralen Verständnis unserer Wirklichkeit. Fortschrittliche Forscher und wissenschaftliche Pioniere gehen heute dazu über, mehrere „Brillen" gleichzeitig aufzusetzen, um ihr Gesichtsfeld zu erweitern und somit mehr von der Wirklichkeit zu verstehen und nutzbar zu machen.[1]

- Die Neuroökonomie ist ein noch recht junges Forschungsgebiet, welches den wirtschaftlich agierenden Menschen als mehr als ein rein rational gesteuertes Wesen begreift. Neurowissenschaftler, Wirtschaftswissenschaftler und Psychologen arbeiten hier interdisziplinär zusammen, um herauszufinden, wie Wirtschaftssubjekte (Menschen!) bestimmte wirtschaftliche Entscheidungen fällen.

- Die Systembiologie ist ein rasch wachsendes Forschungsfeld, das Erkenntnisse aus der Systemtheorie, der Biologie, der Mathematik u.a. Teilgebieten „zusammen schaut" und versucht, biologische Organismen in ihrer Gesamtheit zu verstehen. Das Ziel ist, ein integriertes Bild aller regulatorischen Prozesse über alle Ebenen, vom Genom über das Proteom, zu den Organellen bis hin zum Verhalten und zur Biomechanik, des Gesamtorganismus zu bekommen.[2]

- Ein weiteres Beispiel für interdisziplinäre Forschung ist die relativ neue Fachrichtung der Psychokardiologie, welche versucht, die Verbindung von Herz und Seele zu therapieren. Die Psychokardiologie ist eine neue, integrative Spezialdisziplin der Humanmedizin, die sich mit dem wechselseitigen Zusammenhang von psychischen Faktoren und Herzerkrankungen befasst.[3] Der Trend und das Bedürfnis zum integralen Verstehen macht nicht in der Forschung halt. Sie gehen einher mit einem neuen Drang zum integralen Handeln. Um im Beispiel der Psychokardiologie zu bleiben: Es gibt zu diesem Thema nicht nur interdisziplinäre Konferenzen und Kongresse, sondern bereits auch interdisziplinäre Kliniken, Spezialambulanzen und Behandlungspläne.[4]

- Erkenntnisse der neueren Hirnforschung, der Psychologie und der Spiritualität nähern sich immer mehr an. Waren wir noch vor etwa 50 Jahren auf dem Stand, dass wir *ein* Gehirn haben, das als wichtigste Steuerungszentrale in unserem Kopf sitzt, so klärten uns Hirnforscher in den letzten Dekaden über unseren Darm als zweites Gehirn, unser „Bauchhirn", auf; aber nicht nur von ihm, sondern auch von unserem Herz-Seele-Bereich (dem dritten Gehirn) geht ein erheblich steuernder Einfluss auf unser Kopfhirn (und umgekehrt) aus.[5] Auch die Hirnforschung ist offensichtlich auf einem integralen Weg und macht folglich Entdeckungen von Zusammenhängen.

> „Wirtschaften ist etwas viel zu Wichtiges,
> als dass wir es den Ökonomen überlassen sollten."
>
> FREI NACH OTTO VON BISMARCK[6]

Werden wir gar allintelligenter? Der Trend zur interdisziplinären Forschung ist unverkennbar. Die mono-disziplinären Vorgehensweisen reichten offenbar nicht aus, die Wirklichkeit ganzheitlich zu erklären, Zusammenhängendes zu verstehen und konstruktiv zu nutzen. Die neuen integralen Ansätze in den Wissenschaften sind ein erster Schritt dazu.

„Wagemutige von heute bereiten das Normale von Morgen vor."

DOM HÉLDER CAMARA

„Die Welt ist nicht so, wie sie nach den üblichen „realistischen" Übereinkünften zu sein scheint", so der Autor Wolfgang Hilbig.[7] Die mono-disziplinären Wissenschaften kannten nur einen Ausschnitt der Wirklichkeit. „Es ist gefährlich zu glauben, dass eine Ansammlung von Worten (…) große Ähnlichkeit mit dem Universum haben könnte."[8] Alles, was in der Versprachlichung der Realität zur selbstverständlichen Trennung in unserem Bewusstsein führte, müssen wir einer gründlichen Revision unterziehen. „Begriffe, welche sich bei der Ordnung der Dinge als nützlich erwiesen haben, erlangen über uns leicht eine solche Autorität, dass wir ihren irdischen Ursprung vergessen und sie als unabänderliche Gegebenheiten hinnehmen", resümierte schon Albert Einstein.[9]

«Ich habe die Hoffnung, dass die Wissenschaft der Spiritualität in neuer Weise begegnet, wissend, dass beide nur eine begrenzte Sprache haben. Wir erahnen nur diese umfassende Wirklichkeit, in der wir leben."

PROF. DR. GÜNTER EWALD, QUANTENPHYSIKER[10]

„Es war wohl ein Fehler in der Geschichte der exakten Wissenschaften, den Geist aus der Natur zu verbannen", schreibt der weltberühmte britische Kernphysiker (…) Jeremy Hayward. „Ein Fehler, aus dem neuerdings Konsequenzen gezogen werden: Neben Raum, Zeit, Materie und Energie gilt das Bewusstsein in der aktuellen Spitzenforschung als ein Grundelement der Welt."[11] Deutlich ist der Trend zum Integralen in den Wissenschaften zu erkennen.

Der Trend zum Integralen in der Gesellschaft

Lenken wir unseren Blick nun auf die Gesellschaft, so begegnet uns das „integrierende UND" heute ebenfalls an vielen Stellen:

Länder-, Währungs- und Handelsgrenzen

Friedlich haben wir es 1989 geschafft, zwei Länder zu vereinigen, die unter politisch konträren Führungen standen. Mit dem Euro haben wir einen gemeinsamen Währungsraum geschaffen, in der die Teilnehmerstaaten ihre nationale Währung – einen Teil ihrer bisherigen, gewachsenen Identität als Wirtschaftsnation – eintauschten im Vertrauen auf ein lohnenderes „gemeinsames Wir", im Vertrauen in das „Verbindende" und seine stärkende Kraft. In der EG ist es uns gelungen, tarifäre und nicht-tarifäre Handelshemmnisse immer weiter abzubauen. Traditionell gewachsene nationale Barrieren haben wir auch hier aufgegeben zugunsten des Verbindenden und seiner Effizienz.

Integrativer Unterricht

Das integrierende Bestreben in der Gesellschaft ist auch in der UN-Behindertenrechtskonvention zu beobachten. Die Konvention über die Rechte von Menschen mit Behinderungen ist am 26.03.2009 in Deutschland in Kraft getreten. Sie sieht den integrierten Unterricht von behinderten und nicht behinderten Schülern vor. Dazu müssen alte, trennende Denkmuster überwunden und Regelschulen personell und sachlich ausgebaut werden.[12]

Kunst

Autistische und geistig behinderte Menschen malen im „Atelier Goldstein" in Frankfurt am Main. Ihre Werke erzielen die gleichen Preise wie die von namhaften nicht behinderten, in der Kunstwelt erfolgreich etablierten Künstlern. Ein Gemälde von Christa Sauer etwa, in der Größe von 3m x 2m, liegt bei einem Preis von mehreren Tausend Euro.[13] Kuratoren, wie der Leiter des Arp Museums in Remagen, machen keine Unterschiede mehr. „Oftmals wissen die Käufer bzw. kunstinteressierten Besucher einer Ausstellung gar nicht, dass sie es hier auch mit Werken von Behinderten zu tun haben."[14]

Offensichtlich machen wir erste Schritte, die Werke geistig Behinderter nicht (mehr) in eigens den Behinderten gewidmeten Ausstellungen zu zeigen. D.h., der neue Fokus ist: Gute Kunst hängt neben guter Kunst.

Integration. Herkömmliche Grenzen bröckeln. Die Illusion der Trennung weicht. Auch in Politik und Gesellschaft. Zivilbürgerliches Engagement wächst. Bürger machen gesellschaftspolitische Anliegen zu ihren eigenen; sie warten nicht länger auf das Engagement des Staates; sie werden selbst tätig, setzen sich für Lösungen ein und – zusammen mit Gleichgesinnten – schaffen sie diese ganz pragmatisch.

Nicht-Regierungsorganisationen (NGOs[15])

> „Die Zukunft soll man nicht voraussehen wollen,
> sondern möglich machen."
>
> ANTOINE DE SAINT-EXUPÉRY[16]

Nie zuvor war die Zahl der in der UNO registrierten Nicht-Regierungsorganisationen so hoch wie heute.[17] Nicht-Regierungsorganisationen (NGOs = nongovernmental organizations) sind organisierte Zusammenschlüsse von Menschen, die nicht gewinnorientiert sind, nicht von staatlichen Stellen organisiert oder abhängig sind und auf freiwilliger Basis Aktivitäten setzen. In 2009 waren weit über 3.000 NGOs registriert.

Das global angelegte Friedensprojekt des Lassalle-Institutes[18], welches aus der Überzeugung entstand „Es wird keinen Frieden in der Welt geben, solange es keinen Frieden in Jerusalem gibt", ist nur *ein* Beispiel für eine aktuelle Selbstverantwortung, in der sich eine wache, geistreiche Spiritualität mit pragmatischem Gestaltungswillen zeigt. „Jerusalem, eine internationale Stadt zum Erlernen des Friedens in der Welt" – das ist die Vision des Projektes. Genau dort, in diesem religiös-politischen Brennpunkt, soll ein internationaler Raum der Friedensforschung und Friedenserziehung geschaffen werden. Um aus einer inneren Haltung der Achtung aller Beteiligten, ihrer Kulturen und ihrer Erfahrungen Versöhnungs- und Traumaarbeit zu leisten – also (wiederum): nicht gegen den Fehler zu kämpfen, sondern für das Fehlende da zu sein.

Zivilbürgerliches politisches Engagement

> „Vergangenheit und Gegenwart welken -,
> ich habe sie erfüllt und habe sie geleert
> und gehe daran, die nächste Zukunftstiefe zu füllen."

WALT WHITMAN[19]

Viele zivilbürgerlich initiierte Kampagnen widmen sich gesellschaftspolitischem Engagement. Ihr Einfluss wird zunehmend größer. Auch dank der technologischen Innovation des Internets. Bereits im vorigen Buch[20] berichtete ich über Eli Pariser, den jungen Amerikaner, der seit der Bush-Ära mit der Internet-Plattform www.moveon.org vielen Millionen Amerikanern die Möglichkeit bietet, gegen Gesetzesentwürfe zu votieren und gleichzeitig sinnvolle Lösungsvorschläge zu platzieren. Parteilos. MoveOn führt recht erfolgreich konkrete Kampagnen zu den drängenden Fragen der USA durch. In 2009 waren dies: universal health care, economic recovery and job creation, building a green economy and stopping climate change, and ending the war in Iraq.[21] Eli Pariser nennt das „Demokratie in Aktion".[22]

Auch in Deutschland konnte sich der Verein „Mehr Demokratie" zunehmend erfolgreich verbreiten. Ziel von „Mehr Demokratie" ist die Einführung bundesweiter Volksabstimmungen. Menschen sollen „(...) die Möglichkeit bekommen, in wichtigen Sachfragen direkt zu entscheiden. Wir wollen weg von der Zuschauerdemokratie und hin zu einer Kultur der Beteiligung und des Dialogs." Die Vorstandsvorsitzende, Claudine Nierth, berichtet: Wurde vor zwanzig Jahren „(...) „Volksentscheid" als ein Fremdwort in der deutschen Politik gehandelt, so befinden wir uns heute inmitten einer großen Demokratiebewegung, die nicht mehr aufzuhalten ist (...). Selbst (sechs) Verfassungsrichter vertreten mittlerweile die Meinung, dass bundesweite Volksabstimmungen notwendig sind und schon bald ins Grundgesetz aufgenommen werden. Im Bundestag sitzen mit Ausnahme der Union fast nur noch Volksentscheidsbefürworter und selbst innerhalb der CDU/ CSU werden die Befürworter mit mittlerweile 19 Abgeordneten immer mehr. Wir rücken damit einer Zweidrittelmehrheit, die für eine Verfassungsänderung nötig ist, immer näher."[23]

Therapiemöglichkeiten im Gesundheitsbereich

Hätten Sie vor 10 Jahren gedacht, dass Krankenkassen Präventivmaßnahmen wie Yoga sowie homöopathische und andere alternative Heilmethoden bezuschussen? Auch im Gesundheitswesen ist der Trend zum Integralen spürbar.[24] Neben der klassischen Schulmedizin – Gott sei Dank haben wir sie! – genehmigen Krankenkassen zunehmend alternative Heilmethoden. Es gibt Kliniken, die ganzheitlich biomedizinisch arbeiten, und es gibt Ärzte, welche mit Heilern zusammenarbeiten und dadurch sehr viel bessere Gesundungserfolge auch bei Krebspatienten erzielen, wie Prof. Dr. Waldemar Uhl vom Universitäts-Klinikum Bochum[25]. Und der „Integrative Medizinkongress" stellt die Frage: *„Wie ist eine interdisziplinäre Zusammenarbeit zwischen Ärzten, Heilpraktikern und Therapeuten möglich?"*[26]

> „An positive Möglichkeiten nicht zu glauben, ist schlicht Dummheit."
>
> HANS VAIHINGER, PHILOSOPH [27]

Umwelt und Energie

Überall in Deutschland bemühen sich Regionen, energie-autark zu werden; Freiburger Bürger haben die Genossenschaft „Energie in Bürgerhand" gegründet, um eine ökologische und zukunftsweisende Energiewirtschaft zu verwirklichen. Überall in den Städten und Kommunen entwickeln Menschen vielfältige Möglichkeiten, erneuerbare Energien voranzubringen. Sie scheinen dann den größten Erfolg zu haben, wenn sie ein partizipatives Verfahren wählen und alle Interessensgruppen in einem ergebnisoffenen Entscheidungsprozess beteiligen. „Durch die Einbindung der Bevölkerung während der Planungsphase ist die Akzeptanz auch zwei Jahre nach der Inbetriebnahme (des Biogaskraftwerkes) sehr hoch", betont Herbert Sauter, Ortsvorsteher eines Stadtteils in Rottweil.[28] Die Stadt Tübingen will Vorreiter in Sachen Klimaschutz bzw. umweltfreundlichste Stadt[29] werden; Nürnberg hat sich zur Bio-Modellstadt ernannt[30]... – viele Städte setzen solch anspruchsvolle Visionen tatkräftig auf kommunaler Ebene um.

> „You can't win the game – if you don't play it."
>
> SERGEJ CHRUSCHTSCHOW[31]

Nachdem sie selbst den Stromanbieter gewechselt hatte, lud sie eines Sonntags Freunde und Nachbarn zu sich ins Wohnzimmer ein und veranstaltete eine Naturstrom-Wechselparty. Bei Kaffee und Kuchen erklärte die Leipzigerin Ulla Gahn, warum der Wechsel zu einem Ökostromlieferanten etwas ist, was jeder schnell und einfach für die Umwelt tun kann und was dabei wichtig und zu beachten ist. Von den 40 Gästen wechselten 10 sofort, da die Informationslage vor Ort ideal war. Die Nachfrage wuchs rasant, so dass öffentliche Ökostrompartys mit vielen Hunderten Teilnehmern folgten. In 2007 erhielt Ulla Gahn den Deutschen Klimaschutzpreis der Deutschen Umwelthilfe und in 2008 den Utopia Award.[32]

Achtung (und Integration) von Verschiedenheit

Der Oberbürgermeister der Stadt Köln[33], einer Stadt, in der seit jeher auf Werte wie Toleranz von Verschiedenheit und Respekt im Umgang miteinander geachtet wird, engagiert sich für die „Gay Games". Diese Art Olympiade, an der Homosexuelle genauso wie Heterosexuelle teilnahmen, fand in 2010 erstmals in Köln statt. Das Nebeneinander von Lebensstilen und die Achtung dafür liegt dem OB Jürgen Roters besonders am Herzen. Er war es auch, der die erste Trauung von Homosexuellen in Deutschland vollzog. Nicht der Show wegen, sondern um ein klares Signal für Gleichwürdigkeit und Achtung zu setzen.[34]

Vom Neben-, zum Mit-, zum Füreinander...

Im Bewusstsein vieler Menschen geht es nicht (mehr) um Siegen oder Verlieren, Schwarz oder Weiß, um Entweder – Oder. Der Sieger gilt alles, der Verlierer nichts? Ist das Denken in trennenden Gegensätzen selbst im Fußball passé? Mir fällt auf, *wie* der deutsche Bundespräsident Christian Wulff den 3. Platz der Deutschen Mannschaft bei der Fußball-Weltmeisterschaft 2010 kommentierte: „Das junge Team habe nicht miteinander, sondern *für*einander gespielt."

Reift in uns ein Bewusstsein der Verbundenheit? Und die Fähigkeit, integral zu schauen? Sehen wir immer mehr das Verbindende – nämlich die Fähigkeit des Siegers, zu verlieren, genauso wie die Fähigkeit des Verlierers, zu gewinnen? – was in jedem Menschen angelegt ist? Nehmen wir immer mehr wahr, was uns (weltweit)

verbindet? Die Bedürfnisse nach Würde, Respekt, Frieden, Achtung, Zugehörig-
keit, Selbstbestimmtheit… das Bedürfnis nach Aufrichtigkeit und Authentizität?

Sind dies Vorboten in Vorwegnahme
einer „Menschheitsdämmerung"?

Gehen wir in ein Zeitalter, in dem sich Menschen (immer mehr) als Menschen
erkennen?
Echtheit. Sich zeigen. Aufrichtig sein. Möglicherweise durch die Finanzkrise
und die Vertuschungen von Steuerhinterziehungen großer Konzerne genährt,
ist eine zunehmende Sehnsucht in der Gesellschaft nach Aufrichtigkeit spürbar.

Echtheit in der Gesellschaft

Zur Trauerfeier für Fußballer Robert Enke, der sich im November 2009 das Leben genommen hatte, kamen über 35.000 Menschen.[35] Nicht, weil er so bekannt
war, sondern weil die Echtheit so viele Menschen berührt hat – die Echtheit,
mit der die Witwe posthum über seine Erkrankung sprach – er litt jahrelang
an Depressionen – und über die Not ihres Mannes, der zeitlebens geglaubt hatte, er werde ausgegrenzt, verlöre als Profifußballer seinen Job, sobald er seine
„Schwäche" öffentlich machte.

In seiner Trauerrede forderte der damalige Ministerpräsident von Niedersachsen unter Tränen ein Umdenken in der Gesellschaft: „Wir brauchen doch keine
fehlerfreien Roboter. Wir brauchen Menschen mit Ecken und Kanten und mit
allen ihren Schwächen und ihren wunderbaren Eigenschaften".[36]

Und der DFB-Präsident Theo Zwanziger rief als Konsequenz aus dem Selbst-
mord des Torwarts zu mehr Menschlichkeit im Umgang miteinander auf.
„Fußball ist nicht alles. (…) Denkt nicht nur an den Schein, (…). Denkt auch
an das, was im Menschen ist, an Zweifel und an Schwächen. (…) so wie ich die
Menschen in den letzten Tagen in Hannover erlebt habe, sehe ich ein Stück mehr
Menschlichkeit, ein Stück mehr Zivilcourage und ein Bekenntnis zur Würde
des Menschen."[37]
Und der Oberbürgermeister von Hannover, Stephan Weil, sprach den fast
40.000 Menschen im Stadion aus dem Herzen: „Wir haben alle Angst und

Furcht. Die einen mehr und die anderen weniger. Die einen können gut mit ihrer Angst umgehen, die anderen werden davon erdrückt." Das gelte für jeden – für Sportler wie auch für Manager. „Das ist so, aber darüber wird nicht gesprochen. Wer traurig ist und Angst hat, muss fürchten, als schwach zu gelten."

Wann hat jemals ein kommunaler Manager zu einer Öffentlichkeit von fast 40.000 Menschen so gesprochen?

Echtheit in Unternehmen

Es ist die Echtheit, die uns berührt. Die uns Verbindungen spüren lässt. Sich so zu zeigen, wie man ist. Ohne Masken. Ohne Rollenklischées. Sondern als Abteilungsleiter, als Sachbearbeiter mit Menschenhintergrund. In den Momenten der Echtheit können wir uns im anderen erkennen. Genau das passiert, wie bereits erwähnt, durch Wertschätzende Kommunikation in Unternehmen. Aus einer Haltung, in der Führungskräfte nicht „Macht *über*, sondern Macht *mit* Menschen" ausüben.[38]

Wenn Konflikte bereits fortgeschritten und die Fronten schon recht polarisiert und verhärtet sind, haben wir meist den Eindruck: Das, was die Gegenpartei will (die andere Abteilung, der andere Kollege,...), ist etwas vollkommen Anderes als das eigene Ansinnen. „*Die sollten erst mal...*", „*erst wenn die Abteilung xy ihre Hausaufgaben gemacht hat, dann kann es bei uns besser laufen...*", „*Bei uns ist alles in Ordnung! Aber die...!*" Wir erleben Getrenntheit und können uns bisweilen kaum noch vorstellen, dass es einen gemeinsamen Lösungsansatz geben könnte.

Doch die Erfahrung zeigt: In 80% der Konflikte geht es auf beiden Seiten um genau die gleichen Bedürfnisse. Da geht es um: Achtung, gesehen werden, gehört werden, Mitgestalten, Selbstbestimmtheit, Würde, Respekt,... Wenn es uns gelingt, das, worum es wirklich geht – die *echten* Bedürfnisse – auf den Tisch zu legen, dann ist i.d.R. innerhalb von 20 Minuten eine Lösung gefunden – die für alle passt.

„Kühner, als das Unbekannte zu erforschen,
kann es sein, das Bekannte zu bezweifeln."

K. JASPERS[39]

277

Das Böse sind nicht die Anderen. Das „nur Gute" bin nicht ich. Ich erkenne mich – mit beiden Polaritäten – im Menschen gegenüber. Was uns verbindet, ist weit mehr als das, was uns trennt. Führungskräfte, die ich in der Einführung der Wertschätzenden Kommunikation in ihrem Unternehmen begleitete, sagten rückblickend: „*Das war die Geburtsstunde einer neuen Kommunikationskultur.*"

Meme – die Gene in der zukünftigen Wirtschaftskultur

Neben der biologischen Evolution der Gene fand und findet in der Menschheitsgeschichte gleichzeitig auch immer eine kulturelle Evolution statt. Letzteres nennt der Evolutionsbiologe Richard Dawkins die Evolution der „Meme". Ein Mem[40], so lehrt er uns, ist eine kulturelle Information, ein kollektiv geteiltes und angewendetes Wissen, gemeinsame Überzeugungen, Vorstellungen und Werte. Ein solches Mem, eine solch kulturell geteilte Information, ist etwa die Lehre der Algebra, das Wissen, wie man Papier oder Penicillin herstellt, unser auf christlichen Werten basierendes Grundgesetz oder der Brauch, an Weihnachten Nadelbäume in die Wohnung zu stellen, ebenso wie auch die Konvention „Man spuckt nicht auf die Straße". Ein solches Verhalten war vor 300 Jahren noch gar nicht so selbstverständlich, wie es uns heute erscheint. Auf den Boden rotzen, wo man gerade ging und stand, war ganz normal– ein Mem eben jener Zeit. Irgendwann muss jemand angewidert festgestellt haben, dass dies eine riesige Sauerei und relativ unappetitlich sei! Damals bedurfte es der Strafverhängung bei Zuwiderhandlung und Schildern „Nicht auf den Boden spucken!", die auf öffentlichen Plätzen aufgestellt wurden. Schließlich hatte sich die Idee im Alltag so weit verbreitet, dass man irgendwann die Schilder abmontieren konnte. Es war ein Mem geworden.

An diesem Beispiel lässt sich gut nachvollziehen, dass zwei Dinge nötig sind, damit eine Idee zum Mem, zum kollektiven Bewusstsein wird.

Zum einen braucht es eine Diskussion, die Auseinandersetzung und aktive Kommunikation, die kollektive Aufmerksamkeit also für das Thema und schließlich die Überzeugungskraft, dass das, worum es geht, sinnvoll ist. (Früher gebrauchte man dazu noch sehr viel häufiger die Androhung von Gewalt, aber auch heute brauchen wir manchmal noch einen relativ hohen Leidensdruck (wie z.B. die Umweltkatastrophen der letzten Jahre, die tatsächlich fühlbare Klimaerwärmung usw.), um einen neuen Umgang mit uns selbst und der Welt zu adaptieren.

Die zweite Bedingung, die gegeben sein muss, damit ein Mem sich durchsetzen kann, ist die Tatsache, dass es einen klaren Vorteil bringen und somit für den Menschen von echtem Nutzen sein muss, (so dass man schließlich die Schilder abmontieren konnte, weil die Mehrheit der Menschen die Ästhetik unbespukter Wege als etwas Angenehmes und Sinnvolles zu schätzen gelernt hatte).

Ähnlich wie sich in der Evolutionsbiologie die stärksten Gene durchsetzen, setzen sich in der Gesellschaft bestimmte, kraftvolle Ideen durch. „Meme wetteifern darum, in so viele Gehirne wie möglich zu gelangen und sich dort zu behaupten, und diese Konkurrenz der Meme hat unseren Geist und unsere Kultur geformt", so die englische Psychologin Susan Blackmore.[41]

Die ganze Wirtschaft liegt stöhnend in den Geburtswehen einer neuen Ordnung.

Die Idee, der Versuch, rein wirtschaftlich erfolgreich zu sein, wird nicht mehr ausreichen als ein in Zukunft tragfähiges Wirtschaftskonzept – ein bröckelndes Mem, ein schwaches Gen, das in der Wirtschaftskultur der Zukunft nicht weiter vererbt werden wird.

„Aber hören wir nicht auch einen vielstimmigen Chor,
von anderen Tönen, die von einer Welt künden,
in der Wirtschaft nicht mehr synonym mit Geldmachen ist,
sondern vitaler Teil des menschlichen Lebens?"

ZUKUNFTSFORSCHER MATTHIAS HORX[42]

Gibt es eine Evolution des Bewusstseins?

Die anfangs dargestellten Beispiele zeigen, wo und wie wir den Trend zum Integralen heute in der Wirtschaft und Gesellschaft erleben und aktiv gestalten. Und dies war nur eine quasi zufällige Auswahl. Es gibt noch sehr viel mehr konkrete Beispiele aus der Praxis. Womit ich nicht sagen will, dass nun alles und jeder integral unterwegs sei. Natürlich erleben wir zeitgleich auch das Phänomen der Trennung: Unternehmen, die wirtschaftlich äußerst erfolgreich sind, und dies (noch oft) auf Kosten von unzufriedenen oder krank werdenden Mitarbeitern. Und mein „beliebiger" Blick schweift weiter auf das (noch) Getrennte: In Italien zeichnet sich deutlich eine neofaschistische Strömung in Politik und Gesellschaft ab; Hunger, Not und Elend betreffen mehr Menschen denn je – auch in Deutschland; und die Ausgaben für Rüstung und Kriegsführung waren weltweit nie so hoch wie heute. Trennung zwischen Arbeitenden und Arbeitslosen, zwischen Wirtschaft und Mensch, Beruf und Leben, zwischen Arm und Reich, Trennung zwischen ethnischen Gruppen und Völkern, Trennung zwischen... Auch diese Liste ließe sich endlos fortsetzen.

Integrales und Trennendes – das ist natürlich – existieren nebeneinander. Die Frage ist allerdings: Wohin geht unsere Sehnsucht? Wohin geht die Entwicklung? Was wird wachsen?

Das, was Energie bekommt, worauf wir unsere Aufmerksamkeit richten, das wächst – das wissen wir inzwischen aus der Quantenphysik (und den geistig überlagerten Erwartungsfeldern).

Megatrend:
der Weg in einen zukunftsfähigen Kapitalismus und eine praktische Spiritualität

„Man soll denken lehren, nicht Gedachtes."

CORNELIUS GURLITT

Die Gruppe der Kulturell Kreativen umfasst 30 bis 35 Prozent der Westeuropäer; sie sind nach den Studien von Prof. Paul Ray die Vorreiter des Wandels im Business.[43] Kulturell Kreative[44] sind Menschen, die in ihrer Lebens- und Arbeitswelt holistische (ganzheitliche) Werte vertreten; sie gelten als „neue Progressive", die nach mehr Sinn in der Arbeitswelt streben und einen nachhaltigen, gesundheits- und umweltbewussten Lebensstil pflegen. Prof. Paul Rays Analyse zufolge gibt es 15 Millionen Kulturell Kreative im Business und unter den gut ausgebildeten Fachkräften. Zusammen mit weltweit 20 Millionen Sympathisanten und 35 Millionen, die zwar nicht anders denkende Manager seien, dafür aber kulturell kreative Konsumenten und Investoren,[45] könnten sie den Weg in einen zukunftsfähigen Kapitalismus einläuten.

Die Zukunftsforscherin Patricia Aburdene bezeichnet „The Rise of Conscious Capitalism" (das Aufgehen des Bewussten Kapitalismus) als den Megatrend 2010. „We the people have the power to transform capitalism. As investors, consumers and managers. And capitalism has the power to change the world."[46] *übersetzt:* „Wir, das Volk, haben die Macht den Kapitalismus zu transformieren. Als Investoren, Konsumenten und Manager. Und Kapitalismus hat die Macht, die Welt zu verändern."

„Der Kapitalismus alter Schule hat ausgedient."[47]

PATRICIA ABURDENE, ZUKUNFTSFORSCHERIN

Die Zukunftsforscherin identifizierte Spiritualität gar als den größten Megatrend[48] unseres Zeitalters.[49] „Der Kapitalismus alter Schule hat ausgedient. Spiritualität wird der wesentliche Antriebsfaktor für das Business im kommenden Jahrzehnt sein, prognostiziert Patricia Aburdene (...). Schon einmal lag sie richtig, als sie zusammen mit John Naisbitt in dem Millionen- Bestseller Megatrends 2000 bereits in den 80er Jahren den Wandel zur Informationsgesellschaft vorwegnahm. Der Aufstieg eines zukunftsfähigen Kapitalismus (...) verspricht weitere fundamentale Veränderungen und immense Gewinnchancen. Verantwortung, Werte und Spiritualität prägen das neue Paradigma, das in den Märkten bereits sichtbar wird. Investmentfonds mit einem Milliardenvolumen, die ethischen Leitlinien folgen, Konsumenten, die gezielt fair produzierte Produkte kaufen, und Führungskräfte und Mitarbeiter, die persönliche Erfüllung und Erfolg verbinden, zeugen von der Ablösung des Shareholder Value-Denkens und dem neuen Zeitalter einer nachhaltigen Wirtschaft."[50]

In diesem Buch ging es nicht darum, über Spiritualität zu reden, sondern sie in der Wirtschaft nachvollziehbar zu erleben. Und wie bereits zu Beginn gesagt, sie findet überall statt – bewusst oder unbewusst, und mehr oder weniger: innovativ, clever, kreativ, konstruktiv und ökonomisch erfolgreich.

Die Quantenphysik bringt uns eine neue Sicht auf die Welt und gibt uns eine Chance, wie sich Realität gestaltet, neu zu verstehen. Wir können der Quantenrealität in der Wirtschaft zwar mit Skepsis begegnen, wir können sie (und damit die spirituelle Realität im Business) ablehnen, aber außer Kraft setzen können wir sie nicht: Die Geist-Materie-Gesetzmäßigkeiten lassen sich genauso wenig ausschalten wie das Gesetz der Schwerkraft. Sie wirken immer. Die Erkenntnisse aus der Wissenschaft und die Erfahrungen aus der gelebten Unternehmenspraxis lassen vermuten, dass der Geist des Menschen ein physikalisches „Etwas" ist mit der erstaunlichen Kraft, unsere Welt und damit auch unsere Wirtschaftsrealität zu verändern.

> „Wer seine spirituelle Intelligenz leugnet,
> ist kein Realist."
>
> 50

Integrale, pragmatische Spiritualität ist ein Schritt nach vorne. Sie strebt und endet auf dem Marktplatz. Das Bewusstsein über unsere eigene Spiritualität (geistig-quantenphysikalische Realität) transformiert und erweitert unser Selbstbild und das Verständnis, das wir im Allgemeinen davon haben, „wie Wirtschaft tickt".

Tendenzen, die im Leben angelegt sind...
und der Drang nach Höherentwicklung

Ken Wilber, der große zeitgenössische Kulturphilosoph, hat sicher Recht, wenn er feststellt, dass im Menschen beide Tendenzen angelegt sind: das Bestreben, sich höher zu entwickeln, und die Tendenz, (sich) zu zerstören. Beide Entwicklungsrichtungen vollziehen sich seit jeher zeitgleich und nebeneinander auf der Welt.

Bevor die Mauer der DDR fiel (und man noch nicht wissen konnte, dass das geschehen würde), waren bereits von der SED im großen Stile Internierungslager für die staatsfeindlichen Regimegegner vorbereitet worden. Wie Ken Wilber sagt: In der Evolution ist immer beides möglich und findet immer beides statt: die Tendenz zur Höherentwicklung und die Tendenz zur Niederentwicklung. Wir haben immer die Wahl. Tiefste Hochachtung empfinde ich für die Menschen der ehemaligen DDR und ihren Mut sowie den aller politischen Entscheidungsträger, die sich damals für einen Geist der Öffnung entschieden – auch wenn der etablierte kollektive Zeitgeist noch ein ganz anderer war: Gorbatschow stand mit seinem Verständnis für die Menschen und die Entwicklung in der DDR sehr alleine da in den Machtstrukturen seines eigenen Landes.

> „Es kämpfen die Parteien,
> und im Wald entrollt sich der Farn."
>
> ALTCHINESISCH[51]

Doch wie der Naturwissenschaftler und Mystiker Teilhard de Chardin bereits feststellte, gibt es in der Evolution einen Drang zur Höherentwicklung: einen der Materie inhärenten Drift der Komplexifizierung und Höherentwicklung. Das Leben neigt nicht nur dazu, den Status quo zu erhalten, sondern im Leben ist auch eine Tendenz angelegt, diesen Status zu überschreiten. Eine Neigung nach immer organisierteren und zielgerichteteren Gestalten. Und jede neue, komplexere Gestalt ist gekennzeichnet durch ein Mehr an Bewusstsein.[52]

„Die Krise ist (…) ein sinnvoller Wandlungs-Reiz. Krisen weisen immer darauf hin, dass in der realen Ökonomie ein Sprung in eine höhere Komplexitätsebene stattfindet. Diesen Übergang – der Werte, Marktstrukturen, Technologien und sozioökonomischen Prozesse gleichermaßen betrifft – beschreiben wir (…) als Matrix des Wandels."[53], meldet sich der Zukunftsforscher Matthias Horx zu Wort.

Wenn ich alle hier erwähnten Unternehmen zusammennehme, welche eine positive Fahrtrichtung im Möglichkeitsraum gewählt haben, und wenn ich mir bewusstmache, dass all jene „nur" ein Teil aller Sinn-Pioniere sind, die ebenfalls mutig, innovativ und integral erfolgreich unterwegs sind und hier jedoch – bitte verzeihen Sie – nicht erwähnt wurden, dann könnte mich das dazu veranlassen, wie der Physiker Amit Goswami anzunehmen, „(…) dass das, was unseren Geist ausmacht, durchaus eine zielgerichtete Evolution durchläuft."[54]

Dazu braucht die evolutionäre makro- und mikro-ökonomische Entwicklung die Personale Struktur. Die volkswirtschaftliche Entwicklung findet in der Mikroökonomie des einzelnen Menschen statt (in der einzelnen Führungskraft, dem einzelnen Mitarbeiter, usw.). Jeder trägt ganz entscheidend bei zur Entwicklungsgeschichte des Menschen, der Wirtschaftskultur, der Ökonomie.

> „Der ‚starting point' für sozio-ökonomische Entwicklung
> ist immer der einzelne Mensch."

Danach befragt, wo er in der deutschen Kultur den „starting point" für Entrepreneurship sehe, antwortet Mohammad Yunus, der in 2006 den Friedensnobelpreis für die Erfindung des innovativen Finanzmittels des Mikrokredits erhielt: „Der liegt immer in der Person selbst."

Was uns selbstverständlich geworden sein wird

Werfen wir unseren Blick weit voraus in die Zukunft, in den nächsten wirtschaftlichen Langzyklus (den 7. Kondratieffzyklus[55]) und schauen von dort – aus der Zukunft – zurück: Was wird uns im Business in 30, 40, 50 Jahren längst zur Selbstverständlichkeit geworden sein?

Wertschätzung, Achtung, Gleichwürdigkeit, Spirituelle Intelligenz…? Werden das die Qualitäten sein, die wir uns längst zu eigen gemacht, die wir integriert und umgesetzt haben werden im Management – so dass wir nicht mehr groß drüber sprechen müssen? Weil dann wiederum andere Themen bewusstgemacht und gestaltet werden wollen...

Vielleicht mag es dem ein oder anderen noch sehr fern erscheinen, doch es kann sein, dass Themen wie unsere Geisteshaltung und ihre quantenphysikalische Wirkung im Business – Themen, die uns einst (also heute) beschäftigten – dann längst Selbstverständlichkeit geworden sein werden.

Denken wir nur an die sexuelle Befreiung im 20. Jahrhundert oder andere, einst tabuisierte (ausgeblendete) Themen. Inzwischen haben wir Verantwortliche in den höchsten Funktionen in Politik, Wirtschaft und Gesellschaft, die sich offen zu ihrer Homosexualität bekennen. Und auch die Ehe von Homosexuellen ist nun gesetzlich anerkannt. Die USA haben einen schwarzen Staatschef und in Deutschland regiert in der zweiten Amtsperiode eine weibliche Bundeskanzlerin. Dabei ist es noch nicht lange her, dass das Wahlrecht für Frauen eingeführt wurde[56] und Schwarze und Homosexuelle als Menschen zweiter Klasse ausgegrenzt wurden. Noch in den 1980er Jahren galt es weithin als beschämend, „alleinstehend" zu sein. Heute sind Single-Parties gang und gäbe und in jedem Supermarkt bekommt man Single-Food zu kaufen.

Gerade in der jüngsten Vergangenheit scheint es das menschliche Interesse zu sein, Fortschritt in Richtung mehr Ganzheitlichkeit auf den Weg zu bringen.

Das Mem des 7. Kondratieffzyklus: Liebe?

Und so könnte Wertschätzung und sogar – ich wage es zu sagen – so etwas wie Liebe und das Wissen um ihr ökonomisches Potenzial ein Mem sein, das uns im nächsten Kondratieffzyklus selbstverständlicher geworden sein wird.[57] Vermutlich werden wir es dann schrittweise gewagt haben, die Liebe allmählich zu enttabuisieren. Möglich, dass dann „Ich liebe es!" nicht nur (wie heute) als Werbeslogan auf Produkten steht, sondern wir immer mehr erlebt haben werden, wie es ist, wenn Liebe tatsächlich in den Produktionsprozessen und im Führungsverhalten steckt. Technisch sind wir längst globalisiert. Aber unsere Herzen sind es (heute) noch nicht. Da ist es irgendwie logisch, dass sie nachziehen wollen. Soll globales Management gelingen, dann ist dieser Impuls zumindest notwendig.

Entwicklungsgeschichtlich steht der heutige Mensch erst am Anfang der Entfaltung seines Potenzials. Entwicklungsgeschichtlich befinden wir uns in der Pubertät der Menschheit. „Im Menschen erwacht das Universum zu sich selbst. Durch das Auftauchen des selbstreflektierenden Bewusstseins schaut der Kosmos im Menschen sich selbst an.“[58]

Man müsste also fragen:

Kann es eine sinnvolle Evolution ohne integrales Bewusstsein geben?

Denken wir zurück in der Menschheitsgeschichte: Egal, ob wir Gesellschaften, Kulturen oder Unternehmen betrachten – sie waren in jeder Hinsicht immer dann am erfolgreichsten, wenn sie integrierend geführt wurden. Deshalb bin ich überzeugt:

Die Zukunft gehört den Integralen.

Natürlich erleben wir heute auch die Gegentendenz hin zum Separatistischen, zum Mono-Intelligenten. Und auch die integralen Sinn-Pioniere kommen hin und wieder ins Wanken, erleben Rückfälle. Dennoch: Noch nie war die „Tiefenströmung“ hin zum Integralen so ausgeprägt und verbreitet im Bewusstsein. Die Anzeichen sind unübersehbar.

„Wir erleben, (…) so der Sozialpsychologe Harald Welzer (…), eine „Epochenwende“, eine tiefe Zäsur, während gleichzeitig das Leben seinen gewohnten Gang geht. Die Autos fahren, Restaurants sind geöffnet, die Welt ist nach wie vor in Farbe.“ Und der Journalist Thomas Assheuer ergänzt: „Alltag und Apokalypse, Normalität und Ausnahmezustand durchdringen sich wechselseitig und bilden das paradoxe Mischgefühl der neuen Epoche. Alles scheint wie immer, doch nichts ist wie sonst.“[59]

Next economy: Eine neue Wirtschaftskultur wird gerade geboren.

> „Kultur und Gesellschaft sind in einem tiefgreifenden Umformungs-
> prozess. (...) Da kann man jammernd den Untergang verwalten oder
> unternehmerisch einen Übergang gestalten."
>
> PAUL M. ZULEHNER[60]

Die dargestellten und alle integral geführten Unternehmen sind Evolutionsagenten. Sie begreifen den Menschen (Manager) als fachlich *und* geistig begabtes
Wesen mit Herz *und* Verstand. Solche Evolutionsagenten bezeichnet der Zu-
kunfts- und Bewusstseinsforscher Andreas Giger als „Bewusstseinselite", weil
sie sich bewusst mit Themen auseinandersetzen, die in der evolutionären Logik
liegen, die aber noch nicht auf der allgemeinen Agenda stehen. Die Bewusstseinselite präge unsere Zukunft somit sanft, unspektakulär und nachhaltig.

> „Die Zukunft gehört denen, die sie machen."
>
> MATTHIAS HORX, ZUKUNFTSFORSCHER

Unternehmen „(...) sind eine großartige Möglichkeit, Dinge in Bewegung zu
bringen. Viel schneller und vor allem effizienter als mit Politik. Als Unternehmer
habe ich außerdem die Möglichkeit, ein Unternehmen fair und verantwortungs-
bewusst zu führen."[61], meint Susanne Schöning, Geschäftsführerin der Firma
Zwergenwiese (Bio-Lebensmittelindustrie). Darüber hinaus plant sie nun auf
dem ehemaligen Militärgelände „Auf der Freiheit" in Schleswig die Errich-
tung eines lebendigen Stadtteils, in dem generationenübergreifendes Wohnen,
Arbeiten, Lernen, Kunst, Gesundheitsangebote und Kongresse eine Verbindung
eingehen. Obwohl sie mit ihrer Projektfirma nicht die Höchstbietenden waren,
erhielten sie den Zuschlag für das Gelände. Die Stadt Schleswig begrüßt offensichtlich den Impuls zu einer solch sinnvollen Stadtentwicklung und unterstützt
damit jenes integrale Unternehmertum.

> „Wege entstehen dadurch, dass man sie geht."

> „Die beste Zeit, einen Baum zu pflanzen, war vor zwanzig Jahren.
> Die nächstbeste Zeit ist jetzt."[62]

Es geht darum, den Tanz des evolutionären Geschehens mitzutanzen. Tanzschritt dieser Urwirklichkeit zu sein und alles Handeln als spirituell durchdrungen zu erfahren (…)", meint der Mystiker Willigis Jäger. „Das heißt vor allem auch, dass wir (…) aktiv an der Gestaltung dieser Welt mitwirken. Eine Spiritualität, die nicht in den Alltag führt, ist ein Irrweg. Hier und jetzt drückt sich das Unbeschreibbare aus, in genau dieser Form, zu dieser Zeit, an diesem Ort."

Quantenphysiker Prof. H.-P. Dürr stellte, wie anfangs bereits erwähnt, fest, nachdem er sein ganzes Physikerleben damit verbracht hatte, die Materie zu erforschen: „Das Endergebnis ist ganz einfach: Es gibt keine Materie! Ich habe somit fünfzig Jahre an etwas gearbeitet, was es gar nicht gibt. Das war eine erstaunliche Erfahrung: Zu lernen, dass es das, von dessen Wirklichkeit alle überzeugt sind, am Ende gar nicht gibt. Immerhin hat es sich gelohnt, diesen langen Weg zu gehen."[63]

Wenn wir uns die Quantenphysik – wie sie im Integralen Management aufgeht – wirklich voll bewusst und zu eigen machen, dann entspricht das einer (R)Evolution im Denken und in der Unternehmensführung.

> Ökonomie = lebendiger Geist = wirksame Quantenphysik
> = die Erfahrung der Naturgesetze in uns.

Wir haben gesehen: Ökonomie, integral verstanden, geht weit über die Wirtschaft hinaus. Als vitaler, beseelter Mensch und Manager schaffen wir geistreiche Lösungen auf dem Terrain der Wirtschaft, die unser ganzes Leben und Sein verbessern. Und werden so zum Vorreiter-Unternehmen.

Dem Sinn des Wirtschaftens eine Zukunft geben – dafür stehen die in diesem Buch dargestellten Firmen[64]. Sie sind im Begriff, ein neues Mem zu prägen. Jenes ist die Bewusstheit über die wertschöpfende Kraft von Wertschätzung, dass ein guter Geist sich auszahlt und deutlich sichtbar wird in der Bilanz. Es ist die kollektiv geteilte Information, dass Achtung und Menschen-Liebe zu den ökonomischsten Prinzipien zählen. Doch dies ist nicht nur unter den Vorreitern geteiltes Kulturgut (Mem), sondern erfahrenes, verlässliches Wissen. Sie, die eine neue Wirtschaftskultur gestalten, haben in den Resultaten erlebt:

> Ein Unternehmen ohne Liebe ist ein ökonomischer Irrtum.

Nachklang

Im Kern ging es mir in diesem Buch darum, einen tieferen Verständnishintergrund für Zusammenhänge in der Wirtschaft zu bieten, ein wenig mehr von der Wirk-lichkeit im Business sichtbar und quantenphysikalische Naturgesetze im Business deutlich zu machen. Es lag mir daran, Sie zu inspirieren und zu ermutigen, sich treu zu bleiben.

Und es lag mir daran, Sie zu er-innern an das, was möglich ist, an die EINE Wirklichkeit und an das, was in Ihnen steckt.

Vertrauen Sie der inneren Stimme Ihrer Seele, dem verlässlichen Wegweiser für sinnvolles Voranschreiten.

Unternehmen sind etwas Faszinierendes, Kraftvolles.
Sie geben uns die Möglichkeit, einen Unterschied zu machen.

Niemand ist wirklich machtlos…! Das konnten wir aus der Quantenphysik lernen. Oder, alltagssprachlich formuliert: „Wenn Sie denken, Sie seien zu klein oder könnten nichts ausrichten, dann haben Sie noch nie eine Nacht mit einem Moskito im selben Raum verbracht!"

Anmerkungen

Gliederung

1   Name geändert

Einleitung

1   H.-P. Dürr, „Geist, Kosmos und Physik", S. 44
2   so Prof. Dr. Thomas Görnitz, Quantenphysiker, auf dem Bleep-Kongress 2008, Frankfurt am Main. Unsere heutige Wirtschaft wäre ohne Quantentechnologie nicht möglich. Ohne die Erkenntnisse der Quantenmechanik gäbe es keine Computer und keine Handys. Die Halbleiterindustrie, Atomkraftwerke, Pharmakologie, Medizin, Medizintechnik und viele andere Industrien nutzen beim Aufbau ihrer Produkte und Dienstleistungen die Wirkung der Quanten. Das Geistige ist extrem handfest. Und auch zu den wichtigsten Technologien „(…) der Zukunft gehören Quantenteleportation und Quantencomputer (…)", so der bahnbrechende Physiker und Vorstand des Instituts für Experimentalphysik der Universität Wien, Professor Anton Zeilinger. (Anton Zeilinger, „Einsteins Spuk", S. 8)
3   deutscher Physiker, 1858-1947
4   Mystiker sind Menschen, welche Einheitserfahrungen, also die Erfahrung einer göttlichen oder absoluten Wirklichkeit, gemacht haben. (*mystikós (griech.)* „geheimnisvoll")
5   Vgl. Akademie Heiligenfeld www.akademie-heiligenfeld.de, Wirtschaftskongress von 2006
6   Hans-Peter Dürr, „Warum es ums Ganze geht", oekom, 2. Auflage 2009, Klappentext

Kapitel I

1   Geschäftsführer des vielfach ausgezeichneten Schindlerhofes bei Nürnberg
2   Gordon Livingston, „…und tanze einfach weiter", S. 225
3   Anja Förster, auf www.foerster-kreuz.com.
4   Name geändert
5   Name geändert
6   Gedicht : Siglinda Oppelt
7   Plutarch, griechischer Philosoph (45 – ca. 125 n.Chr.)
8   Dr. Manfred Greisinger, zitiert in: „Eros of work & life", S. 15
9   Zellbiologe, siehe Bruce Lipton, „Spontane Evolution", S. 352
10   vgl. Siglinda Oppelt, „Management für die Zukunft", S. 54f.
11   Als Photon (der Name bedeutet Lichtteilchen) bezeichnet man ein Quant, also ein kleinstes Energiepaket, einer elektromagnetischen Welle. Durch bestimmte experimentelle Bedingungen, z.B. durch Doppelbrechung in einem Kristall mit zwei verschiedenen optischen Achsen, kann man Photonen paarweise erzeugen. Die beiden Photonen eines solchen Paares behalten ihre Zusammengehörigkeit unabhängig vom Ort. Diese Zwillingsphotonen bilden ein quan-

tenmechanisches Ganzes (Diphoton). Durch Messung an dem einen Teil eines Diphotons kann man alles Wissbare auch über den anderen Teil in Erfahrung bringen. Das Ganze (Diphoton) enthält mehr Information, als der Summe der Informationen seiner Teile entspricht. Die Korrelation der beiden Teile macht das Mehr an Information aus. Das ist ein mathematisch exakt begründeter und experimentell nachweisbarer Fall von Ganzheitlichkeit (Holismus).

12 www.berndosterhammel.de

Kapitel II

1 Die Klassische (Newton´sche) Physik griff ein Denkmodell von Demokrit („altes Griechenland") auf, welches annahm: Die Materie setzt sich aus kleinsten Teilchen zusammen. Diese sind unteilbar, was diesen Materiekügelchen ihren Namen verlieh: Atome (griechisch: atomos = unteilbar). Aus der Schule ist Ihnen sicher noch das Bohr´sche Atommodell vertraut. Die Zunft der Physiker – stets auf der Suche nach dem kleinsten Teilchen (eine Annahme, die sich als irrig erwies) – wusste schon vor Einstein, dass die Atome nicht die kleinsten „Massekügelchen" der Materie waren. Daraufhin beschloss man, den „Bestand-Teilchen" der Atome einfach den Namen „Partikel" (Elementar-Teilchen) zu geben. Dann sollten halt diese Teilchen die kleinsten „Kügelchen" sein... Allerdings stellte sich leider heraus, dass auch diese Vorstellung nicht stimmte und man entdeckte neben immer mehr Elementarteilchen (derzeit weit über 100) immer mehr Aspekte derselben (Quarks, u.a.). Das Weltbild wurde immer verschwommener. Auch stellte sich heraus, dass Energierveränderungen nicht linear-graduell verliefen (wie bei einem Dimmer-Lichtschalter, mit dem Sie das Licht graduell, d.h. (angeblich) stufenlos herunterregeln können.) Subatomar verläuft diese graduelle Entwicklung nämlich in sog. „diskreten Schritten" (oder Sprüngen). Diese (damals) kleinste Einheit nannte Max Planck Quant (vgl. Quant-ität), daher der Name Quanten-Physik. (Vgl. Vera F. Birkenbihl, 1996, S. 2 u S.4 im Artikel „Ein Quentchen Quanten", auf: www.birkenbihl.com)

2 Dürr, Prof. H.-P., in einem Vortrag auf dem Schönbrunner Symposium, Schweiz 2003

3 zitiert in: Gregg Braden, „Das Erwachen der neuen Erde", S. 127

4 Prof. Görnitz auf dem Bleep-Kongress 2008

5 Jörg Starkmuth, „Die Entstehung der Realität: Wie das Bewusstsein die Realität erschafft", S.9

6 vgl. beide in Kapitel 1, S. 36ff. und S. 44ff.

7 Prof. Görnitz hat heute die Einstein´sche Gleichung erweitert, ausgehend von N, der Anzahl von Quantenbits als einer dimensionslosen Größe, zu: $N = m \times c^2 \times t_{Kosmos} \times 6 \times \P / \hbar$. Die Formel besagt, dass Materie und Energie Quanteninformation ist; Prof. Görnitz auf dem Bleep-Kongress 2009, Berlin.

8 Jens Zimmermann, Energiemediziner, auf dem 3. CQM-Symposium am 17.6.2007 in Heidelberg

9 Prof. Görnitz auf dem Bleep-Kongress 2008, Frankfurt am Main

10 Prof. Görnitz auf dem Bleep-Kongress 2008, Frankfurt am Main

11 Kurt Tucholsky, aus dem Gedicht „Eine Frage", in: „Gesammelte Werke"

12 Frankfurter Rundschau, „Entsetzen über Suizid bei Renault", 9.3.2007

13 Lynne McTaggart, „Das Nullpunkt-Feld", S. 12

14 in: Die Zeit Nr. 51 vom 11. Dezember 2008, im Artikel „Franzosen in Angst", S. 32

15 Prof. Gerald Hüther, Neurobiologe, im Interview „Das Hirn als Sozialorgan", SWT vom 26.07.2008, auf: www.willigis.jaeger.de

Kapitel III

1   T. Harv Eker, „So denken Millionäre", S. 54

2   Vera F. Birkenbihl, e-book: Achtzigtausend und kein bisschen weise, S. 1

3   Jostein Gaarder, „Das Kartengeheimnis", S. 177

4   www.inspire-news.de: zum Buch. „zen@work", Willigis Jäger, Paul J. Kohtes (Hrsg.)

5   Dürr, Prof. H.-P., in einem Vortrag auf dem Schönbrunner Symposium, Schweiz 2003

6   Vergil, „Aeneis", 6, 727

7   Bleep-Kongress 2009, Berlin

8   zitiert in: Jörg Zink, „Dornen können Rosen tragen", S. 29

9   gleichnamiger Buchtitel von Prof. Hans-Peter Dürr

10 auf dem Bleep-Kongress 2008, Frankfurt am Main

11 Rainer Malkowski, „Im Dunkeln wird man schneller betrunken", S. 59

12 „Das Universum ist ein Quantencomputer. Die Geschichte des Universums ist letztendlich eine riesige und ständig fortlaufende Quantenberechnung", so Prof. Seth Lloyd am MIT und Designer des ersten funktionsfähigen Quantencomputers, zitiert in: Gregg Braden, „Der Realitätscode", S. 25

13 Lynne McTaggart in ihrem Vortrag auf dem Bleep-Kongress, Hamburg 2010

14 Das klassische Doppelspalt-Experiment mit Lichtwellen, die sich durch zwei enge, nebeneinander liegende Spalte ausbreiten, zeigt dahinter Interferenzen als Hell-Dunkel-Streifenmuster, also das typische Verhalten bei Überlagerung zweier Wellen. Die Durchführung des Doppelspalt-Experiments mit Elektronen, die man früher als Teilchen betrachtete, sollte deren möglichen Wellencharakter klären.

15 Das Doppelspalt-Experiment wurde 1961 mit Elektronen vom deutschen Physiker Claus Jönsson durchgeführt und in 2002 in einer Umfrage der englischen physikalischen Gesellschaft in der Zeitschrift „Physics World" zum schönsten physikalischen Experiment aller Zeiten gewählt!

16 Wir als Menschen haben offensichtlich einen verdinglichenden Zugriff auf die Welt. Die „Dinge" werden in einer Schwebezustand gehalten und erst, wenn ich hinschaue, entscheidet sich, was gerinnt. Die Welle kollabiert und wird zum Teil.

17 vgl. Gregg Braden, „Im Einklang mit der göttlichen Matrix"

18 zitiert in: Bruce Lipton, „Spontane Evolution", S. 352

19 Eric Pearl, "The Reconnection", S. 170

20 Als Klassische Physik bezeichnet man diejenigen physikalischen Theorien, die bis zum Ende des 19. Jahrhunderts ausgearbeitet wurden.

21 siehe Kapitel 5 und 6

22 inspiriert durch und mit Dank an: Dr. Frank Kinslow, vgl. seine beiden Werke „Suche nichts – finde alles" und „Quantenheilung erleben"

23 und auf: www.oppelt-consulting.com

24 zitiert in: Alois Manfred Maier, „Schöpferisches Management", S. 153

25 vgl. Lynne McTaggart auf dem Bleep-Kongress Hamburg, 2010, vgl. auch ihr Buch. „Intention".

26 „Nicht durch Kraft, nicht durch Macht, allein durch meinen Geist!" (Sacharja 4,6) Ist es Zufall, dass mir gerade dieses Zitat in die Hände fällt?

27 zitiert in: Bruce Lipton, „Spontane Evolution", S. 352

28 DNS = Desoxyribonukleinsäure; sie enthält die genetischen Erbinformationen, welche die biologische Entwicklung eines Organismus und den Stoffwechsel in den Zellen steuert.

29 Vgl. Dr. Joe Dispenza, „Schöpfer der Wirklichkeit" und auch Gregg Braden, „Der Realitätscode"

30 Richard Bartlett in seinem Vortrag auf dem Bleep-Kongress 2010

31 Wenn das Foretracing nicht die gewünschten Ergebnisse bringt, dann kann das meiner Erfahrung nach zwei Gründe haben: Entweder hat das, was Sie anstreben, nichts mit Ihrer einzigartigen Gabe, die es zu geben gilt, und dem, was das Leben von Ihnen will, zu tun. Oder Sie sind unterschwellig (und meist unbewusst) auf einer niederen Frequenz unterwegs – wie Angst, Zweifel, Ablehnung, Unsicherheit usw. („Ich bin es nicht wert, nicht gut genug, zu klein, zu inkompetent", etc.).

Wir haben zwar eine tiefe Sehnsucht danach, uns frei und großzügig nach der inneren Wahrheit unserer Seele zu bewegen, eine Sehnsucht nach Einklang von Wirtschaftlichkeit und Menschlichkeit und bauen oft gleichzeitig Wertesysteme auf, die konträr zu unseren inneren Zielen sind. Da können Überzeugungen aus unserer Herkunftsfamilie wirken, Erlebnisse und Traumata eine Rolle spielen, emotionale, körperliche, psychische Erinnerungen und eigene gedankliche Konzepte uns an der Erreichung unserer Ziele hindern.

Es sind unsichtbare Gummibänder, die, auch wenn wir uns in unserer gedanklichen Vorstellung auf unser Ziel zubewegen, uns immer wieder zurückziehen. „Es darf nicht leicht gehen („mein Opa hatte es ja auch nicht leicht"). „Geld verdirbt den Charakter", „Reichtum ist was für andere" …. sind wie Gummibänder, die – kurz bevor wir das Ziel erreichen – uns immer wieder zurückziehen. Es sind selbst erschaffene oder übernommene Gummibänder. Auf der Quantenebene können wir sie auflösen.

32 Namen geändert

33 Die Forschungsergebnisse von Schwester Bernadette und vielen anderen Ordensschwestern widerlegen die gängigsten Theorien, wie der geistige Verfall entsteht. Die logische Schlussfolgerung aus den Untersuchungsergebnissen: Diese Plaques allein können nicht – wie hundert Jahre lang geglaubt – Verursacher der Krankheit sein. Vgl. WDR, „Das Rätsel Alzheimer", 28.07.2008, 22:00 Uhr – 22:45 Uhr; Die 1986 initiierte Langzeit-Studie von Prof. Snowdon ist bekannt als die „Nonnenstudie" (Nun Study), an ihr nahmen 678 Nonnen der „School Sisters of Notre Dame" in den USA teil; alle Teilnehmerinnen waren zwischen 75 und 102 Jahren alt.

Kapitel IV

1 Ökonomischen Erfolg definiere ich als Integralen Erfolg: Er umfasst wirtschaftlichen, menschlichen, gesellschaftlichen und ökologischen Erfolg.

2 Name geändert

3 Namen geändert

4 Eine Zukunftswerkstatt ist ein Workshop mit Führungskräften zur Visionsfindung und strategischen Zukunftsgestaltung eines Unternehmens. (s. www.oppelt-consulting.com)

5 Dr. Medinger auf dem Bleep-Kongress 2008, Frankfurt am Main

6 vgl. Kapitel 1, S. 44ff.

7 zitiert in: Serena Rust, „Wenn die Giraffe mit dem Wolf tanzt", S. 49

8 Impulse, Feb. 2010, S. 20. Und Volkswirtschaftsprofessor Karl-Heinz Brodbeck ergänzt: „Wer allein auf Erfolg fixiert ist, verkennt die Rolle gescheiterter Versuche – sie sind absolut notwendig und Moment eines Gesamtprozesses, der Innovationen hervorbringt."

9 zitiert in: Oliver Kahn, „Erfolg kommt von innen", S. 275

10 Bruce Lipton, „Spontane Evolution", S, 354

11 Eker, T. Harv, „So denken Millionäre", S. 25
12 War 1993 Präsident der neu gegründeten Berlin-Brandenburgischen Akademie der Wissenschaften; zitiert in: Ernst Bergemann, „Kosmische Religiosität", S. 25

Kapitel V

1   „Reaktion einer Schwingung auf ihre eigene Frequenz." So wird Resonanz im Oxford-Wörterbuch definiert. Vgl. Jasmuheen, „In Resonanz: Das Geheimnis der richtigen Schwingung", S. 17
2   Lynne McTaggart, „Das Nullpunkt-Feld", S. 77
3   Denken Sie an die Knie-„Operation" (in Kapitel 3).
4   Gregg Braden, „Das Erwachen der neuen Erde," S. 56
5   ebenda
6   basierend auf und inspiriert durch Werner Ablass, „Leide nicht – liebe", S. 23
7   T. Harv Eker, „So denken Millionäre", S. 25
8   Gregg Braden, „Das Erwachen der neuen Erde", S. 57
9   vgl. Kapitel 1, S. 44ff.
10 siehe Kapitel 6 und 7
11 www.otmarkastner.com
12 …was er, während der Arbeit als Trainer, nicht tun kann.
13 Willisau und Unterwasser (beide Schweiz), Kyllini (Griechenland), Brand (Österreich), Cambrils (Spanien) und Zypern.
14 später in diesem Kapitel, siehe S. 122f.
15 Inner Game ist eine von Timothy Gallwey in den USA entwickelte Methode aus der Sportpsychologie. Timothy Gallwey ist als Sport-Coach, Bestseller-Autor und Business-Consultant bekannt.
16 Arte –Sendung „yourope" vom 24.1.2010
17 Raphael Leiteritz, Produktmanager bei Google, Zürich in der Arte –Sendung „yourope" vom 24.1.2010
18 Der Jahresüberschuss gibt an, wie viel Prozent vom Umsatz als Gewinn hängen bleiben.
19 brandeins, Heft 10, Oktober 2010, „Zum Wachsen verurteilt" von Patricia Döhle, S. 40f
20 vgl. Kapitel 3, S. 93, 123
21 Angaben der Geschäftsleitung von 2009
22 Vgl. Gregg Braden, „Das Erwachen der neuen Erde", S. 65
23 Lynne McTaggart, „Das Nullpunkt-Feld", S. 77
24 Quantenobjekte sind z.B. in Atomen, Elektronen oder Photonen (Lichtteilchen) zu finden.
25 vgl. Lynne McTaggart, „Das Nullpunkt-Feld", S. 77
26 vgl. Kapitel 3, S. 93
27 www.otmarkastner.com
28 Vgl. Dr. Piero Ferrucci, Schüler Dr. Assagiolis, dem Begründer der Psychosynthese; in: „Kinder weisen uns den Weg", S. 27
29 Doch der Abteilungsleiter wurde versetzt. Der Konfliktworkshop hatte es zutage gebracht: Eine Zusammenarbeit war nicht mehr möglich, das Vertrauen zwischen Teammitgliedern und Führungskraft war zu sehr zerrüttet. Wenn sie nicht da ist, wenn sie nicht gelebt wird, die Frequenz der Liebe – die sich im Managementkontext in klarer Führung und klaren Zielen genauso wie in Empathie äußert – die Bereitschaft also, die Sichtweise und Gefühle

des anderen zu verstehen, wenn sie nicht gelebt wird, eine handfeste, pragmatische Liebe, dann scheint es produktivitätsmäßig bergab und – sofern Konflikte eskalieren – schließlich auch in die Brüche zu gehen. Nichts hatte in diesem Team so viel Wertschöpfung vernichtet, so viel Kraft und Energie verschlungen wie die zurückliegenden, eskalierten Konfliktherde.

30   Vgl. weiter vorne in diesem Kapitel, S. 125

31   J.B.S. Haldane, 1892-1964, Biologe, Genetiker u Psychologe, zitiert in: Jörg Starkmuth, „Die Entstehung der Realität", S. 23

32   Albert Einstein, Max Planck, Werner Heisenberg, Hans-Peter Dürr, u.a.

33   Medizinphilosoph, Psychotherapeut und Psychiater, .zitiert in: Dieter Broers, „(R)EVOLUTION 2012"

34   Bleep-Kongress 2009, Berlin

35   "(R)EVOLUTION 2012", S. 196

36   zitiert in: Gregg Braden, „Das Erwachen der neuen Erde", S. 127

37   Friedrich Dürrenmatt, im Essay „Vergangenheit und Bild" in: „Friedrich Dürrenmatt: Gesammelte Werke", S. 63: „Wir kennen die ersten drei Minuten des Weltalls besser als die ersten drei Millionen Jahre der Geschichte des Menschen."

38   in: „Denn Christus lebt in jedem von euch", S. 40

39   Clemens Kuby, „Heilung – das Wunder in uns", S. 59

40   zitiert in: Amit Goswami, „Das bewusste Universum", S. 79

41   Bruno Blum und Rüdiger Dahlke, „Auf dem Weg sein...", S. 49

42   und weiter heißt es dort: Ein guter Baum kann nicht arge Früchte bringen, und ein fauler Baum kann nicht gute Früchte bringen. Matthäus, 7, 18

43   auf dem Bleep-Kongress 2008, Frankfurt am Main

44   der Faktor ist das Quadrat der Lichtgeschwindigkeit c.

45   Dr. Ulrich Warnke, „Gehirn Magie: Der Zauber unserer Gefühlswelt"

46   Prof. Ewald auf dem Bleep-Kongress 2008, Frankfurt am Main

47   Inderin aus dem 8. Jahrhundert, zitiert in: Amit Goswmi, „Das bewusste Universum", S. 79

48   Bleep-Kongress 2009, Berlin

49   Motto einer spirituellen Sommerakademie

50   Dr. Jürgen Karsten, „Das Mentalprinzip – Denken wirkt!"

51   Dominikanermönch aus dem 13. Jahrhundert

52   www.x-organisationen.de: Programm 2009.pdf, S. 16, Prof. Zeilinger ist Direktor des Instituts für Quantenoptik und Quanteninformation der Österreichischen Akademie der Wissenschaften und Professor für Experimentelle Physik an der Universität Wien.

53   zitiert in: Bruce Lipton, „Spontane Evolution", S. 354

Kapitel VIa

1   Vincent Ebert. Denken Sie selbst, S. 73

2   nach René Descartes (1596-1650), französischer Philosoph und Naturwissenschaftler; er gilt als der Begründer des modernen frühneuzeitlichen Rationalismus (sein rationalistisches Denken wird auch Cartesianismus genannt).

3   aus Siglinda Oppelt, Management für die Zukunft. S. 80

4   vgl. Niklaus Brantschen, in: Siglinda Oppelt, Management für die Zukunft, Kösel, 2004

5   „Integer" (lateinisch) bedeutet „unberührt, unversehrt" sein; das Substantiv „Integer" steht im Englischen für „*ganze* Zahl"; und in der Informatik wird damit ein Datentyp bezeichnet, der

*ganz*zahlige Werte speichert. In beiden Etymologien (Wortbedeutungen) klingt das Thema des *Ganzseins* an. Auch wenn wir zunächst alle Intelligenzen getrennt betrachten werden, so werden wir bald sehen, dass deren gesamtes Potenzial in unserer Seele verankert ist.

6   Wir werden später sehen, dass alle Intelligenzen in der Seele zusammenkommen.

7   Code of Conduct der Firma Dell, siehe: www1.euro.dell.com/content/topics/global.aspx/ about_dell/values/supp_citizen/code_of_conduct

8   vgl. den Titel des Buches von Brandon Bays: „Bewusstsein als neue Währung", 2009

9   jüdischer Religionsphilosoph, 1878-1965, in Leo Nefiodow, „Der sechste Kondratieff", S. 187

10 Sir Peter Ustinov, „Achtung! Vorurteile", S. 76

11 Fritz B. Simon, www.x-organisationen.de: statements.pdf, S. 2

12 vgl. Fritz B. Simon, www.x-organisationen.de: statements.pdf, S. 2

13 vgl. Artikel Erfolgspionier in: Boom, 9-01

14 vgl. Artikel Erfolgspionier in: Boom, 9-01

15 vgl. Kapitel 1, S. 44ff.

16 Ein Computerspiel mit einem Phantasie-Tier, das man regelmäßig füttern und dem man permanent weitere Zuwendung schenken muss, in einem handtellergroßen Minicomputer.

17 aus: Siglinda Oppelt, „Management für die Zukunft", S. 232

18 Ex-Stadträtin der Stadt Zürich

19 vgl. Akademie Heiligenfeld, Bad Kissingen, Salzburger Management-Impulse und Lassalle-Institut, Schweiz

20 Leo Nefiodow, 17.09.2008

21 otmarkastner.com

22 Ambrose Bierce, amerikanischer Schriftsteller; zitiert in: Jason Zweig, „Gier. Neuroökonomie: Wie wir ticken, wenn es ums Geld geht, Hanser-Verlag, 2007, S. 1

23 Bruce Lipton, Steve Bhaerman, „Spontane Evolution", S. 366 f.

24 ebenda, S. 367

25 vgl. Richard Bartlett, in seinem Vortrag auf dem Bleep-Kongress 2010, Spezialist für matrix energetics

26 vgl. Bruce Lipton, „Spontane Evolution", S. 368

27 Dass der menschliche Geist über das Quantenmerkmal der Nonlokalität verfügt, bestätigen die Versuche verschiedener Wissenschaftler, wie Goswami, Lynne McTaggart, u.a. Doch dazu mehr in Kapitel „Verbundenheit".

28 Dr. Georg Rupp, „Das Sternum-Projekt", S. 17

29 Medizinphilosoph, Psychotherapeut und Psychiater, zitiert in: wikipedia

30 Im Laufe unseres Lebens machen wir Erfahrungen, die quasi Abdrücke in unserem Quantenfeld hinterlassen. Freudige und auch schmerzhafte Erlebnisse prägen sich ein auf den unbewussten, subtileren Ebenen unseres Seins. Auf Gedanken und Gefühlen, die wir mit diesen Erlebnissen verbinden, ist eine Ladung. Und so ziehen wir auch später in der Außenwelt solche Ereignisse an, die auf einer ähnlichen Frequenz liegen. Das ist Quantenkohärenz. Im persönlichen System (Quantenfeld) können also prägende Erfahrungen sowie – damit verbundene – mentale, psychische und emotionale Verwicklungen gespeichert sein. Wenn wir solche Verwicklungen im persönlichen Quantenfeld lösen (Ladungen neutralisieren), dann sind wir frei, mit den Situationen in Resonanz zu gehen, die wir *eigentlich* erleben wollen.

31 Jesus, zitiert in: Neues Testament, Matth. 16,26; Mark. 8,36

32 vgl. Martin Suter, „Das Bonus-Geheimnis und andere Geschichten aus der Business-Class"
33 Dieter Broers, "(R)EVOLUTION 2012" (DVD)
34 vgl. www.wikipedia.org/trigema
35 Joseph Beuys, in einem handschriftlichen Manuskript.
36 Prof. Anton Gunzinger im Artikel „Erfolgspioniere" in boom 9-01
37 vgl. www.ottoscharmer.com
38 Nikolai Kondratieff, (1892 – 1938), russischer Wirtschaftsforscher, untersuchte lange Wirtschaftszyklen von etwa 40-60 Jahren Dauer (den nach ihm benannten Kondratieffzyklen).
39 vgl. Georg Schmertzing, „Kraftfeld Herz"
40 Nikolai Kondratieff, zitiert in: Leo A. Nefiodow, „Der sechste Kondratieff", S. 134
41 Der Aufschwung in jedem Kondratieffzyklus wird von einer Basisinnovation und einer vorrangig genutzten Ressource getragen.
42 chrismon 09 2009, S. 8
43 vgl. Wirtschaftswoche vom 16.12.2007
44 vgl. Wirtschaftswoche vom 16.12.2007
45 nach einer Umfrage von Celerant aus dem Jahr 2002, zitiert in: Süddeutsche Zeitung, „Am wichtigsten ist immer noch der Mensch", Quelle: www.authentisch-fuehren.de
46 Süddeutsche Zeitung, „Am wichtigsten ist immer noch der Mensch", Quelle: www.authentisch-fuehren.de
47 ebenda

Kapitel VIb

1 Helmut Schmidt über Willy Brandts Visionen im Bundestagswahlkampf 1980, zitiert im Spiegel 44/2002, S.26
2 Vgl. Sir Peter Ustinov, „Achtung! Vorurteile", S. 212
3 James Collins und Jerry Porras untersuchten den Zeitraum 1926 –1990, „Built to last", zitiert in: Danah Zohar, „IQ? EQ? SQ!", S. 62
4 Vgl. Danah Zohar, „IQ? EQ? SQ!", S. 62
5 vgl. Kapitel 5, S. 120f.
6 Der Tourismus in der DDR diente der Erholung der DDR-Bürger und sollte auch deren sozialistische Haltung stärken. Der Freie Deutsche Gewerkschaftsbund (FDGB) nutzte in allen Regionen der DDR Hotels und Erholungsheime und betrieb auch eigene Ferienheime.
7 aktuelle Termine und Rückblick siehe: www.nachhaltigkeitsarena.de
8 Heute arbeitet sie an der Ablösung der PET-Flaschen durch alternative Materialien, welche natürlichen Ursprungs und biologisch abbaubar sind. Sie arbeiten also wieder einmal an einer weiteren „Einheit mehr Sinn".
9 Sufi-Mystiker, 1207-1273, zitiert in: Gregg Braden, „Der Realitätscode", S.7
10 Prof. Dr. Ralf Dahrendorf (1929-2009), deutsch-britischer Philosoph, Philologe, Politiker, Soziologe, Publizist. Vgl. Ralf Dahrendorf, „Auf der Suche nach einer neuen Ordnung: Vorlesungen zur Politik der Freiheit im 21. Jahrhundert"
11 Vgl. Viktor E. Frankl, „Trotzdem Ja zum Leben sagen", S. 125
12 Ernst Wichert, (1831 – 1902), deutscher Schriftsteller und Jurist
13 Fred Kofman in einem Interview mit Magda Galvez, s. www.axialent.com
14 Der Toyota Prius erhielt den „Sustainability Award" bereits in 2006 und der Toyota Yaris wurde als „Auto der Vernunft 2007" ausgezeichnet.

15 vgl. www.toyota.de
16 Ernst Bergemann, Wissenschaftler, Berlin.. Ernst Bergemann, „Kosmische Religiosität: Eine ganzheitliche und menschliche Perspektive"
17 Vgl. FAZ vom 25. Apr. 2010, S. 36
18 Vgl. Die Welt vom 02.10.2010, „Gigantische Rückrufaktion verdirbt BMW die Partylaune", Autor: Nik Doll
19 zitiert von Paul Kohtes, „Jesus für Manager", S. 57
20 vgl. www.gls.de
21 siehe: www.renault.com
22 www.blaha.co.at

Kapitel VIc

1 Flyer Zukunft Deutschland 2020
2 Damit will ich nicht sagen, dass es hier einen einzig und ausschließlich linear-kausalen Zusammenhang gäbe. Die Wirklichkeit ist komplexer. Im integralen Sinne mache ich einfach nur eine Zusammenschau, (schaue synoptisch) und nehme wahr, was gleichzeitig stattfindet.
3 Vgl. Gallup-Studie 2010 (www.gallup.com) und Financial Times Deutschland vom 01.04.2010 „Mitarbeiterbindung: Resignation greift im Arbeitsleben um sich" (www.ftd.de/karriere-management)
4 berichten Dr. Joachim Galuska und seine Ärztekollegen aus den Heiligenfeld Kliniken, "Zur psycholsozialen Lage in Deutschland", e-mail vom 15.07.2010
5 Bruttoinlandsprodukt
6 vgl. Statistisches Bundesamt Deutschland
7 Vgl. Gallup-Studie 2010 (www.gallup.com)
8 Karlsruher Institut für Arbeits- und Sozialhygiene
9 Dr. Manfred Greisinger, „Eros of work & life", S. 15
10 Süddeutsche Zeitung vom 15.01.2010, S. 12, „Bruttosozialglück: Auch die Politik sucht neue Kriterien fürs Wohlergehen" von Julia Amalia Heyer

Kapitel VId

1 Dr. Walter Medinger macht anschaulich: Wird Metall erhitzt (Energie von außen zugeführt), so wird das Energieniveau einzelner Elektronen angehoben (sie befinden sich in einem angeregten Zustand); diese Quantensprünge auf ein höheres Energieniveau sind jedoch instabil. Das bedeutet, dass die Elektronen wieder von selbst in ihren Grundzustand zurückkehren; dabei wird die überschüssige Energie frei – wir nehmen das im Glühen des Metalls wahr (in der Wärme und dem Licht, welches das Metall abstrahlt). Das zeigt, dass hier Quantensprünge „bergab" stattfinden. Quantensprünge „bergauf" (auf ein höheres Energieniveau) finden nur durch äußere Energiezufuhr statt.
2 vgl. www.hermannscheer.de
3 vgl. www.plusenergiehaus.de
4 nach dem Modell der „Gewaltfreien Kommunikation" von Dr. Marshall Rosenberg
5 US-amerikanischer Erfinder und Unternehmer auf dem Gebiet der Elektrizität und Elektrotechnik, (1847-1931).

6   So Dr. Matthias Hocks, Sprecher der Geschäftsführung der ta.ts GmbH

7   ebenda

8   www.beruf-und-familie.de/index.php?c=17&cms_det=460 Prof. Dr. Burkhard Schwenker, Aufsichtsratsvorsitzender der Roland Berger Strategy Consultants

9   www.beruf-und-familie.de/index.php?c=17&cms_det=460 Prof. Dr. Burkhard Schwenker

10 Wolf Lotter, brandeins 03/2010, Schwerpunkt Logistik," beamen für Einsteiger"

11 im Jahr 2004

12 berichtet eine Führungskraft aus dem Unternehmen. „Wir setzen sie gezielt für die Beratung der Zweit- und Dritteinrichter ein und machen damit beste Erfahrungen."

13 Wolf Lotter, brandeins 03/2010, Schwerpunkt Logistik," beamen für Einsteiger"

14 vgl. Presseinformation der ta.ts GmbH vom 14.07.2005

15 vgl. Kapitel 5, S. 120, 175

16 Matthias Horx, Studie „Mikrotrends", 2010, S. 5

Kapitel VIIa

1   Vince Ebert, „Denken Sie selbst!", S. 73

2   Vgl. den Hauptdarsteller Murray im Theaterstück von Herb Gardner „a thousand clowns", zitiert von Marshall Rosenberg in: Kelly Bryson, „Sei nicht nett, sei echt!", S. 9

3   Clemens Kuby in einem Interview des Schweizer Visionsforums, siehe *www.visionsforum.ch*

4   Patrick Süskind, „Der Kontrabass", S. 264

5   Dr. Medinger auf dem Bleep-Kongress 2008, Frankfurt am Main

6   www.sonnentor.at

7   Der Bleep-Kongress wird heute von seinem Partner Udo Grube weitergeführt. siehe: www.bleepkongress.de

8   aus dem Gedicht: The Shadow, übers.: „(…) *dennoch neue, unbekannte Blumen, wie sie mein Leben vorher nicht hervorgebracht hat. Neue Blüten meiner selbst –* "

9   H.-P. Dürr, „Liebe – Urquelle des Kosmos", S. 40

10 Gedicht: Siglinda Oppelt

11 japanischer Schriftsteller, Literaturnobelpreisträger

12 vgl. Kapitel 3, S. 92

13 Bei der Hälfte der übrigen Patienten konnte zumindest der Krankheitsverlauf stabilisiert werden. Und die Patientenzufriedenheit wurde mit 9,05 von 10 möglichen Punkten bewertet. Vgl. newsletter 04 / 2010 der Klinik im Leben, Greiz.

14 Vgl. Rupert Sheldrake und Matthew Fox, Die Seele ist ein Feld. Der Dialog zwischen Wissenschaft und Spiritualität"

15 nachreformatorischer Theologe (1555-1621), zitiert in: Jörg Zink, „Dornen können Rosen tragen", S. 57

16 Andreas Eschbach, „Das Buch von der Zukunft", 2004

17 zitiert in: Heinrich Anker, „Balanced Valuecard", S. 15

18 Den Vorständen gegenüber und ihrem Verhalten war *ich* oft mit einer inneren Ablehnung begegnet. Was sollte also schon anderes herauskommen? Resonanz. „Wir handeln jedoch meistens wie ein Hund, der den Spiegel anbellt, weil er glaubt, dort nicht sich, sondern einen anderen Hund zu erblicken", schrieb Leo Tolstoi. (zitiert in: Alois M. Maier, „Schöpferisches Management", S. 103)

19 vgl. Kapitel 5, S. 120, 175

20 vgl. Kapitel 1, S. 44, 100
21 Aus dem Bad Blumauer Manifest der drei Erfolgsunternehmer Zotter, Rogner, Gutmann zur Sanierung der Wirtschaft www.blumau.com Manifest: Rückzug des Managers
22 So fand auch der Mathematiker Gauss ein Gesetz der Zahlentheorie: „Es gelang „aber nicht meinem mühsamen Streben, sondern bloß durch die Gnade Gottes, möchte ich sagen. Wie der Blitz einschlägt, hat sich das Rätsel gelöst; ich selber wäre nicht imstande, den leitenden Faden zwischen dem, was ich vorher wusste, dem, womit ich die letzten Versuche gemacht hatte, und dem, wodurch es gelang, nachzuweisen." in: Alois M. Maier: „Schöpferisches Management", . 49
23 amerikanischer Schriftsteller
24 österreichischer Theologe, Philosoph und Autor
25 www.dr-rupp.com
26 vgl. Der Zukunftsletter 12 /2002, S. 7
27 zitiert von dem Verleger Joachim Kamphausen (in einem persönlichen Gespräch)
28 Über die medizinische Wirksamkeit von Meditation wies der Havard-Kardiologe Herbert Benson bereits 1975 nach, „dass 10-20 Minuten Meditation an drei oder mehr Tagen pro Woche genügen, um Angst und Depressionen zu verringern, Freude und Vitalität zu steigern und stressbedingte Krankheiten zu mindern." Vgl. Borysenko, S. 196
29 vgl. Jörg Zink, „Dornen können Rosen tragen", S. 72
30 vgl. ebenda, S. 73.
31 Edmund Hartsch, „Maffay: Auf dem Weg zu mir", S. 382
32 zitiert im Anschreiben der systemischen forschung und beratung GmbH, Heidelberg vom 18.09.2009
33 zitiert in: Siglinda Oppelt, Management für die Zukunft, Kapitel Dream Leadership.
34 Gedicht: Siglinda Oppelt

Kapitel VIIb

1 Name geändert, vgl. Kapitel 4, S. 98f.
2 Name geändert, vgl. Kapitel 4, S. 98f.
3 www.tcenergydesign.com/klingemensch/index.php
4 Dr. Hartmut Müller, „Global Scaling Theorie: Kompendium", S. 6, /www.global-scaling-verein.de/gskompv20_de.pdf. Dr. Hartmut Müller erhielt für die Erforschung der G-Welle und seine Theorie des Global Scaling in 2004 die höchste wissenschaftliche Auszeichnung der Interakademischen Vereinigung in Moskau.
5 Mit dem Global Scaling beschreibt Dr. Müller die logarithmische Skaleninvarianz der G-Welle. Brüche sind in der persönlichen Biographie eines Menschen (der ja ein Ableger der G-Welle ist) – aufgrund der individuellen Skaleninvarianz – angelegt.

Kapitel VIIc

1 www.hotel-waitz.de, „„Das Wichtigste in einem Betrieb ist die Seele", sagt Edwin Waitz. Und so hat er mit der eigenen mehr als 40 Jahre lang dem Landgasthof Waitz Leben eingehaucht. Für sein Lebenswerk wurde er (…) mit dem Gastro-Award ausgezeichnet, einer der höchsten bundesdeutschen Auszeichnungen, die ein Hotelier erringen kann." Offenbach Post, 26.10.2005

2   Zitiert in: Country, 6/09, S. 92, Winzerin und 5-Sterne-Hotel-Besitzerin Chiara Lungarotti www.3vaselle.it, ihre Winzerei produziert fast 3 Mio. Liter Wein im Jahr und zählt zu den Top-Kellereiein Umbriens.

3   vgl. Amit Goswami, „Das bewusste Universum", S. 238

4   Dichter der englischen Romantik, zitiert in: Amit Goswami, „Das bewusste Universum", S. 238

5   vgl. Amit Goswami, „Das bewusste Universum", S. 238

6   vgl. www.wikipedia.org

7   Numen bezeichnet in der römischen Religion (lat. *numen* Plural: *numina* „Wink, Geheiß, Wille, göttlicher Wille") das Wirken einer Gottheit. Der Theologe Rudolf Otto (1869–1937) entlehnte den Begriff Numen bzw. das Numinose aus dem Lateinischen und benutzte den Begriff zur Bezeichnung des „gestaltlos Göttlichen.", also um das Letztendliche, das Göttliche, das Wunder des Seins zu beschreiben(..). Vgl. www.wikipedia.org

8   Jan van Ruysbroek, flämischer Theologe und Schriftsteller, 1293-1381, zitiert in: Jörg Zink, „Dornen können Rosen tragen", S. 205

9   Terence McKenna, „Denken am Rande des Undenkbaren", S. 138

10 Und Raumfahrtingenieur, der eine Brücke zwischen Wissenschaft und Spiritualität baut.

11 vgl. Lynne McTaggart, „Das Nullpunkt-Feld"

12 Terence McKenna, „Denken am Rande des Undenkbaren", S. 137

13 ebenda, S. 125

14 Vgl. ebenda, S. 134ff.

15 ebenda, S. 143

Kapitel VIII

1   Deepak Chopra, „Die sieben geistigen Gesetze des Erfolgs", S. 88

2   Arnold Benz, Professor für Astrophysik an der Eidgenössischen Technischen Hochschule in Zürich. „Die Zukunft des Universums, S. 35, zitiert in: Pia Gyger, „Hört die Stimme des Herzens", S. 18f.

3   Gedicht: Siglinda Oppelt

4   eine global agierende IT-Firma im Gesundheitswesen, Zentrale in Kansas City

5   Daily Telegraph London, 6. April 2001 "Boss's Angry Email Sends Shares Plunging" by Philip Delves Broughton in New York

6   Stephan Davas von Goldmann Sachs meinte. dass die Aktionäre zwei Fragen beschäftigten: War etwas bei Cerner geschehen, hatte sich bei Cerner etwas verändert, das diese harsche Reaktion rechtfertigte? Und ist das ein Vorstandschef, mit dem sich Investoren wohlfühlen? Vgl. Daily Telegraph London, 6. April 2001

7   Der Physiker und Biologe, Dr. Ulrich Warnke spricht von dem „Nichts" als „(…) der Welt zwischen den Massen, dem Vakuum, das ein Energie- und Informationsspeicher darstellt und das von den Aktivitäten der Materiewelt laufend instruiert wird. Es spricht nichts dagegen, diese Informations-Welt des Vakuums mit Geist zu bezeichnen, also als Welt unserer geistigen Aktivitäten anzusehen. Laut anerkannter Theorien gibt es im Vakuum keine Kräfte und keine Limitierung durch Lichtgeschwindigkeit. Dies bedeutet eine quasi instantane Ausbreitung von Information im ganzen Universum." Ulrich Warnke, „Diesseits und Jenseits der Raum-Zeit-Netze"

8   …wie Dr. Lance Secretan sagt. Vgl. www.secretan.de

9   zitiert in: Serena Rust, „Wenn die Giraffe mit dem Wolf tanzt", Koha, S. 25

10 siehe Präsentation von Klaus Kobjoll in der Akademie Heiligenfeld, 31.05.2008, S. 9; Klaus Kobjoll ist Inhaber und Geschäftsführer des Schindlerhofes.

11 Prof. Thomas Görnitz auf dem Bleep-Kongress 2008, Frankfurt am Main

12 Bericht von Lynne McTaggart, Bleep-Kongress 2010, Hamburg

13 in Vorwegnahme der Umsetzung der Vision – das Team begab sich gedanklich in die Zukunft unter der Annahme, sie hätten die Vision bereits erfolgreich umgesetzt– und nahmen wahr, was dann erlebbar werden würde.

14 Eine Fähigkeit, die grundsätzlich in jedem Menschen angelegt ist und die trainiert und genutzt werden kann.

15 Bleep-Kongress 2009, Berlin.

16 „Im Leben hängt alles mit allem zusammen. Alle Menschen sind in ein Netz der Gegenseitigkeit verwoben. Wir sind gekleidet in ein Gewand der gemeinsamen Zukunft. Was auch immer einen direkt betrifft, betrifft indirekt alle…" Dies sagte, schon 1967 und seiner Zeit weit voraus, Martin Luther King jr. Heute, über 40 Jahre später, scheint diese Erkenntnis immer mehr Raum zu gewinnen. Es scheint, als würde in Wissenschaft und Wirtschaft mehr und mehr das Interesse entstehen, das Verhältnis von Individuum und Kollektiv zu untersuchen, zu erforschen – und die neuen Gestaltungsmöglichkeiten bewusst anzuwenden und zu nutzen.

17 vgl. Rupert Sheldrake, „Das schöpferische Universum: Die Theorie des morphogenetischen Feldes"

18 Bleep-Kongress 2009, Berlin.

19 Damit sind wir Forschungsgegenstand der Naturwissenschaft.

20 Jörg Zink, „Dornen können Rosen tragen", S. 202

21 Ervin Laszlo, „Kosmische Kreativität", S. 283f.

22 Quanten sind verbunden und wissen voneinander.

23 zitiert durch: Dr. Medinger, Bleep-Kongress 2009 in Berlin beim gemeinsamen Frühstück.

24 Ervin Laszlo, „Zu Hause im Universum", S. 102; Ervin Laszlo ist Wissenschaftsphilosoph, Systemtheoretiker.

25 ebenda, S. 102f.

26 Heinz Ohff, „Gebrauchsanweisung für England", Piper, München 2005, S. 47.

27 „Yannick van Doorne (…) behauptet nicht nur, sondern weist nach, dass Musik und Tonschwingungen ganze Felder mit Mais, Weizen oder Wein in Reaktion bringen. Er erklärt uns den Wirkungsablauf so, dass spezifische Frequenzen einer Tonfolge die einzelnen Aminosäuren der Pflanzen stimulieren können. Durch eine positive Reaktion erhält Wein beispielsweise mehr Aroma und sogar einen höheren Alkoholgehalt als unbeschallter. Pflanzen sollen besser wachsen und gesünder bleiben." (Landlust, S. 18, Ausgabe Mai/Juni 2008, vgl. auch www.ecosonic.de; Yannick van Doorne ist Wissenschaftler und Chef von ecosonic)

28 Wir sind verbunden. Wir sind ein Quantenfeld innerhalb eines größeren Quantenfeldes und berühren uns im Feld des „Nichts".

29 Prof. Friedrich Cramer ist Chemiker und Genforscher und ehemaliger Direktor am Max-Planck-Institut für experimentelle Medizin; zitiert in: Pia Gyger, „Hört die Stimme des Herzens", S. 58

30 geleitet von Lynne McTaggart. Vgl. in ihrem Buch: „Intention", VAK, 2008

31 1975 gelang Dr. Fritz Popp der experimentelle Nachweis der Biophotonen. Jede lebendige Substanz strahlt ein schwaches Licht mit Wellenlängen zwischen 200 und 800 Nanometern

ab. Diese ultraschwache Zellstrahlung (ein schwaches Leuchten in lebenden Zellen) strahlt nur wenige Quanten pro Sekunde und Quadratzentimeter ab, entsprechend dem Schein einer Kerze aus zwanzig Kilometern Entfernung. „We are all candles.", wie Lynne McTaggart es ausdrückt.

32 vgl. auch die Experimente von Dr. Masaru Emoto.

33 Am 19. Mai 2009 wurde der Bürgerkrieg schließlich nach dem endgültigen militärischen Sieg der sri-lankischen Armee und dem Tod Velupillai Prabhakarans sowie der gesamten Führungselite der LTTE, von Präsident Mahinda Rajapaksa offiziell für beendet erklärt. Die Zahl der Todesopfer während des Krieges seit 1983 wird zwischen 80.000 und 100.000 geschätzt (Stand: Mai 2009). Quelle: www.wikipedia.org

34 www.drgaryschwartz.com

35 H.-P. Dürr, „Liebe – Urquelle des Kosmos", S. 32

36 Dr. Walter Medinger, in einem Interview am 24.10.2009, Berlin

37 www.spiegel.de/politik/deutschland/0,1518,660203,00.html

38 zitiert in: Dr. Gary Schwartz, „The energy healing experiments", S. 9, Sir William Crookes (1832-1919), Physiker, Chemiker und Wissenschaftsjournalist; übersetzt: *„Ich sage nicht, dass ein besonders unwahrscheinliches Ereignis möglich ist. Ich sage, dass es stattfindet."*

39 H.-P. Dürr, „Liebe – Urquelle des Kosmos", S. 32

40 so die Wissenschaftsjournalistin Lynne McTaggart auf dem Bleep-Kongress 2010.

41 Inspiriert von und mit freundlichem Dank an Dr. Frank Kinslow (siehe seine Seminare: „Quantum Entrainment" und seine Bücher „Quantenheilung erleben" und „Suche nichts – finde alles")

42 Die besondere Kraft, der Verstärkungseffekt des Lasers, wird z.B. in Schneid- und Schweißwerkzeugen oder auch als Laserskalpell in der Medizin genutzt.

43 berichtet Dr. Walter Medinger (in einem persönlichen Gespräch) weiter.

44 Vgl. Alois Manfred Maier, „Schöpferisches Management", S. 188

45 Vgl. Alois Manfred Maier, „Schöpferisches Management", S. 18

46 Dr. Walter Medinger

47 Nutzen wir sie gezielt, dann arbeiten wir auf einer sehr viel kraftvolleren Ebene als der des täglichen Hektisierens im Hamsterrad – bei dem oftmals viel Energie verloren geht.

48 Malcom Gladwell, „Tipping Point: Wie kleine Dinge Großes bewirken können"

49 H.-P. Dürr, „Liebe – Urquelle des Kosmos", S. 32

50 Vgl. Lynne McTaggart, Bleep-Kongress 2010, Hamburg.

51 In Frankfurt am Main, *der* deutschen Bankenstadt, wird ein ungewöhnlicher integrativer, selbstverantwortlicher Charakter in Politik und Gesellschaft gelebt: Menschen verschiedener Konfessionen beten mit Pastor Valldorf für die Stadt. Dieser begann 1997 zunächst allein einmal wöchentlich auf dem Frankfurter Römer für Mainhatten zu beten, u.a. für den Rückgang der Kriminalität in der Stadt, die sich tatsächlich von 1997 bis 2001 jedes Jahr verringerte. Selbst die Frankfurter Oberbürgermeisterin Petra Roth (CDU) nennt der breiten überkonfessionellen Gebetsinitiative immer wieder besondere Gebetsanliegen. Gebete sind letztendlich geordnete Gedanken, eine gerichtete Intention in das universelle Informationsfeld.

Kapitel IX

1 „Wir dürfen das Weltall nicht einengen, um es den Grenzen unseres Vorstellungsvermögens anzupassen, wie der Mensch es bisher zu tun pflegte. Wir müssen vielmehr unser Wissen ausdehnen, so dass es das Bild des Weltalls zu fassen vermag", sagte schon Sir Francis Bacon (1561 – 1626), der englische Philosoph und Lordkanzler.

2 Vgl. Bruce Lipton, „Spontane Evolution", S. 44

3 Die Psychoneuroimmunologie ist ebenfalls ein neueres, interdisziplinäres Forschungsgebiet. Es erforscht die Wirkung der Seele auf das Nerven-, Hormon- und Immunsystem.

4 www.Innovations-report.de, siehe auch: www.psycho-kardiologie.de.

5 Vgl. die Forschungsergebnisse von John und Beatrice Lacey (Fels Research Institute) in Kapitel 6.

6 zitiert in: Prof. Günter Faltin, „Kopf schlägt Kapital", S. 5

7 Die Welt, 4. Juni 2007, S. 25

8 Jorge Luis Borges, argentinischer Schriftsteller 1873 – 1938, zitiert in: Jörg Starkmuth, „Die Entstehung der Realität", S. 25

9 zitiert in: Jörg Starkmuth, „Die Entstehung der Realität", S. 22

10 auf dem Bleepkongress 2008

11 Jeremy Hayward, britischer Kernphysiker und Molekularbiologe, in der Inhaltsangabe des Buches „Der Geist hat keine Firewall: Neues Bewusstsein trifft Mind Control" von G. Fozar und F. Bludorf, auf www.amazon.de

12 www.behindertenbeauftragte.de. Auch wenn in der operativen Umsetzung noch viel zu tun ist, ein Sprung im Bewusstsein hat offensichtlich stattgefunden.

13 www.atelier-goldstein.de

14 Vgl. Sendung auf 3Sat: Kunst ohne Grenzen: Reportage von Stephan Liskowsky und Dinah Münchow 3sat, 21.02.2010,18:30, www.3sat.de

15 NGOs = non-governmental organizations

16 franz. Schriftsteller (1900-1944)

17 Im Sep. 2009 waren weltweit 3289 NGOs bei der UNO registriert. Vgl. http://esango.un.org/civilsociety/displayConsultativeStatusSearch.do?method=search&sessionCheck=false

18 www.lassalle-institut.org/jerusalemprojekt; die Leiterin ist Dr. Anna Gamma.

19 Walt Whitman, „Grashalme", S. 123

20 vgl. Siglinda Oppelt, „Management für die Zukunft", S. 312f.

21 www.moveon.org

22 Die Liste der von ihm organisierten Kampagnen und Berichte über erfolgreich umgesetzte Lösungen lassen sich auf www.moveon.org nachvollziehen.

23 Jahresbericht 2009: http://www.mehr-demokratie.de/fileadmin/pdfarchiv/bund/2009-demokratie-jahresbericht.pdf

24 Nie zuvor gab es ein so breit gefächertes Angebot an alternativen Heilmethoden, das länderübergreifend global zugänglich ist.

25 Prof. Dr. Waldemar Uhl, Chirurgische Klinik St. Josef-Hospital, Klinikum der Ruhr-Universität, Bochum; s.a.: www.das-geheimnis-der-heilung.de

26 www.integrativemedizinkongress.de

27 Hans Vaihinger, Philosoph, (1852-1933)

28 www.kommunal-erneuerbar.de

29 vgl. „Eine Stadt setzt auf Bio", in: Schrot & Korn 08 / 2010, S. 35f.

30 vgl. „Eine Stadt setzt auf Bio", in: Schrot & Korn 08 / 2010, S. 35f.

31 russisch-amerikanischer Politikwissenschaftler, zitiert in: Oliver Kahn, „Erfolg kommt von innen", S. 205

32 Näheres finden Sie in ihrem Buch „Unter Strom. Die Story meiner kleinen Weltrettung oder Wie Ökostrom zur Party wurde."

33 Jürgen Roters, OB der Stadt Köln seit 2009

34 vgl. OB Jürgen Roters in der Talkshow Kölner Treff, WDR, vom 30.07.2010

35 Robert Enke war Torhüter und gehörte der Mannschaft des Vereins von Hannover 96 an.

36 Christian Wulff, Ministerpräsident von Niedersachsen, in seiner Trauerrede im Nov. 2009.

37 Vgl. Theo Zwanzigers Trauerrede vom 15.11.2009 auf www.stern.de

38 vgl. Dr. Marshall Rosenberg, www.cnvc.org, und seine zahlreichen Publikationen auf www. amazon.de; empfehlenswert für den Businesskontext ist auch das Buch von Beate Brügge-meier „Wertschätzende Kommunikation im Business: Wer sich öffnet, kommt weiter. Wie Sie die GFK im Berufsalltag nutzen"

39 Karl Japsers (1883-1969), Psychiater und Philosoph, zitiert in: Serena Rust, „Wenn die Giraffe mit dem Wolf tanzt", S. 37

40 „Mem" ist ein Kunstwort , das etymologisch dem Begriff Gen nachempfunden ist und mehrere weitere Bezüge hat: zum Französischen *même*: gleich, zum Lateinischen *memor*: eingedenk, Bedacht nehmend – und zum Griechischen *mimeisthai*: nachahmen.

41 Vgl: Susan Blackmore,„Die Macht der Meme. Oder die Evolution von Kultur und Geist"

42 Matthias Horx, „Trendbuch 1", S. 225

43 Vgl. Paul H. Ray; Ruth Anderson, „The Cultural Creatives. How 50 Million People Are Changing the World"

44 Prof. Paul Ray prägte den Begriff „cultural creatives". Es handelt sich um eine zivilge-sellschaftliche Bewegung, die im Begriff ist, eine neue Kultur als Ganzes zu schaffen und zu prägen (= kreieren); von daher wäre im Deutschen die Bezeichnung „Kulturkreative" zutreffender.

45 Prof. Paul Ray in: Patricia Aburdene, „Megatrends 2020", S. 107

46 www.patriciaaburdene.com

47 Patricia Aburdene, „Megatrends 2020", so zitiert auf: www.amazon.de

48 Was unterscheidet einen Trend von einem Megatrend? Für besonders tiefgreifende und nachhaltige Trends, die gesellschaftliche und technologische Veränderungen betreffen, hat der Zukunftsforscher John Naisbitt den Begriff Megatrend geprägt. Auch der deutsche Forscher Matthias Horx verwendet diesen Begriff. Er bezeichnet damit Trends, die praktisch die ganze westliche Kultur umfassen und deren Dauer zumindest Jahrzehnte umfasst. (vgl. www.wikipedia.org: Trend)

49 vgl. Patricia Aburdene, „Megatrends 2020", S. 42, 46

50 Patricia Aburdene, „Megatrends 2020", zitiert auf: www.amazon.de

51 zitiert in: Jörg Zink, „Rosen können Dornen tragen", S. 79

52 Vgl. Pia Gyger, S. 21

53 newsletter Juli 2009 des Zukunftsinstituts von Matthias Horx

54 Vgl. Amit Goswami, „Die schöpferische Evolution: Zwischen Gottesglaube und Darwinis-mus", auf www.amazon.de

55 Kondratieffzyklen sind wirtschaftliche Langzyklen mit einer Dauer von 40-60 Jahren. Sie werden von bahnbrechenden Erfindungen, den Basisinnovationen, ausgelöst. Beispiele für bahnbrechende Erfindungen sind Dampfmaschine, Lokomotive oder Computer. Ein Kondra-tieffzyklus bestimmt maßgeblich über mehrere Jahrzehnte die Hauptrichtung der sozialen,

wirtschaftlichen und geistigen Entwicklung. Mit der weltweiten Rezession der Jahre 2001-2003 ist der letzte, der fünfte Kondratieffzyklus, der von der Informationstechnik getragen wurde, zu Ende gegangen. Derzeit befinden wir uns im 6. Kondratieffzyklus. Er wird vom Bedarf nach ganzheitlicher, psychosozialen Gesundheit angetrieben. Vgl. www.kondratieff. net

56   Bei der Wahl zur Nationalversammlung am 19. Januar 1919 konnten Frauen in Deutschland erstmals wählen und in der Schweiz wurde das Frauenstimmrecht erst 1971 eingeführt!

57   Die Liebe zum Menschen, die Liebe zum Leben – in der Wirtschaft – ist hier gemeint.

58   Pia Gyger, „Hört die Stimme des Herzens", S. 21

59   Die Zeit Nr. 52, 17.12.2008, S. 49

60   Pastoraltheologe, Wien, Broschüre Christ in der Gegenwart, 2007 (www.christ-in-der-gegenwart.de)

61   Schrot & Korn, Mai 2008, S. 75ff, vgl. auch www.auf-der-freiheit.de

62   aus Uganda, in: „Wende dein Gesicht der Sonne zu"

63   H.-P. Dürr, „Geist, Kosmos und Physik", S. 44

64   – neben vielen anderen, hier nicht erwähnten Unternehmen, die im gleichen Geiste unterwegs sind. Auch ihnen sei herzlich gedankt.

Glossar

Zu ausgewählten Begriffen aus dem Integralen Management und der Quantenphysik.

Allintelligenz	Umfasst die rationale, emotionale, intuitive, kreative und spirituelle Intelligenz. Jede Intelligenz hat ihren spezifischen Sitz im Körper, an dem man sie messen, stimulieren und aktivieren kann. Und in (mehr als) ihrer Summe sind alle Intelligenzen in der Seele verankert.
Doppelspaltversuch	Wissenschaftlicher Versuch, der erstmalig bewies, dass ein Photon (ein Elementar'teilchen') gleichzeitig mehrere Aufenthaltsorte haben kann. Ein Photon hatte zugleich zwei voneinander getrennte Spalten passiert. Und die einzeln emittierten Photone (Lichtquanten) hatten auf dem dahinterliegenden Schirm ein Wellenmuster erzeugt – was bewies, dass Elektronen, die man früher als Teilchen betrachtete, auch Wellencharakter haben.
Integraler Erfolg	Umfasst wirtschaftlichen Erfolg, Erfolg für den Menschen, Erfolg für das Leben, die Natur und die Gesellschaft. Diese Summe wird im Integralen Management als ,ökonomischer Erfolg' bezeichnet.
Integrales Management	Ist nicht bescheiden; hat den Anspruch, integral – auf allen Ebenen – erfolgreich zu sein. Weiß um das andere Ende der materiellen Wirklichkeit – die Quantenwirklichkeit – und nutzt sie aktiv für eine konstruktive Realitätsgestaltung in der Wirtschaft. Nutzt alle Intelligenzen (Prinzip des ,Sowohl … als auch'). Lässt Sinn-Visionen lebendig werden und macht Unternehmen zu Orten, deren Menschen zugehörig sein wollen.
Gravitations-Welle (G-Welle)	Kosmische Hintergrundwelle. Jeder Mensch ist ein individueller Ableger der G-Welle.

Mensch	Ein materielles Wesen, zusammengesetzt aus Quanten. Im Inneren des Menschen geht es quantenartig zu. Ein rational ebenso wie spirituell begabtes Wesen.
Menschen	Über das Quantenfeld verschränkte Wesen (Elementar'teile').
Mystik	Ist Ausdruck unserer Fähigkeit, spirituelle Erfahrungen zu machen – tiefe Einsichten in die Lebenswirklichkeit zu gewinnen, Verbundenheit zu spüren, Einheit wahrzunehmen, Trennung als Illusion zu erkennen, sich als Teil und Ganzes im Ganzen zu erleben. Mystiker berichten über die Erfahrung einer göttlichen oder absoluten Wirklichkeit.
Nichtlokalität	Auch km-weit voneinander entfernte Quanten ‚wissen' voneinander und vollziehen zeitgleich Zustandsänderungen (siehe: Quantenverschränkung).
Ökonomischer Erfolg	Ist mehr als wirtschaftlicher Erfolg; siehe: Integraler Erfolg.
Photone	sind Lichtquanten. Auch das Licht besteht aus Quanten (winzige Energiepakete).
Quant (bzw. Quantum)	Elementar‚teilchen': Winziges, subatomares Energiepaket, das sich als Welle und Teil verhalten kann.
Quantenfeld	Auf einer subatomaren, fundamentalen Ebene unseres Lebens ist das Quantenfeld unsere verbundene Wirklichkeit. Wird in der Naturwissenschaft auch als Feld reiner Potenzialität, Nullpunktfeld, morphisches Feld u.a. bezeichnet, und von den Mystikern (Menschen mit tiefen spirituellen Einsichten) als die Leere, das Numinose.
Quantenkohärenz	Quanten können als Welle auftreten. Kommen Wellen in die gleiche Phase (schwingen mit der gleichen Frequenz), dann sind sie kohärent. Im Business ist Quantenkohärenz im Phänomen der Resonanz zu beobachten: Geschäftspartner, die auf einer ähnlichen Frequenz unterwegs sind, begegnen sich bzw. ziehen sich an.
Quantenkomplementarität	Quanten können entweder als Welle oder als Teilchen auftreten. Beide Erscheinungsformen nannte der Physiker Nils Bohr ‚komplementär"; zusammen beschreiben sie die Eigenschaften eines quantenmechanischen Objekts (eines Elementar‚teilchens').

Quantensprung	Ein Quantensprung findet statt, wenn ein Elektron im Atom von einem Aufenthaltsbereich (Orbital) zum nächsten springt und damit ein anderes, mögliches Energieniveau einnimmt.
Quantenkorrekturen/ Korrekturen im Quantenfeld	Im Laufe unseres Lebens machen wir Erfahrungen, die quasi Abdrücke in unserem Quantenfeld hinterlassen. Auch ein Unternehmen macht im Laufe seiner Biographie (Unternehmenshistorie) prägende Erfahrungen. Prägende Erlebnisse prägen sich ein auf den unbewussten, subtileren Ebenen unseres Seins. Auf Gedanken und Gefühlen, die wir mit diesen Erlebnissen verbinden, ist eine Ladung. Und so ziehen wir auch später in der Außenwelt solche Ereignisse an, die auf einer ähnlichen Frequenz liegen. Das ist Quantenkohärenz. Im persönlichen oder unternehmerischen System (Quantenfeld) können also prägende Erfahrungen sowie – damit verbunden – mentale und emotionale Verwicklungen gespeichert sein. Wenn wir hinderliche Verwicklungen im persönlichen (bzw. unternehmerischen) Quantenfeld lösen (Ladungen neutralisieren), dann sind wir frei, mit den Situationen in Resonanz zu gehen, die wir als Person bzw. Firma *eigentlich* erleben wollen.
Quanten- verschränkung	Die Tatsache, dass Separates nicht getrennt ist. Werden Di-Photone in eine maximale Entfernung von mehr als hundert Kilometern gebracht und dann bei einem der Photone der Drehimpuls („Spin") umgekehrt, dann reagiert das andere Photon sofort (d.h. instantan – also ohne Zeitverzögerung) mit der gleichen Veränderung seiner Rotation, auch wenn sie km-weit voneinander entfernt sind. Einstein nannte diese Nonlokalität ‚spukhafte Fernwirkung'. Weltbekannte Physiker nach ihm, wie David Bohm, Hans-Peter Dürr, Amit Goswami u.a. haben dieses Phänomen in zahlreichen gesicherten Experimenten als ‚normales' Prinzip unserer Wirklichkeit bestätigt.
Rightplacement	Jeder Mensch hat eine besondere Begabung, ein einzigartiges Talent, das genau hier und heute auf diesem Planeten benötigt wird. An der richtigen Stelle, in der passenden Funktion zu sein, um diese Gabe tatsächlich und effektiv zu geben, bedeutet ‚Rightplacement'.

Seele	Der innere Kern in uns, der mit dem Allumfassenden verbunden ist.
	Essenz unseres Seins; klügste, weise Instanz in uns.
Sinn-Vision	Fragt danach, was es ist, was das Leben von Ihrem Unternehmensorganismus erwartet. Wodurch das Leben auf der Erde lebenswerter wird, dadurch, dass es Ihr Unternehmen gibt. Sinn-Visionen haben (vordergründig) nichts mit Wirtschaft zu tun – weil es in der Wirtschaft nicht um Wirtschaft geht.
Sinn-Wachstum	Integrale Unternehmen wachsen strategisch in drei Richtungen und schaffen immer wieder ‚eine Einheit' mehr Sinn für den Menschen bzw. für das Leben: im Produkt, in der Unternehmensführung und in der Gesellschaft.
Spirit	Geist (lat.), fundamentale Ebene des Seins, Urgrund der Materie.
Spirituelle Intelligenz	Mithilfe der Spirituellen Intelligenz nehmen wir die umfassenderen Lebens- (und Wirtschafts-) Zusammenhänge wahr, die bedeutungsvollen Ganzheiten.
	Es ist unsere Fähigkeit, die ganze Wirklichkeit wahrzunehmen (hinter der bzw. durch die materielle Wirklichkeit hindurch).
Teilnehmer-Universum	Die Wirklichkeit form-iert sich erst zu etwas durch unsere Beobachtung (unsere Teilnahme). Wir nehmen teil am Schöpfungsprozess, sind Mitschöpfer unserer Realität.
	Das Quantum existiert in mehreren Zuständen zugleich (überlagerte Wellenfunktion) – bis es beobachtet oder von einem Messinstrument registriert wird. Bis dahin ist sein Zustand unbestimmt (potenziell). Solange man ein Quantum nicht anrührt oder beobachtet, befindet es sich in einem unaufgelösten Zustandsgemisch, in dem es weder einen bestimmten Ort ein-, noch andere bestimmte Eigenschaften annimmt. Doch wenn man es beobachtet oder misst, brechen die potenziellen, überlagerten Zustände zusammen – die ‚überlagerte Wellenfunktion' bricht zusammen und wird zu einem ‚klassischen', messbaren Zustand.

Bildernachweis

Hochhaus (S. 32), Manager im Clinch (S. 33), Haus am See (S. 32), Jugendstil-
lampe (S. 32): © shutterstock
Bergsteiger (S. 128): © istockphoto
Illustrationen (S. 56, 76, 96, 103): © Markus Weber / Guter Punkt
Dalai Lama (S. 33): © Pascal Della Zuana/Sygma/Corbis
Mozart (S. 32): © The Gallery Collection/Corbis
Noten (S. 32): © shutterstock
Allintelligenz, Horizontale Integration(S. 142, 159): © Wolfgang Pfau, Kösel-
Verlag
Alle übrigen Grafiken: © Siglinda Oppelt

Literaturverzeichnis

Ablass, Werner, „Leide nicht – liebe: Über die Liebe zur Liebe ohne Objekt", Omega-Verlag, 2004

Aburdene, Patricia, „Megatrends 2020", Aurum im Kamphausen Verlag, 2008

Anker, Heinrich, „Balanced Valuecard", Haupt-Verlag, 2010

Bays, Brandon, „Bewusstsein als neue Währung", Allegria, 2009

Benz, Arnold, „Die Zukunft des Universums", Patmos, 2005

Bergemann, Ernst, „Kosmische Religiosität: eine ganzheitliche und menschliche Perspektive", Grosse Verlag, 2007

Birkenbihl, Vera F., e-book: „Achtzigtausend und kein bisschen weise", auf: www.birkenbihl.com

Birkenbihl, Vera F., Artikel «Ein Quentchen Quanten", auf: www.birkenbihl.com

Blackmore, Susan, „Die Macht der Meme. Oder die Evolution von Kultur und Geist", Spektrum Akademischer Verlag; 2005

Boom, 09, 2001, Artikel „Erfolgspionier"

Borysenko, Joan, „Das Buch der Weiblichkeit", Kösel, 1996

Braden, Gregg, „Im Einklang mit der göttlichen Matrix", Koha, 2007

Braden, Gregg, „Das Erwachen der neuen Erde", Nietsch Verlag, 1999

Braden, Gregg, „Der Realitätscode", Koha, 2008

brandeins, 10/2010, „Zum Wachsen verurteilt" von Patricia Döhle

brandeins, 03/2010, Schwerpunkt Logistik, „beamen für Einsteiger" von Wolf Lotter,

Broers, Dieter, „(R)EVOLUTION 2012: Warum die Menschheit vor einem Evolutionssprung steht", Scorpio-Verlag, 2009

Brüggemeier, Beate, „Wertschätzende Kommunikation im Business: Wer sich öffnet, kommt weiter. Wie Sie die GFK im Berufsalltag nutzen", Junfermann, 2010

Bryson, Kelly, „Sei nicht nett, sei echt!", Junfermann, 2009

Chopra, Deepak, „Die sieben geistigen Gesetze des Erfolgs", Ullstein, 2004

Chrismon, 09, 2009

Country, 06/2009

Dahlke, Rüdiger, „Auf dem Weg sein...", Bauer-Verlag, 2000

Dahrendorf, Prof. Dr. Ralf „Auf der Suche nach einer neuen Ordnung: Vorlesungen zur Politik der Freiheit im 21. Jahrhundert", Beck, 2007

Daily Telegraph London, 6. April 2001 "Boss´s Angry Email Sends Shares Plunging" by Philip Delves Broughton, New York

Dispenza, Dr. Joe, „Schöpfer der Wirklichkeit: Der Mensch und sein Gehirn – Wunder der Evolution", Koha, 2010

Dürr, Prof. Hans-Peter, „Liebe – Urquelle des Kosmos", Herder, 2008

Dürr, Prof. Hans-Peter, „Wir erleben mehr als wir begreifen", Herder, 2005

Dürr, Prof. Hans-Peter, „Geist, Kosmos und Physik: Gedanken über die Einheit des Lebens", Crotona Verlag, 2010

Dürrenmatt, Friedrich, Essay „Vergangenheit und Bild" in: Dürrenmatt, Friedrich, „Gesammelte Werke", Band 6, Diogenes, Zürich, 1988

Ebert, Vince, „Denken Sie selbst! Sonst tun es andere für Sie", rororo, 2008

Eker, T. Harv, „So denken Millionäre. Die Beziehung zwischen Ihrem Kopf und Ihrem Kontostand", Börsenmedien, 2007

Eschbach, Andreas, „Das Buch von der Zukunft", Rowohlt, Berlin, 2004

Faltin, Prof. Günter, „Kopf schlägt Kapital", Hanser, 2010

FAZ vom 25. Apr. 2010, S. 36

Ferrini, Paul, „Denn Christus lebt in jedem von euch", Aurum, J. Kamphausen-Verlag, 2003

Ferrucci, Dr. Piero, „Kinder weisen uns den Weg", Mosaik-Verlag, 1999

Financial Times Deutschland vom 01.04.2010, Artikel: „Mitarbeiterbindung: Resignation greift im Arbeitsleben um sich"

Fozar, G. und Bludorf, F., „Der Geist hat keine Firewall: Neues Bewusstsein trifft Mind Control", Lotos, 2009

Frankfurter Rundschau, „Entsetzen über Suizid bei Renault", 9.3.2007

Frankl, Viktor E., „Trotzdem Ja zum Leben sagen", dtv, 2008

Gaarder, Jostein, „Das Kartengeheimnis", Hanser, München, 1995

Gahn, Ulla, „Unter Strom. Die Story meiner kleinen Weltrettung oder Wie Ökostrom zur Party wurde", Pendo Verlag, 2008

Gallup-Studie 2010 (www.gallup.com)

Galuska, Dr. Joachim u.a., „Zur psychosozialen Lage in Deutschland", e-mail der Heiligenfeld Kliniken vom 15.07.2010

Gladwell, Malcom, „Tipping Point: Wie kleine Dinge Großes bewirken können", Goldmann Verlag, 2002

Goswami, Amit, „Das bewusste Universum", Lüchow-Verlag, 2007

Greisinger, Dr. Manfred, „Eros of work & life", Edition Stoareich, 2006

Gyger, Pia, „Hört die Stimme des Herzens", Kösel, 2006

Impulse, Feb. 2010

Hartsch, Edmund, „Maffay: Auf dem Weg zu mir", C. Bertelsmann, 2009

Horx, Matthias, Studie „Mikrotrends", Zukunftsinstitut, 2010

Horx, Matthias, Trendbuch 1, Econ, 1996

Hüther, Prof. Gerald, Artikel: „Das Hirn ist ein Sozialorgan" Interview in SWT S. 34 vom 26.07.2008, auf: www.willigis.jaeger.de

Jäger, Willigis und Kohtes, Paul J. (Hrsg.), „zen@work", Kamphausen, 2009

Jasmuheen, „In Resonanz: Das Geheimnis der richtigen Schwingung", Koha, 2004

Kahn, Oliver, „Ich. Erfolg kommt von innen", Riva, 2008

Karsten, Dr. Jürgen, „Das Mentalprinzip – Denken wirkt!", books on demand, 2006

Kinslow, Dr. Frank, „Suche nichts – finde alles", Vak-Verlag, 2010

Kinslow, Dr. Frank, „Quantenheilung erleben", Vak-Verlag, 2010

Kofman, Fred, in einem Interview mit Magda Galvez, s. www.axialent.com

Kohtes, Paul, „Jesus für Manager", Kamphausen, 2008

Kuby, Clemens, „Heilung – das Wunder in uns", Kösel, 2005

Landlust, Mai / Juni 2008

Laszlo, Ervin, „Kosmische Kreativität", Insel Verlag, 1997

Laszlo, Ervin, „Zu Hause im Universum",Allegria, 2005

Lawrence, D.H., „The Shadow", in: Moderne Englische Lyrik, Reclam, 1994

Lipton, Bruce und Bhaerman, Steve, „Spontane Evolution", Koha, 2009

Livingston, Gordon, „...und tanze einfach weiter", Integral, 2008

Maier, Alois Manfred, „Schöpferisches Management, Verlag Via Nova, 2005

Malkowski, Rainer, „Im Dunkeln wird man schneller betrunken", Nagel und Kimche, 2000

McKenna, Terence, „Denken am Rande des Undenkbaren, Piper, 2007

McTaggart, Lynne, „Das Nullpunkt-Feld", Goldmann Verlag, 2007

McTaggart, Lynne, „Intention", Vak-Verlag, 2008

Müller, Dr. Hartmut, „Global Scaling", Fql-Publishing, 2010

Nefiodow, Leo A., „Der sechste Kondratieff", Rhein-Sieg-Verlag, 5. Auflage, 2001

Neues Testament

Ohff, Heinz, „Gebrauchsanweisung für England", Piper, 2005

Oppelt, Siglinda, „Management für die Zukunft – Spirit in Business: anders denken und führen", Kösel, 2004

Pearl, Eric, "The Reconnection", Koha, 2007

Ray; Paul H.; Anderson, Ruth, "The Cultural Creatives. How 50 Million People Are Changing the World", New York, Harmony Books, 2000

Rupp, Dr. Georg, „Das Sternum-Projekt", Integral, 2008

Rust, Serena, „Wenn die Giraffe mit dem Wolf tanzt", Koha, 2006

Schmertzing, Georg, „Kraftfeld Herz: Die neue Herz-Kultur", Silberschnur, 2002

Schrot & Korn 05 / 2008, S. 75ff

Schrot & Korn 12 / 2009, Artikel: „Klimaschutz muss sich bezahlt machen", S. 53f

Schrot & Korn 08 / 2010, Artikel: „Eine Stadt setzt auf Bio", S. 35f

Schwartz, Dr. Gary, "The energy healing experiments", Atria, 2008

Sheldrake, Rupert, „Das schöpferische Universum: Die Theorie des morphogenetischen Feldes", Ullstein, 2009

Sheldrake, Rupert und Fox, Matthew, „Die Seele ist ein Feld. Der Dialog zwischen Wissenschaft und Spiritualität", Verlag O.W. Barth, 1998

Spiegel 44/2002, S.26

Starkmuth, Jörg, „Die Entstehung der Realität: Wie das Bewusstsein die Realität erschafft", Starkmuth Publishing, 2010

Süddeutsche Zeitung, Artikel: „Am wichtigsten ist immer noch der Mensch", 2002, auf: www.authentisch-fuehren.de

Süddeutsche Zeitung vom 15.01.2010, S. 12, Artikel: „Bruttosozialglück: Auch die Politik sucht neue Kriterien fürs Wohlergehen" von Julia Amalia Heyer

Süskind, Patrick, „Der Kontrabass", in: Spectaculum N- 56, Moderne Theaterstücke, Suhrkamp Verlag, 1993

Suter, Martin, „Das Bonus-Geheimnis und andere Geschichten aus der Business-Class", Diogenes, 2010

Tichy, Noel M. und Stratford Sherman, „Control your destiny or someone else will!", Harper Paperbacks, 2005

Tucholsky, Kurt, „Eine Frage", in: „Gesammelte Werke", Rowohlt, 1995

Ustinov, Sir Peter, „Achtung! Vorurteile", Hoffmann und Campe, 2003

Vergil, „Aeneis", Reclam, 1986

Warnke, Dr. Ulrich, „Gehirn Magie: Der Zauber unserer Gefühlswelt", Popular Academic Verlags-Gesellschaft mbH, 1997, Saarbrücken

Warnke, Dr. Ulrich, „Diesseits und Jenseits der Raum-Zeit-Netze", Popular Academic Verlags-Gesellschaft, 2001, Saarbrücken

Die Welt, 4. Juni 2007, S. 25

Die Welt vom 02.10.2010, „Gigantische Rückrufaktion verdirbt BMW die Partylaune", Autor: Nik Doll

Whitman, Walt, „Grashalme", Diogenes, 1985

Wirtschaftswoche, vom 16.12.2007

Die Zeit Nr. 51 vom 11. Dezember 2008, im Artikel „Franzosen in Angst", S. 32

Die Zeit Nr. 52 vom 17. Dezember 2008

Zeilinger, Anton, „Einsteins Spuk", Goldmann. 2007

Zink, Jörg, „Dornen können Rosen tragen", Herder, 2009

Zohar, Danah, „IQ? EQ? SQ!", Kamphausen, 2010

Zweig, Jason, „Gier. Neuroökonomie: Wie wir ticken, wenn es ums Geld geht, Hanser-Verlag, 2007

Weitere Bücher aus dem Verlag Via Nova:

Schöpferisches Management
Die Weisheit des Veda – Wie Sie Ihr Leben erfolgreich gestalten
Alois M. Maier

Paperback, 208 Seiten, ISBN 978-3-86616-017-0

Die Gesetze des Managements sind Lebensgesetze und gelten für alle Bereiche des Lebens. Schließlich ist jeder der Manager seines Lebens. Dass dies gut gelingt, dazu möchte dieses Buch beitragen. Management wird hier in einem neuen Licht betrachtet. Management ist eine schöpferische und eine spirituelle Disziplin. Deswegen können die geistigen Gesetze, die im Veda überliefert werden, so hilfreiche Impulse geben. Management, Schöpfersein und Spiritualität gehören notwendig zusammen, und eine Abkoppelung des Managements von den geistigen Gesetzen des Lebens wird niemals zu ganzheitlichem Erfolg führen. Wer die Gesetze des Erfolges anwendet, so zeigt der Autor, wird ganz notwendig seinen Erfolg im Leben finden – und der Erfolg wird auf leichte Weise kommen! Wenn Sie Ihr Leben selbst in die Hand nehmen und zum Gestalter Ihrer eigenen Zukunft werden wollen, dann haben Sie in diesem Buch einen einzigartig praktischen und nützlichen Ratgeber und Begleiter.

Vom Nutzen ethischer Werte
Im Guten heimisch werden
Ethische Wertvorstellungen in Wirtschaft, Gesellschaft, Politik und Wissenschaft
Joachim Kohlhof

Hardcover, 184 Seiten, ISBN 978-3-936486-48-3

Die Wirtschafts- und Unternehmenskrise in Deutschland ist eine Vertrauenskrise in die Gestaltungsfähigkeit und Innovationsbereitschaft der in Politik und Wirtschaft Verantwortlichen. Prof. Dr. Joachim Kohlhof weist in diesem Buch den Weg, den vermeintlichen Widerspruch von Ethik und Wirtschaft aufzuheben. Er definiert die ethischen Bedingungen, mit denen die Unternehmen auf Dauer im Markt erfolgreich agieren können, und beschreibt, wie die Politik wieder durch verantwortungsbewusstes Handeln Vertrauen in der Bevölkerung zurückgewinnen kann. Sie bilden die Basis für eine nachhaltige, auf ethische Werte, Normen und Haltungen gründende Werteorientierung mit dem Ziel einer gerechten und menschenwürdigen Zukunft. Das Buch ist daher Wegbegleiter auf einer ethisch ausgerichteten Wirtschafts- und Unternehmensorientierung. Da in diesem Buch Wege aus der Krise zu einer nachhaltigen Verbesserung der gesellschaftlichen und wirtschaftlichen Situation aufgezeigt werden, ist dieses Buch für jeden verantwortungsbewussten Menschen unserer Zeit von Bedeutung, der mithelfen will, eine bessere Zukunft zu gestalten.

Im Brennpunkt: Geld & Spiritualität
Ist die Krise der materiellen Welt überwindbar?
Hans Wielens

Paperback, 272 Seiten, 28 Graphiken, ISBN 978-3-936486-49-0

In diesem Buch von Prof. Dr. H. Wielens wird die Krise unserer Gesellschaft als Orientierungs- und Sinnkrise der materiellen Welt verstanden. Wir haben eine künstliche Welt geschaffen, die von Äußerlichkeiten und von einem Machbarkeitswahn geprägt wird. Erforderlich ist daher eine integrierende Spiritualität, die Geld und Wirtschaft als einen positiven Teil unserer Wirklichkeit versteht und die diese mit der spirituellen Dimension vernetzen und verbinden kann. Das Buch ist spannend für spirituelle Menschen, weil sie mit dem wirklichen Wesen des Geldes vertraut gemacht werden, dem wir unsere Individualität und wirtschaftliche Freiheit zu verdanken haben. Es ist wichtig für alle Führungskräfte der Wirtschaft, weil es Wege aufzeigt, wie sie sich voll und authentisch in ihre Unternehmen einbringen können, in deren Eigeninteresse es liegt, sich stärker wertorientiert zu verhalten und sich nach einer Ethik des Seins auszurichten, um dann auch wirtschaftlich bessere Ergebnisse zu erreichen. Das Buch wird heftige Diskussionen hervorrufen und einen interdisziplinären Dialog auslösen.

Die Debatte läuft
Ganzheitliche Thesen für Gesellschaft, Wirtschaft und Politik
Christoph Zollinger

Paperback, 240 Seiten, ISBN 978-3-86616-006-4

In diesem Buch entwickelt der Autor eine von der Ganzheit geprägte Vision als Modell für eine Neuorientierung in Gesellschaft, Wirtschaft und Politik im 21. Jahrhundert. Er blendet zurück zu den Anfängen unserer mental/rationalen Welt, jener der alten Griechen, als diese zum wirklichen Denken erwachten und unserer Kultur zu einem gewaltigen Neubeginn verhalfen. Einen breiten Raum der Darstellung nimmt die umwälzende Neuorientierung im Bewusstsein der Menschen ein, die durch Wissenschaft, Computer, Internet, E-Mail und Globalisierung ausgelöst wurde.

Auf dieser Grundlage und den umwälzenden Einsichten des Kulturphilosophen Jean Gebser und des bekanntesten Bewusstseinsforschers unserer Zeit, Ken Wilber, entwickelt der Verfasser Modelle, Vorstellungen, Perspektiven, Prinzipien und Lösungsmöglichkeiten als persönliche Vision, um neues, intelligentes Handeln in Gesellschaft, Wirtschaft und Politik zu ermöglichen. Diese visionäre Schau trägt der Entwicklung hin zur Ganzheit und Globalisierung auf allen Gebieten Rechnung und hilft das vorherrschende, dualistische Wirklichkeitsverständnis zu überwinden.

Nach dem Kapitalismus
Wirtschaftsordnung einer integralen Gesellschaft / Gil Ducommun

Paperback, 224 Seiten, 14 Grafiken, ISBN 978-3-936486-80-3

Das Buch entwirft die Grundlagen einer integralen Gesellschaft, welche mehr Verwirklichung für alle Menschen und mehr Achtung für die Natur anstrebt. Es geht der Frage nach: Wie sieht eine Wirtschaftsordnung nach dem Kapitalismus aus, auf der Grundlage eines rational-spirituellen Weltbildes? In der integralen Kultur soll der innere, immaterielle Reichtum (körperliche, geistige und seelische Kompetenzen, Kreativität, Konflikt und Liebesfähigkeit) das Streben nach äußerem, materiellem Reichtum weitgehend ersetzen. Im ersten Teil des Buches wird das philosophische, psychologische und spirituelle Fundament der integralen Kultur entwickelt, welches die rationalmaterialistische Weltanschauung ablösen kann. Unter "Integration" wird eine notwendige ganzheitliche Transformation des Bewusstseins dargestellt, die schon im Gange ist. Teil zwei beschreibt die ordnungspolitischen Prinzipien einer neuen Wirtschaft und wendet sie in verschiedenen Bereichen an. Das Buch möchte suchende Menschen inspirieren und ermutigen einzugreifen; Jugendliche werden in dieser Vision das Projekt einer lebensdienlichen Gesellschaft erkennen, deren Verwirklichung ihren Einsatz verlangt.

HOLOS – die Welt der neuen Wissenschaften
Ervin Laszlo

Hardcover, 208 Seiten, ISBN 978-3-928632-94-2

In den Wissenschaften findet eine Revolution statt. Es ist keine technologische Revolution – es ist eine Revolution des Weltbildes. Prof. Laszlo verfolgt diese Entwicklung und macht sie jedem zugänglich, der an den neuesten Erkenntnissen darüber teilhaben möchte, wer und was wir sind, was die Welt ist, die uns umgibt, und auf welche Weise wir in Beziehung zueinander und zu dieser Welt stehen. Der Leser erfährt in einfacher Sprache, was Wissenschaftler bereits wissen und vor welchen Rätseln sie im Hinblick auf den Kosmos, das Quantum, den lebenden Organismus und das menschliche Bewusstsein immer noch stehen. Dann erforscht der Verfasser diese Welt, indem er Fragen stellt, auf die er nun zuversichtliche wenn auch überraschende Antworten geben kann – Fragen, bei denen es um Ursprünge und Bestimmung des Universums und um Ursprung und Evolution des Lebens und des Bewusstseins geht –, um dann die größten der „großen Fragen" zu stellen: Fragen der Unsterblichkeit, zum Bewusstsein im Kosmos und zu einem Bewusstsein, das eine wissenschaftlich basierte Schau als den Geist Gottes erfassen kann.

Der Quantensprung im globalen Gedächtnis
Wie ein neues wissenschaftliches Weltbild uns und unsere Welt verändert
Ervin Laszlo

Handcover, 160 Seiten, ISBN 978-3-86616-153-5

Im planetaren Wandel mithelfen, Einsichten verbreiten, menschliches Überleben, Nachhaltigkeit, Wohlsein und Frieden sichern. Mit Blick auf die neuesten, oft revolutionären Erkenntnisse in den Bereichen von Kosmologie, Quantenphysik und Bewusstseinsforschung zeigt Ervin Laszlo wissenschaftlich fundiert, aber dennoch in klarer und verständlicher Sprache, dass das alte Weltbild überholt ist und wir uns einem ganz neuen Bild der Wirklichkeit stellen müssen. Er beschreibt den global und interkulturell sich bereits heute vollziehenden Paradigmenwechsel auf allen Ebenen des Lebens. Er begründet mit den Erkenntnissen der modernen Wissenschaften, dass ein neues Bewusstsein in der Menschheit entsteht. Dieses Buch informiert umfassend und tiefgründig, regt an und macht Mut, mit erweitertem Bewusstsein diese Initiativen zu unterstützen und zu einer positiven Veränderung in der Welt beizutragen.

Die Neugestaltung der vernetzten Welt
Global denken – global handeln
Ervin Laszlo

Hardcover, 176 Seiten, ISBN 978-3-936486-66-7

Die Bereitschaft zum nüchtern und wissenschaftlich fundierten, gleichwohl aber mutig visionären „globalen Denken" nimmt in allen Bereichen der Gesellschaft erfreulich zu. Die Erde ist zu unserer einen Heimat geworden und dementsprechend ist unsere Verantwortung: für die „Einheit in der Vielfalt" von der Biosphäre bis zum feinsinnigen Beziehungsgeflecht der Menschheit. Ervin Laszlo, Zukunftsforscher und Vordenker eines neuen Denkens, zeigt in seinem neuen Buch, wie sich neue Denkstrukturen der Vernetzung, Gleichgewichte und Entwicklungsgesetze parallel in allen Wissenschaften wie im gesellschaftlich-politischen Denken immer mehr

durchsetzen. Diese verändern nicht nur unser Welt- und Menschenbild aufs Neue und zutiefst. Das neue Denken, das Laszlo in diesem Buch beschreibt, gibt uns viel von unserer Gestaltungskraft zurück. Der Autor zeigt die Grundzüge einer entschieden neu orientierten Wirtschaft, Wissenschaft, Kultur und Politik.

Quantensprünge des menschlichen Bewusstseins
Vom Ego zum Ich-bin
Gela Weigelt

Paperback, 184 Seiten, 5 Zeichnungen, ISBN 978-3-86616-101-6

Nichts ist so unglaubwürdig wie das „Ich". Das „Ich" ist eine Konstruktion. Diese provozierenden Thesen untersucht die Autorin mit Hilfe der Wissenschaft und der Spiritualität. Neben Ergebnissen aus der Hirnforschung werden Erkenntnisse der Quantenphysik vorgestellt, die die uralte Frage nach dem Ego des Menschen um neuzeitliche Aspekte bereichern. Die Hirnforschung weist nach, dass das „Ich" eine Simulation der ca. 3 Pfund schweren Masse in unserem Schädel ist, während die Quantentheorie das Bewusstsein als zentrale „Instanz" der Wirklichkeit sieht. Der Quantensprung des menschlichen Bewusstseins ist ebenso wie der Quantensprung in der Physik ein diskontinuierlicher Übergang von einer Ebene zur anderen. Die Ebenen des menschlichen Bewusstseins sind transzendent, daher ist Erleuchtung einem Quantensprung vergleichbar.

Wenn alle Menschen Freunde wären ...
Dein Beitrag für eine bessere Welt
Chuck Spezzano

Hardcover, 192 Seiten, ISBN 978-3-86616-168-9

Die Welt von heute krankt daran, dass viele Menschen nur auf ihr eigenes Wohl bedacht sind und für ihre Mitmenschen kaum einen Blick übrig haben. Spezzano macht deutlich, dass wir die Welt verändern können, wenn wir alle Menschen als Freunde betrachten. Er zeigt Wege und Möglichkeiten auf, wie wir unseren Freunden helfen und damit nicht nur ihr Leben, sondern auch unser Leben positiv beeinflussen können. Im ersten Teil wird das Prinzip der „Freunde, die Freunden helfen" anhand zahlreicher Beispiele aus der persönlichen Erfahrung des Verfassers ausführlich erläutert. Der zweite Teil bietet eine ganze Reihe von heilenden Prinzipien und Übungen, die dem Leser zeigen, wie er sich mit anderen Menschen verbinden kann, um ihnen – und damit zugleich sich selbst und der Welt – zu helfen.

Spiritualität ist die Zukunft
Eine neue Weisheitskultur für das 21. Jahrhundert
Copthorne Macdonald

Paperback, 320 Seiten, ISBN 978-3-86616-170-2

In diesem Buch beschreibt der Schriftsteller und Gelehrte C. Macdonald umfassend, übersichtlich und überzeugend die Umbruchsituation, in der sich Individuen und Menschheit heute befinden. Er zeigt wesentliche historische und aktuelle Wirkungskräfte und Zusammenhänge auf und vermittelt tiefgründige Kenntnisse über unsere kosmische, globale und psychisch-mentale Realität. Aus diesem Verstehen im Zusammenhang dieser „Tiefenerkenntnis" entwickelt er eine realistische Vorstellung, wie die heutige Welt, Gesellschaft und Wirtschaft bis 2050 integral transformiert werden sollte, gekennzeichnet durch materielle Nachhaltigkeit, wirtschaftliche Gerechtigkeit, lebendige lokale und globale Kulturen und genügend Freizeit für ein erfülltes Privatleben.

Das Neue Bewusstsein
Entwicklungsmöglichkeiten für alle Menschen
Klaus Engel

Paperback, 160 Seiten, ISBN 978-3-86616-058-3

Das Neue Bewusstsein wird zunächst in einleitenden kurzen Kapiteln in das Gesamtkontinuum der Evolution gestellt: von der kosmischen über die biologische bis zur geistig-seelischen Entwicklung. Für die wesentlichen Vertreter des Neuen Bewusstseins Jean Gebser, Teilhard de Chardin, Sri Aurobindo und Ken Wilber werden die Lebensläufe und zentralen Konzepte herausgearbeitet. Die praktische Realisierung veränderter und erweiterter Bewusstseinserfahrung wird für den indischen Kulturkreis anhand der tiefen Erfahrungen Yoganandas beschrieben, für die Begegnung christlicher Tradition mit dem Zen über das herausragende Leben und Erleben von Hugo Lassalle. Einzelne Kapitel beschreiben Gefahren,Verwechslungen (Außen–Innen;Weg-Ziel) und Forschungsergebnisse zu den meditativen Wegen. Die Stufenfolge des Yoga- und Zen-Weges wird präzisiert, immer mit dem zentralen Anliegen des Buches: gedachte und erlebte Erfahrungen nicht zu verwechseln.